同济大学“十二五”规划教材

岩土工程原位测试（第二版）

邢皓枫　徐　超　石振明　编著

同济大学出版社
TONGJI UNIVERSITY PRESS
·上海·

内 容 提 要

本书是高等院校土木工程专业土体工程和原位测试课程的教材。本书详细地介绍了当前国内外岩土工程原位测试的新技术，包括静载荷试验、静力触探试验、十字板剪切试验、圆锥动力触探试验、标准贯入试验、旁压试验、扁铲侧胀试验、现场直接剪切试验、波速测试、岩体原位应力测试和激振法测试；阐述了以上各种原位测试技术的基本原理、所用的仪器设备、测试方法与技术要点、试验资料整理与分析以及试验成果的工程应用。在每章末，选编有复习思考题。

本书可作为高等院校土木工程专业及其他相关专业的教材，也可供土木工程领域内各专业勘察、设计、检测与施工工程技术人员参考。

图书在版编目(CIP)数据

岩土工程原位测试/邢皓枫，徐超，石振明编著. --2版. --上海：同济大学出版社，2015.6(2024.1重印)

ISBN 978-7-5608-5786-2

Ⅰ.①岩… Ⅱ.①邢…②徐…③石… Ⅲ.①岩土工程—原位试验—高等学校—教材 Ⅳ.①TU413

中国版本图书馆CIP数据核字(2015)第041861号

岩土工程原位测试(第二版)

邢皓枫　徐　超　石振明　编著

责任编辑　高晓辉　葛永霞　　责任校对　徐春莲　　封面设计　陈益平

出版发行　同济大学出版社　www.tongjipress.com.cn

(地址：上海市四平路1239号　邮编：200092　电话：021-65985622)

经　　销　全国各地新华书店

印　　刷　苏州市古得堡数码印刷有限公司

开　　本　787mm×1092mm　1/16

印　　张　12.5

字　　数　312000

版　　次　2015年6月第2版

版　　次　2024年1月第3次印刷

书　　号　ISBN 978-7-5608-5786-2

定　　价　32.00元

前　言

本书是同济大学“十二五”规划教材之一，得到了同济大学本科教材出版基金的资助。在本书的编写过程中，各参编人员积极收集资料，广泛征求意见，力求使本书能较好地满足建筑工程专业的教学要求。部分章节较多地吸收了国内外原位测试技术的最新内容，以适应我国工程建设对原位测试技术的需要。

岩土工程原位测试成果的应用依赖于工程经验和地区经验的积累，每一种原位测试技术方法都有自己的使用范围，在工程实践中，应关注技术方法对被测试对象的适应性。在编写本书时，参编人员以一般的工程经验为主，兼顾了一些地区经验，读者在应用原位测试成果时应注重借鉴他人的经验，而不是照搬；在我国不同行业和地区的相关技术规范或规程中，对原位测试的技术要点和试验资料整理分析方法，或多或少存在不一致的地方，本书以《岩土工程勘察规范》(GB 50021—2009)为主要参考依据，兼顾了其他行业和地方规范。

本书共分 12 章，第 1 章绪言对原位测试技术的特点进行了概括与总结，并与室内试验进行了对比；第 2 章至第 10 章分别介绍了载荷试验、静力触探试验、圆锥动力触探试验、标准贯入试验、十字板剪切试验、旁压试验、扁铲侧胀试验、现场直接剪切试验和波速测试的原理、设备、方法、资料整理与工程应用；第 11 章和第 12 章分别介绍了岩体原位应力测试和激振法测试的原理、设备、方法和资料整理。

本书是在第一版的基础上进行编写的，不仅与最新技术规范相一致，而且为了有助于卓越工程师的培养，书中增加了工程案例，以达到理论与工程实际相结合的目的。

限于编者的水平，书中不妥之处在所难免，恳请读者批评指正。

编　者

2015 年 1 月

第一版前言

本书是同济大学“九五计划”教材之一，得到了同济大学本科教材出版基金的资助。在本书的编写过程中，各参编人员积极收集资料，广泛征求意见，力求使本书能较好地满足建筑工程专业的教学要求；部分章节较多地吸收了国内外原位测试技术的最新内容，以适应我国工程建设对原位测试技术的需要。

岩土工程原位测试成果的应用依赖于工程经验和地区经验的积累。在编写本书时，以一般的工程经验为主，兼顾了一些地区经验；在应用原位测试成果时，应注重借鉴他人的经验，而不是照搬；每一种原位测试技术方法都有自己的使用范围，在工程实践中应关注技术方法对被测试对象的适应性；在我国不同行业和地区的相关技术规范或规程中，对原位测试的技术要点和试验资料整理分析方法，或多或少存在不一致的地方，本书以《岩土工程勘察规范》(GB 50021—2001)为主要参考依据，兼顾了其他行业和地方规范。

本书共分十二章，第一章绪言对原位测试技术的特点进行了概括与总结，并与室内试验进行了对比，由徐超编写；第二章至第九章分别介绍了载荷试验、静力触探试验、动力触探试验、标准贯入试验、十字板剪切试验、扁铲侧胀试验和现场直接剪切试验的原理、设备、方法、资料整理与工程应用，由徐超和石振明编写；第十章至第十二章分别介绍了波速测试、岩体原位应力测试和激振法测试的原理、设备、方法、资料整理与工程应用，由石振明、高彦斌、徐超和赵春风编写。在本书的编写过程中，同济大学袁聚云教授和上海勘察设计研究院辛伟高级工程师提出了宝贵的意见和建议；同济大学地下建筑与工程系岩土加固与测试技术研究室的研究生汤竞、董天林、邓治纲、罗松、肖媛媛为资料收集与整理提供了大量帮助，在此谨致由衷的谢意。

全书由徐超主编，费涵昌教授主审。

限于编者的水平，书中不妥之处在所难免，恳请读者批评指正。

编　者

2015 年 4 月

目　　录

第1章　绪　　论

1.1　概述

原位测试(in Situ Test,或 Field Test),从广义上讲,应包括原位检测和原位试验两部分,即指在被测试对象的原始位置,在不破坏、不扰动或少扰动被测试或检测对象原有(天然)状态的情况下,通过试验手段测定特定的物理量,进而评价被测试对象的性能和状态。从狭义上讲,原位测试是岩土工程勘察与地基评价中的重要手段之一,是指利用一定的试验手段在天然状态(天然应力、天然结构和天然含水量)下,测试岩土的反应或一些特定的物理、力学指标,进而依据理论分析或经验公式评定岩土的工程性能和状态。原位测试技术是岩土工程中的一个重要分支,它不仅是岩土工程勘察的重要组成部分和获得岩土体设计参数的重要手段,而且是岩土工程施工质量检验的主要手段,并可用于施工过程中岩土体物理力学性质及状态变化的监测。

本书参照我国国家标准《岩土工程勘察规范》(GB 50021—2009)所列的原位测试内容,论述岩土工程勘察与地基评价中常用的原位测试基本理论及技术方法。这些技术方法包括:

(1) 载荷试验:用于测定承压板下应力主要影响范围内岩土的承载能力和变形特性。

(2) 触探试验:包括静力触探、圆锥动力触探和标准贯入试验。通过将一定规格的圆锥型探头压入或贯入土中,量测土体对探头的反应(阻力),然后间接地测定和评价土的工程力学性能参数。

(3) 剪切试验:包括十字板剪切试验和直接剪切试验。前者用于测定饱和软黏性土的不排水抗剪强度和土的灵敏度;后者是用于评定岩土体本身、岩土体沿软弱结构面和岩土体与其他材料接触面的抗剪强度的试验方法。

(4) 侧胀试验:包括旁压试验和扁铲侧胀试验。通过量测土体在侧向压力作用下一定位移时所施加的压力(扁铲侧胀试验),或一定压力下土体的侧向位移(旁压试验),主要用于评定土体的侧向变形性能,如静止侧压力系数、侧向基床系数等。

(5) 岩体原位应力测试:用于测定岩体原位的空间应力和平面应力。

(6) 动力参数测试:包括声波及弹性波波速测试和激振法测试。前者通过量测波在岩土体内的传播速度,进而测求岩土体的弹性参数和动力参数;后者用于测定地基的动力特性,为动力基础设计提供参数。

原位测试的目的在于获得有代表性的、能够反映岩土体现场实际状态下的岩土参数,认识岩土体的空间分布特征和物理力学特性,为岩土工程设计和治理提供工程设计参数。这些参数包括:

(1) 岩土体的空间分布几何参数(如土层厚度);

(2) 岩土体的物理参数和状态参数(如土的容重和粗颗粒土的密实度);

(3) 岩土体原位初始应力状态和应力历史参数(如静止侧压力系数和超固结比);

(4) 岩土体的强度参数(如黏性土的不排水抗剪强度);

(5) 岩土体的变形性质参数(如土的变形模量);

(6) 岩土体的渗透性质参数(如固结参数和渗透参数)。

除了获得被测试岩土体的物理力学性质和渗透性质参数外,原位测试的试验成果还可以直接应用于岩土工程实践。笼统地讲,原位测试可用于以下几个方面:

(1) 浅基础的设计,包括地基承载力的确定和进行浅基础的沉降计算;

(2) 深基础的设计,主要用于单桩竖向承载力和水平向承载力计算;

(3) 砂性土地基的液化评价;

(4) 地基加固效果检测与评价;

(5) 土质边坡滑动面的确定。

1.2 原位测试的特点

与室内试验对比,岩土工程原位测试作为认识岩土体特性和获取岩土体工程设计参数的重要手段之一,其特点是显而易见的,见表 1-1。

表 1-1　原位测试与室内试验对比

项目	原位测试	室内试验
试验对象	1. 测定土体范围大,能反映微观、宏观结构对土性的影响,代表性好; 2. 对难以取样的土层仍能试验; 3. 对试验土层基本不扰动或少扰动; 4. 有的能给出连续的土性变化剖面,可用以确定分层界线; 5. 测试土体边界条件不明显	1. 试样尺寸小,不能反映宏观结构、非均质性对土性的影响,代表性较差; 2. 对难以或无法取样的土层无法试验,只能人工制备土样进行试验; 3. 无法避免钻进取样对土样的扰动; 4. 只能对有限的若干点取样试验,点间土样变化是推测的; 5. 试验土样边界条件明显
应力条件	1. 基本上在原位应力条件下进行试验; 2. 试验应力路径无法很好控制; 3. 排水条件不能很好控制; 4. 试验时应力条件有局限性	1. 在明确、可控制的应力条件下进行试验; 2. 试验应力路径可以事先预定; 3. 能严格控制排水条件; 4. 可模拟各种应力条件进行试验
应变条件	1. 应变场不均匀; 2. 应变速率一般大于实际工程条件下的应变速率	1. 试样内应变场比较均匀; 2. 可以控制应变速率
岩土参数	反映实际状态下的基本特性	反映取样点上,在室内控制条件下的特性
试验周期	周期短,效率高	周期较长,效率较低

从表1-1可以看出，尽管原位测试和室内试验都是利用一定的技术手段获取岩土体参数，但二者区别明显，各有特点。在岩土工程勘察和地基评价中，原位测试和室内试验总是相互补充、相辅相成的。

室内试验具有试验条件(边界条件、排水条件、应力条件和应变速率等)的可控性和建立在此基础上的计算理论比较清晰的优点。但是，室内试验需要取样和制样，而取样和试验过程中对土样的扰动，以及小的试样(看作土体中的一个点)可能缺乏代表性。尽管现有的一些精细的取土技术，降低了取土对土样的扰动影响，但在整个钻探—取样—试验过程中，这种影响是难以克服的。因此，在利用通过室内试验得出的岩土参数时，须认真对待。

原位测试的优点不只是表现在对难以取得不扰动土样或根本无法采样的土层，仍能通过现场原位试验评定岩土的工程性能，更表现在它不需要采样，从而最大限度地减少了对土层的扰动，而且所测定的土体体积大，代表性好。原位测试一般并不直接测定土层的某一物理或力学指标，如标准贯入试验的标贯击数、静力触探试验的测试指标锥尖阻力和侧壁摩阻力等，加之试验结果的影响因素较多，传统的做法是建立试验测试指标与土性参数之间的经验关系式，通过经验关系式来评价土的参数。但这一做法也在发生改变，近20年时间内，对原位测试试验现象和试验过程的模拟和机理研究已经取得了一些成果，目前仍是原位测试的主要研究方向之一。这里并无否定实践经验的意思，一些地区经验关系式，经过原型观测数据的修正和检验，其计算结果比较可靠，是岩土工程实践的宝贵财富。而原位测试的应力条件复杂，试验边界条件相对模糊，给理论研究带来了极大的困难。因此，在相当长的时间内，原位测试成果的判别和应用将不得不依赖于经验关系式或半经验半理论公式。

各种原位测试方法都有其自身的适用性，表现在一些原位测试手段只能适应于一定的地基条件，而且在评价岩土体的某一工程性能参数时，有些能够直接测定，而有些参数只能通过经验积累间接估算。按所能提供的工程性能分述如下。

1) 土类鉴别和土层剖面划分

静力触探试验和扁铲侧胀试验因其采样间隔小和仪器反应相对灵敏，可用于土类鉴别和土层剖面划分。在静力触探试验中，孔压静力触探因其孔压量测的敏感性，在土类鉴别和土层划分上具有很大优越性，可分辨薄层土的存在，但对孔压量测系统的排气、饱和有严格要求；而双桥静力触探试验，尽管可用于划分大土类，但由于侧壁摩阻力的量测不太稳定，故对土类鉴别和地基土分层的能力不如孔压静力触探反应灵敏。尽管国外的研究认为，可利用扁铲侧胀试验的材料指数进行土性鉴别和地基土分层，但是在国内，这方面的研究和实践还不成熟，有待进一步积累经验。

2) 原位水平应力 σ_{h0}、静止侧土压力系数 K_0 或侧向基床系数 k_h

旁压试验和扁铲侧胀试验都可用于直接测定一般黏性土和软黏土的原位水平应力，并经换算得到土层的静止侧土压力系数、侧向土压力系数或侧向基床系数；但对坚硬黏土、密实砂土，利用扁铲侧胀试验测求原位水平应力或侧向基床系数时，还缺乏实践经验和严密的理论依据，计算结果离散性较大。

3) 前期固结压力 σ'_p 或超固结比 OCR

载荷试验、孔压静力触探和扁铲侧胀试验都可用于确定土体的前期固结压力。浅层平板载荷试验限于均匀土层,而且影响深度不大;螺旋板载荷试验可用于测定深层土体的前期固结压力,但螺旋板形状及旋入引起的扰动对荷载—沉降关系的影响还有待于研究。利用孔压静力触探和扁铲侧胀试验估算地基土的超固结比,是建立在工程经验积累上的,目前国外已经积累了丰富的研究成果;而国内由于基于地基土应力历史的岩土工程设计还不普遍,对地基土的应力历史的研究尚未得到应有的重视。

4) 变形特性

载荷试验利用荷载与沉降曲线的直线段(地基以弹性变形为主),可以测定承压板下应力影响范围内砂土的平均排水杨氏模量和黏性土的平均不排水杨氏模量。

根据旁压试验的旁压曲线,测定土的旁压模量和旁压剪切模量,并通过建立的经验关系式估算土体的其他变形参数。

由扁铲侧胀试验的扁胀模量,可以依据已经建立的经验关系式评定土的变形参数,但由于扁铲测头上的弹性膜的最大位移量很小,所估算的变形参数只能反映小变形条件下的变形性质,不宜盲目地推广到其他变形参数。

另外,利用剪切波速试验结果可以测定小应变下土体的剪切模量;也可以采用静力触探、标准贯入试验和动力触探试验手段,通过一些经验公式,估算土体的变形参数。

5) 固结特性

现场测定土体的固结系数,最直观的方法是孔压静力触探,既经济,而且再现性较好;也可以利用旁压试验、螺旋板载荷试验和扁铲侧胀试验评价土体的固结特性,但技术操作要求高,且操作过程比较复杂。

6) 强度特性

在原位测试中,十字板剪切试验和岩土体直接剪切试验可以直接测定土的抗剪强度,而其他原位测试手段,如动力触探、标准贯入试验、静力触探等,则由经验关系式间接地评定土的强度指标,如载荷试验可直接确定地基土的承载力,然后换算出地基土的强度指标。

基于以上对原位测试特点的分析,在进行原位测试以及对原位测试结果进行岩土工程判译时,读者应注意以下两个方面:

(1) 原位测试手段的地基条件适用性和经验公式的地区适用性。前者强调的是一种测试方法,一般只适用于一定的地基条件(如土类及其结构性),也就是说一种原位测试技术都有其自身的使用条件和应用范围;后者是指岩土参数判译所采用的经验公式;一般都建立在一定的地区经验上,不能照搬硬套。从两个方面可以说明这个问题:① 相同成分而成因不同的地基土在工程性能上会有很大的差别;② 以上多种原位测试大都不能对土样进行直接的鉴别,只能从测试指标上感知地基土力学性能的变化。

(2) 原位测试技术要点的一致性问题。一种原位测试从发明到走向成熟而被广泛使用,其操作规程一般都有一个逐步趋向统一的过程,但在没有完全统一之前,试验技术要点总或多或少存在差别。这种差异不仅表现在国内规范(或规程)与国际规范(或规程)之间,而且表现在国内不同地区、不同行业标准之间。这就要求读者在使用经验公式或引用已有成果时,必须考虑试验技术要点的一致性和已有成果的可比性问题。

1.3 本书的特点及使用建议

本书作为教材，具备以下特点：

(1) 注重培养学生的实践能力、创新能力，起到提高学生专业素质的作用，因此力求做到原理清晰，技术要点具体可行，理论与实践相结合。

(2) 将原位测试试验成果的工程应用建立在成熟的、公认无误的研究成果基础之上，界定各种原位测试技术的适用范围，而对于影响因素的讨论以及有争论问题的分析进行了简化。

(3) 与现行国家规范相适应。国家规范是面向全国的，因此，本书没有偏重任何地区，注重内容的普遍性；

(4) 涵盖最新的技术发展成果。

本书从第2章至第12章分别阐述了11种原位测试技术的基本概念、测试原理、所需的主要仪器设备、试验资料整理与成果应用。本书各章自成体系，以便于只对部分章节感兴趣的读者使用。为了让读者了解原位测试技术的最新发展，也对目前学术界的研究内容作了简单介绍。其中各种原位测试的试验原理、试验技术要点和资料整理与成果应用应该是读者学习的重点。

在使用本书时，通过对各章第1节的学习，了解原位测试的基本概念、历史发展和适用范围；通过对各章仪器设备章节的学习，了解各种原位测试所需要的仪器和设备；通过对试验方法的学习，掌握各种原位测试手段的技术要点和注意事项。原位测试只是技术手段，目的是为工程设计与应用实践服务，在资料整理、分析和应用中，读者可以学习各种原位测试的资料整理和成果判译的方法，掌握将原位测试成果应用于工程设计的公式和方法。每章最后的复习思考题，是根据各章的主要内容选编的，旨在帮助读者巩固和加深对相关章节学习内容的理解。

第2章 载荷试验

2.1 概述

载荷试验(Loading Test,简称 LT)是在现场用一个刚性承压板逐级加荷,测定天然地基或复合地基的沉降随荷载的变化,借以确定它们的承载力和变形模量的现场试验。载荷试验也可用来测试单桩承载能力,但本章主要涉及天然地基的载荷试验。地基土载荷试验是一种最古老的地基土原位测试技术,它基本上能够模拟建筑物地基的实际受荷条件,比较准确地反映了地基土受力状况和变形特征,是直接确定地基土或复合地基以及地基土和复合地基变形模量等参数的最可靠方法,也是其他原位测试方法测得的地基土力学参数建立经验关系的主要依据。

根据承压板的形式和设置深度不同,载荷试验可分为平板载荷试验(Plate Load Test,简称 PLT)、螺旋板载荷试验(Screw Plate Load Test,简称 SPLT)以及桩基载荷试验(Pile Load Test)。其中,平板载荷试验又可分为浅层平板载荷试验和深层平板载荷试验,浅层平板载荷试验适用于浅层地基土;深层平板载荷试验适用于埋深不小于5.0 m的地下水位以上的地基土,而对于地下水位以下的地基土,若采取降水措施并保证试验土维持原来的饱和状态试验时,深层平板载荷试验仍适用;螺旋板载荷试验适用于深层地基或地下水位以下的土层。本章以浅层平板载荷试验及其工程应用为主进行论述,简单介绍深层平板载荷试验和螺旋板载荷试验的原理与特点,以及桩基载荷试验的方法和过程。

浅层平板载荷试验是在现场用一定面积的刚性承压板逐级加荷测定天然埋藏条件下浅层地基沉降随荷载变化的现场试验,用以评价承压板下应力影响范围内岩土的强度和变形特性。实际上是模拟建筑物地基在受垂直荷载条件下工程性能的一种现场模型试验。浅层平板载荷试验适用地表浅层地基土,包括各种填土和含碎石的土。深层平板载荷试验可用于确定深部地基土层及大直径桩桩端土层在承压板应力主要影响范围内的承载力。

地基土载荷试验可用于以下目的:

(1) 确定地基土的比例界限压力、极限压力,为评定地基上的承载力提供依据;

(2) 确定地基土的变形模量;

(3) 估算地基土的不排水抗剪强度;

(4) 确定地基土的基床系数;

(5) 估算地基土的固结系数。

桩基载荷试验主要目的是确定单桩承载力。

2.2 平板载荷试验基本原理与仪器设备

2.2.1 试验的基本原理

在拟建建筑场地上，将一定尺寸和几何形状（方形或圆形）的刚性板，放置在被测的地基持力层上，逐级增加荷载，并测得相应的稳定沉降，直至达到地基破坏标准，由此可得到荷载 p 与相应的沉降 s 的关系曲线，即 p-s 曲线，然后根据 p-s 曲线计算相应的地基土参数。典型的平板载荷试验 p-s 曲线可以划分为三个阶段，如图 2-1 所示。

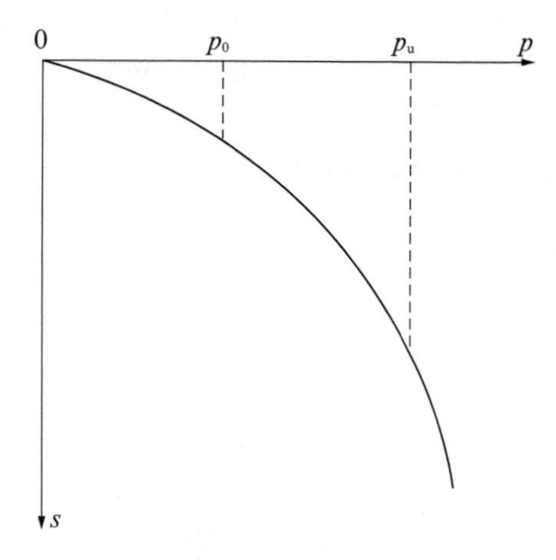

图 2-1 平板载荷试验 p-s 曲线

(1) 直线变形阶段：主要是承压板下土体压实，其 p-s 曲线呈线性关系，对应于此线性段的最大压力 p_0 称为比例极限压力。此阶段土体为弹性变形阶段，其受荷土体中任意点产生的剪应力小于土体的抗剪强度。土的变形主要是由土中孔隙的减少引起，土体变形主要是竖向压缩，并随时间逐渐趋于稳定。

(2) 剪切变形阶段：当荷载大于 p_0，而小于极限压力 p_u 时，p-s 关系曲线由直线变为曲线，曲线的斜率逐渐变大，该阶段除了土体的压实外，还有局部剪切破坏发生。该阶段表现为弹塑性变形阶段，处于该阶段的土体变形是由土体的竖向压缩和土粒的剪切变位同时引起的。

(3) 破坏阶段：为塑性变形阶段。当荷载大于极限压力 p_u 时，即使荷载维持不变，沉降也会持续发展或急剧增大，始终达不到稳定标准，该阶段土体中形成连续的剪切破坏滑动面，在地表出现隆起及环状或放射状裂隙，此时，在滑动土体的剪切面上各点的剪应力均达到或超过土体的抗剪强度。

对于平板载荷试验的直线变形阶段，可以用弹性理论分析压力与变形之间的关系。

(1) 对于各向同性弹性半空间，由弹性理论可知，刚性压板作用在弹性半空间表面或近地表时，土的变形模量为

$$E_0 = I_0 I_1 K (1-\mu^2) b \tag{2-1}$$

式中 b——承压板直径或方形承压板边长，m；

I_0——压板位于弹性半空间表面的影响系数，对于圆形刚性板，$I_0=\pi/4=0.785$；对于方形承压板，$I_0=0.886$；

I_1——承压板埋深 z 时的修正系数，当 $z<b$ 时，$I_1\approx 1-0.27z/b$；当 $z>b$ 时，$I_1\approx 0.5+0.23b/z$；

K——p-s 曲线中直线段的斜率，kN/m^3；

μ——土的泊松比。

(2) 对于非均质各向异性弹性半空间，情况比较复杂，这里只考虑地基土模量随深度线性增加的情形。由于载荷试验影响深度取决于承压板的大小，可通过采用不同直径的圆形承压板进行载荷试验，测得不同影响深度范围内地基土的综合变形模量，然后评价地基土变形模量随深度的变化规律。

假设地基土变形模量随深度的变化规律表示为

$$E_{0z}=E_0+n_v z \tag{2-2}$$

式中，E_{0z} 为承压板的变形模量；z 为承压板放置深度，$z=\alpha\cdot b$，b 为承压板直径，m，α 为承压板深宽比；E_0 和 n_v 分别由下式给出：

$$E_0=(1-\mu^2)\left(\frac{K_1-K_2}{b_1-b_2}\right)\cdot b_1 b_2 \tag{2-3}$$

$$n_v=\frac{I_0(1-\mu^2)}{\alpha}\left(\frac{K_1 b_1-K_2 b_2}{b_1-b_2}\right) \tag{2-4}$$

式中，K_1，K_2 为承压板直径分别为 b_1，b_2 时载荷试验 p-s 曲线直线段的斜率。

2.2.2 试验的仪器设备

平板载荷试验的仪器设备由三部分组成：加荷系统、反力系统和量测系统。

1. *加荷系统*

加荷系统是指通过承压板对地基土施加额定荷载的装置，包括承压板和加荷装置。承压板的功能类似于建筑物的基础，所施加的荷载通过承压板传递给地基土。承压板一般采用圆形或方形的刚性板，也可以根据试验的具体要求采用矩形承压板。

加荷装置可分为千斤顶加荷装置和重物加荷装置两种，图 2-2(a)—(d)所示为千斤顶加荷方式，图 2-2(e)和图 2-2(f)为重物加荷方式。重物加荷装置是将具有已知重量的标准钢锭、钢轨或混凝土块等重物按试验加载计划依次放置到加载台上，达到对地基土分级施加荷载的目的，这种加载方式目前已经很少采用。千斤顶加荷装置是在反力装置的配合下对承压板施加荷载，根据使用千斤顶类型的不同，又分为机械式千斤顶加荷装置和油压式千斤顶加荷装置；根据使用千斤顶数量的不同，又分为单个千斤顶加荷装置和多个千斤顶联合加荷装置。

经过标定的带有油压表的千斤顶可以直接读取施加荷载的大小，如果采用不带油压表的千斤顶或机械式千斤顶，则需要配置压力传感器，以确定施加荷载的大小，并在试验之前对压力传感器进行标定。

2. 反力系统

几种常见的载荷试验反力系统布置形式如图 2-2(a)—(d)所示,其反力可以由重物(图 2-2(a))、地锚(图 2-2(b)—(d))或地锚与重物联合提供,然后再与梁架组合成稳定的反力系统。当在岩体内(如探坑或探槽)进行载荷试验时,可以利用周围稳定的岩体提供所需要的反力,见图 2-3。

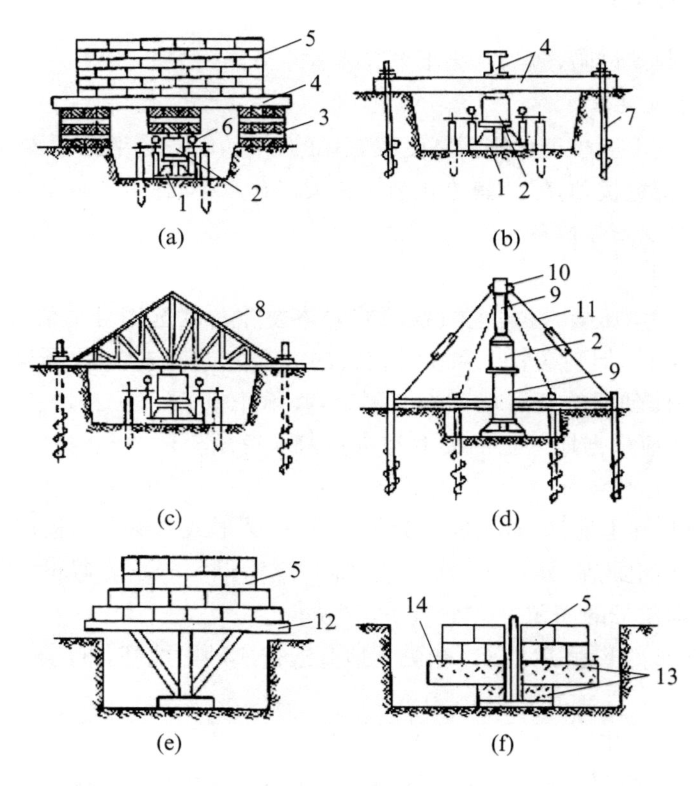

1—承压板;2—千斤顶;3—木跺;4—钢梁;5—钢锭;6—百分表;7—地锚;8—桁架;9—立柱;10—分力帽;11—拉杆;12—载荷台;13—混凝土板;14—测点

图 2-2　常见的载荷试验反力与加载布置方式

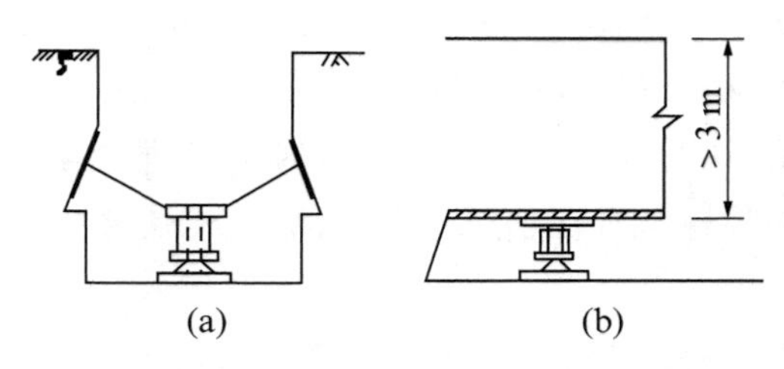

图 2-3　坚硬岩土体内载荷试验反力系统示意图

3. 量测系统

量测系统主要是指沉降量测系统,承压板的沉降量测系统包括基准梁、基准桩、位移测量仪器和其他附件。根据载荷试验的技术要求,将基准桩打设在试坑内适当的位置,基准桩与承压板之间的距离必须要满足有关规范的要求，将基准梁架设在基准桩上，采用万向磁性表座将位移量测仪器固定在基准梁上，组成完整的沉降量测系统。位移量测仪器可以采用精度不低于 0.01 mm 的百分表或位移传感器。

2.3 平板载荷试验技术要求和操作步骤

2.3.1 试验的技术要求

对于浅层平板载荷试验，应当满足下列技术要求：

1. 试坑的尺寸及要求

试坑宽度或直径不应小于承压板宽度或直径的 3 倍，以满足半空间表面受荷边界条件。试坑底部的岩土应避免扰动，保持其原状结构和天然含水率，在承压板下铺设不超过 20 mm 的砂垫层找平，并尽快安装设备。

2. 承压板的尺寸

宜采用圆形刚性承压板，根据土的软硬或岩体裂隙密度选用合适的尺寸：一般承压板面积不应小于 0.25 m^2，但当在软土和粒径较大的填土上进行试验时，承载板尺寸不应小于 0.5 m^2。对于地基处理后的复合地基强度测定，其承压板面积可达 1～2 m^2。在工程实践中，承压板的尺寸还应根据地基土的类型和试验要求有所不同，一般情况下，可参照下面的经验值选取：

(1) 对于一般黏性土地基，常用面积为 0.5 m^2 的圆形或方形承压板；

(2) 对于碎石类土地基，承压板直径(或宽度)应为最大碎石直径的 10～20 倍，而对于岩石载荷试验，其承压板的面积不宜小于 0.07 m^2；

(3) 对于均质密实土地基，如 Q_3 老黏土地基或密实砂土地基，承压板的面积以 0.10 m^2 为宜；

(4) 对于软土地基和粒径较大的填土地基上，承压板尺寸不应小于 0.5 m^2；

(5) 对于强夯处理后场地的地基，要求承压板的尺寸应大于 1.0 m×1.0 m。

3. 位移量测系统的安装

支撑基准梁的基准桩或其他类型的支点应离承压板和地锚(如果采用地锚提供反力)一定的距离，以避免在试验过程中地表变形对基准梁的影响。与承压板中心的距离应大于 $1.5d$(d 为承压板边长或直径)，与地锚的距离应不小于 0.8 m。

基准梁架设在基准桩上时，两端不能固定，以避免由于基准梁热胀冷缩引起沉降观测的误差。沉降测量仪器应对称地布置在承压板上，百分表或位移传感器的测头应垂直于承压板设置。

4. 加载方式

载荷试验的加载方式一般采用分级维持荷载沉降相对稳定法(通常称为慢速法)；有地区经验时，也可采用分级加荷沉降非稳定法(通常称为快速法)或等沉降速率法。加荷等级的划分，一般取 10～12 级，同时不应小于 8 级；卸载时，其卸载值一般取每级加载值的两倍，并逐级卸载。最大加载量不应小于地基土承载力设计值的 2 倍，荷载的量测精度应控制在最大加载量的±1%以内。

5. 沉降观测

当采用慢速法时，对于土体，每级荷载施加后，间隔 5 min、5 min、10 min、10 min、15 min、15 min 测读一次沉降，以后间隔 30 min 测读一次沉降，当连续 2 h 内每小时沉降量不大于 0.1 mm 时，可以认为沉降已达到相对稳定标准，可施加下一级荷载；当试验对象是岩体时，间隔 1 min、2 min、2 min、5 min 测读一次沉降，以后每隔 10 min 测读一次，当连续三次读数差不大于 0.01 mm 时，认为沉降已达到相对稳定标准，可施加下一级荷载。

采用快速法时，每加一级荷载按间隔 15 min 观测一次沉降。每级荷载维持 2 h，即可施加下一级荷载。最后一级荷载可观测至沉降达到上述沉降相对稳定标准或仍维持 2 h。

当采用等沉降速率法时，控制承压板以一定的沉降速率沉降，测读与沉降相应的所施加的荷载，直至试验达到破坏阶段。

6. 试验终止加载条件

载荷试验一般应尽可能进行到试验土层达到破坏阶段，然后终止加载。当出现下列情况之一时，可认为地基已达破坏阶段，可终止加载。

(1) 承压板周边的土体出现明显侧向挤出，周边岩土出现明显隆起或径向裂缝持续发展；

(2) 本级荷载下的沉降量大于前一级荷载下沉降量的 5 倍，或沉降量急剧增大，p-s 曲线出现明显陡降；

(3) 在某级荷载下 24 h 沉降速率不能达到相对稳定标准；

(4) 总沉降量与承压板直径(或边长)之比超过 0.06；

(5) 总加荷量已达设计值 2 倍，浅层地基虽未达到上述破坏条件，也可视情况终止加载。

对于深层平板载荷试验，承压板采用直径为 0.8 m 的刚性板，紧靠承压板周围外侧的土层高度不应小于 80 cm。关于试验终止加载条件，深层平板载荷试验也略有不同，表述如下：

(1) 沉降量急剧增大，p-s 曲线出现可判定极限承载力的陡降段，且总沉降量超过 $0.04d$ (d 为承压板的直径)；

(2) 在某级荷载下 24 h 沉降速率不能达到稳定标准；

(3) 本级荷载下的沉降量大于前一级荷载下沉降量的 5 倍；

(4) 当承压板下持力层坚硬，沉降量较小时，最大加载量已达到或超过地基土承载力设计值的 2 倍；

(5) 总加荷量已达设计值 2 倍，深层地基虽未达到上述破坏条件，也可终止加载。

2.3.2 试验设备的安装及操作步骤

1. 试验设备的安装

试验设备安装时应遵循先下后上、先中心后两侧的原则，即首先放置承压板，然后将千斤顶置于其上，再安装反力系统，最后安装观测系统。这里以地锚反力系统为例加以叙述。

(1) 下地锚：在确定试坑位置后，根据最大加载量要求使用地锚的数量(4 只、6 只或更多),以试坑中心为中心点对称布置地锚。各个地锚的埋设深度应当一致,一般地锚的螺旋叶片应全部进入较硬地层为好,可以提供较大的反力。

(2) 挖试坑:根据固定好的地锚位置来复测试坑位置,根据试验技术要求开挖试坑至试验深度,对于浅层平板载荷试验,其深度通常为基础底面标高处。

(3) 放置承压板:在试坑的中心位置,根据承压板的大小铺设不超过 20 mm 厚度的砂垫层并找平,然后小心平放承压板,防止承压板倾斜着地。

(4) 千斤顶和测力计的安装:以承压板为中心,从下到上在承压板上依次放置千斤顶、测力计和分力帽,并使其重心保持在一条垂直直线上。

(5) 横梁和连接件的安装:通过连接件将次梁安装在地锚上,以承压板为中心将主梁通过连接件安装在次梁下,形成完整的反力系统。

(6) 沉降测量元件的安装:打设基准桩,安装测量横杆(基准梁),通过磁性表座固定位移百分表或位移传感器,形成完整的沉降量测系统。

如果采用测力计来量测荷载的大小,在试验之前,还需要安装测力计的百分表。如果采用位移传感器量测地基沉降,传感器的电缆线应连接到位移记录仪上,并进行必要的设置。

2. 试验操作步骤

(1) 加载操作:加载等级一般分 10～12 级,且不应小于 8 级。最大加载量不应小于地基土承载力设计值的 2 倍,荷载的量测精度控制在最大加载量的±1%以内。加载必须按照预先规定的级别进行,第一级荷载需要考虑设备的重量和挖掉土的自重。所加荷载是通过事先标定好的油压表读数或测力计百分表的读数反映出来的,因此,必须预先根据标定曲线或表格计算出预定的荷载所对应的油压表读数或测力计百分表读数。

(2) 稳压操作:每级荷重下都必须保持稳压,由于加压后地基土沉降、设备变形和地锚受力拔起等原因,都会引起荷载的减小,必须随时观察油压表的读数或测力计百分表指针的变动,并通过千斤顶不断的补压,使所施加的荷载保持相对稳定。

(3) 沉降观测:采用慢速法时,每级荷载施加后,间隔 5 min、5 min、10 min、10 min、15 min、15 min 测读一次沉降,以后间隔 30 min 测读一次沉降,当连续 2 h 内每小时沉降量不大于 0.1 mm 时,可以认为沉降已达到相对稳定标准,可施加下一级荷载,直至达到前述试验终止加载条件。

(4) 试验观测与记录:当采用百分表观测沉降时,在试验过程中,必须始终按规定将观测数据记录在载荷试验记录表中。试验记录是载荷试验中最重要的第一手资料,必须正确记录,并严格校对,确保试验记录的可靠性。

2.4 试验资料整理与成果应用

2.4.1 试验资料的整理

载荷试验的最后成果是通过对现场原始试验数据进行整理,并依据现有的规范或规程进行分析得出的。其中载荷试验沉降观测记录是最重要的原始资料,不仅记录沉降,还记录了荷载等级和其他与载荷试验相关的信息,如承压板形状、尺寸、载荷点的试验深度、试验深度处的土性特征以及沉降观测百分表或位移传感器在承压板上的位置等(一般以图示的方式标注在记录表上)。

载荷试验资料整理分以下几个步骤：

1. 绘制 p-s 曲线

根据载荷试验沉降观测原始记录，将荷载 p 与沉降 s 数据点在坐标纸上，绘制 p-s 曲线。

2. p-s 曲线的修正

如果原始 p-s 曲线的直线段延长线不通过原点(0,0)，则需要对 p-s 曲线进行修正。可采用以下两种方法进行修正。

1）图解法

先以一般坐标纸绘制 p-s 曲线，如果开始的一些观测点(p,s)基本上在一条直线上，则可直接用图解法进行修正。即将 p-s 曲线上的各点同时沿 s(沉降)坐标平移 s_0 使 p-s 曲线的直线段通过原点，如图 2-4 所示。

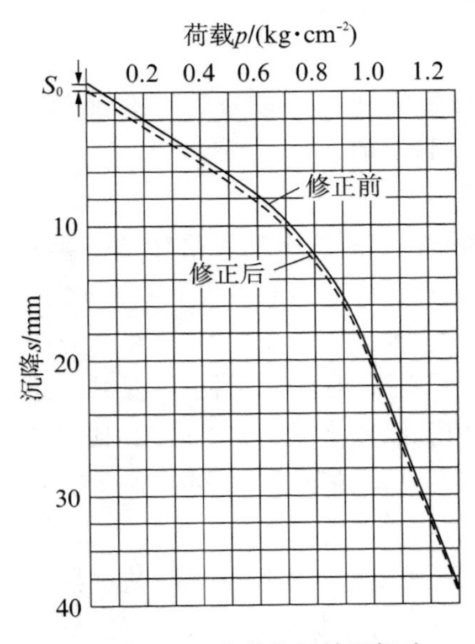

图 2-4　p-s 曲线修正的图解法

2）最小二乘修正法

对于已知 p-s 曲线开始一段近似为一直线(即 p-s 曲线具有明显的直线段和拐点)，可用最小二乘法求出最佳回归直线的方程式。假设 p-s 曲线的直线段可以用式(2-5)来表示：

$$s = s_0 + c_0 p \tag{2-5}$$

需要确定两个系数 s_0 和 c_0。如果 s_0 等于零，则表明该直线通过原点，否则不通过原点。求得 s_0 后，$s' = s - s_0$ 即为修正后的沉降数据。

对于圆滑或不规则形的 p-s 曲线(即不具有明显的直线段和拐点)，可假设其为抛物线或高阶多项式表示的曲线，通过曲线拟合求得常数项，即 s_0，然后按 $s' = s - s_0$ 对原始数据进行修正。

3. 绘制 s-lg$t$ 曲线和 lg$p$-lg$s$ 曲线

在单对数坐标纸上绘制每级荷载下的 s-lg$t$ 曲线,同时需要标明每根曲线的荷载等级,荷载单位为 kPa。

必要时,可在双对数坐标纸上绘制 lg$p$-lg$s$ 曲线,注意标明坐标名称和单位。

2.4.2 试验成果的应用

1. 确定地基土的承载力

在资料整理的基础上,应根据 p-s 曲线拐点,必要时,结合 s-lg$t$ 曲线或 lg$p$-lg$s$ 曲线的特征,确定比例界限压力 p_0;无论深层还是浅层平板载荷试验,当满足前三个试验终止加载条件之一时,则对应的前一级荷载即可判定为极限压力 p_u。

1) 拐点法

如果拐点明显,直接从 p-s 曲线上确定拐点作为比例界限压力 p_0,并取该比例界限压力 p_0 所对应的荷载值作为地基土的承载力特征值。

2) 极限荷载法

先确定极限压力 p_u,当极限压力 p_u 小于对应的比例界限压力的荷载值的 2 倍时,取极限压力的一半作为地基承载力特征值。

3) 相对沉降法

若 p-s 曲线呈缓变曲线时,可取对应于某一相对沉降值(即 s/b,b 为承压板直径或边长)的压力作为地基土承载力的估计。即在 p-s 曲线上取 s/b 为一定值所对应的荷载为地基承载力特征值。

当承压板面积为 0.25~0.50 m^2 时,可根据土类及其状态取 s/b=0.01~0.015 所对应的荷载作为地基承载力特征值。但其值不应大于最大加载量的一半。当承压板的面积大于 0.5 m^2 时,应结合结构物沉降变形的控制要求、基础宽度和不大于最大加载量之半的原则,综合确定地基承载力特征值。

确定地基土的承载力时,同一土层参加统计的试验点数不应小于 3 个,当各试验点实测的承载力的极差(即最大值与最小值之差)小于平均值的 30%时,取其平均值作为该土层的承载力特征值,否则取最小值。

2. 确定地基土的变形模量

对于各向同性的地基土,当地表无超载时(相当于承压板置于地表),土的变形模量按式(2-6)计算:

$$E_0 = (1-\mu^2) I_0 I_1 K \cdot b \tag{2-6}$$

式中 b——承压板直径或方形承压板边长,m;

I_0——压板位于半空间表面的影响系数,对于圆形刚性板,$I_0=\pi/4=0.785$;对于方形承压板,$I_0=0.886$;

I_1——承压板埋深 z 时的修正系数,当承压板置于地表时,$I_1=1$;当承压板置于地表以下,$z<b$ 时,取 $I_1\approx1-0.27z/b$,$z>b$ 时,取 $I_1\approx0.5+0.23b/z$;

K——p-s 曲线直线段的斜率，kN/m^3；

μ——土的泊松比，碎石土取 0.27，砂土取 0.30，粉土取 0.35，粉质黏土取 0.38，黏土取 0.42。

3. 确定地基土的基床反力系数

依据平板载荷试验 p-s 曲线直线段的斜率，可以直接确定基准基床系数 K_v。依据我国国家规范《岩土工程勘察规范》(GB 50021—2009)，当采用边长为 30 cm 的平板载荷试验，可根据式(2-7)确定地基的基准基床系数 K_v：

$$K_v = \frac{p}{s} \tag{2-7}$$

如果 p-s 曲线初始无直线段，则 p 可取极限压力之半，s 为相应于该 p 值的沉降量，仍按式(2-7)确定基准基床系数 K_v。

而按上海市工程建设规范《岩土工程勘察规范》(DB J08—37—2012)，由荷载试验按式(2-7)求得的基床系数 K_v 为载荷试验基床系数，按式(2-8)换算成基准基床系数 K_{v1}：

对于黏性土：

$$K_{v1} = 3.28bK_v \tag{2-8a}$$

对于砂土：

$$K_{v1} = \frac{4b^2}{b+0.305}K_v \tag{2-8b}$$

式中，b 为承压板的直径或边长。

由基准基床反力系数 K_{v1}，按式(2-9)求得地基土的基床系数 K_s：

对于黏性土：

$$K_s = \frac{0.305}{B_f}K_{v1} \tag{2-9a}$$

对于砂土：

$$K_s = \left(\frac{B_f+0.305}{2B_f}\right)^2 K_{v1} \tag{2-9b}$$

式中，B_f 为基础宽度。

在各地区，针对土层、土性特点，会有不同的基床反力系数计算方法，在应用时，应注意地区差异。

4. 平板载荷试验的其他应用

可用来评价地基不排水抗剪强度，预估地基最终沉降量和检验地基处理效果是否达到地基承载力的设计值。

2.5 螺旋板载荷试验简介

螺旋板载荷试验是将一螺旋型承压板旋入地下试验深度，通过传力杆对螺旋板施加荷载,观测螺旋板的沉降,以获得荷载—沉降—时间关系,然后根据理论公式或经验关系式获得地基土参数的一种现场测试技术。通过螺旋板试验可以确定地基土的承载力、变形模量、基床系数和固结系数等参数。

螺旋板载荷试验适用于地下水位以下一定深度处的砂土、软黏性土、一般黏性土和硬黏性土层。螺旋板旋入土中会引起一定的土体扰动,但如适当选择轴径、板径、螺距等参数,并保持螺旋板板头的旋入进尺与螺距一致及保持与土接触面光滑,可使对土体的扰动减小到合理的程度。

螺旋板载荷试验的试验设备同样包括加载系统、反力系统和量测系统,图 2-5 为螺旋板载荷试验装置简图。承压板是旋入地下的螺旋板,要求螺旋承压板应有足够的刚度,板头面积可以根据地基土的性质选择 100 cm^2、200 cm^2 和 500 cm^2(板头直径分别为 113 mm、160 mm 和 252 mm)。

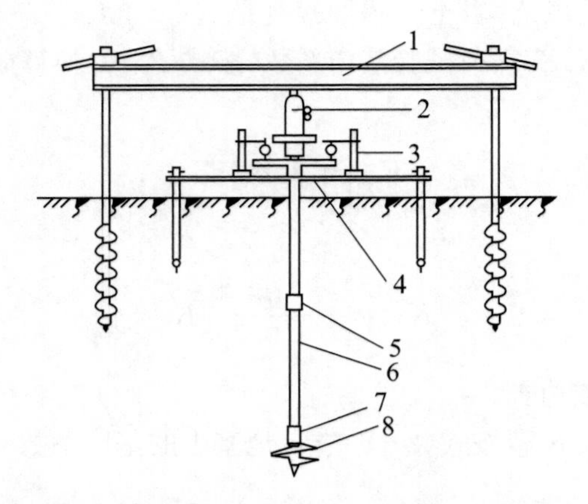

1—横梁;2—千斤顶;3—百分表及表座;4—基准梁;5—立柱;6—传力杆;7—力传感器;8—螺旋板;9—地锚

图 2-5　YDL 型螺旋板载荷试验装置

螺旋板载荷试验的加荷方式、加荷等级以及试验终止加载条件均与平板载荷试验一样。试验方法同样有慢速法、快速法和等沉降速率法。

螺旋板载荷试验 p-s 曲线和 s-lg$t$ 曲线与试验土层的土性之间的理论关系与平板载荷试验有所不同。由于试验在土层中的某一深度进行,p-s 曲线上的特征值除了比例界限压力和极限压力之外,还有初始压力(定义为 p-s 曲线直线段的起点)。在理论上,初始压力相当于试验深度处上覆土层的自重压力。可把螺旋板载荷试验假设为一刚性圆板作用在均质各向同性的弹性半无限体的内部(承压板埋置深度大于 6 倍板径),对于 p-s 曲线的直线段,可采用弹性理论来分析压力与沉降之间的关系:

$$E = a \cdot r \frac{p}{s} \tag{2-10}$$

式中　E——弹性介质的弹性模量,kPa;

p/s——p-s 曲线直线段的斜率,kN/m^3;

r——圆板的半径,m;

a——与土的泊松比 μ 有关的影响系数，无量纲。

当假设土—板界面为完全粘结(粗糙)时，则

$$a=\frac{\pi}{4}\frac{(3-4\mu)(1+\mu)}{4(1-\mu)} \tag{2-11}$$

当假设土—板界面完全光滑时，则

$$a=\frac{\left[(3-4\mu)(1+\mu)+\left(1-\frac{\pi}{4}\right)(1-2\mu)^2\right]}{4(1-\mu)} \tag{2-12}$$

根据螺旋板载荷试验，除了可以评价地基土的承载力外，螺旋板载荷试验和深层平板载荷试验的变形模量 E_0 可按式(2-13)计算：

$$E_0=\omega\frac{pb}{s} \tag{2-13}$$

式中　ω——与试验深度和土类有关的系数，可以按表2-1选用；

b——承压板或螺旋板直径。

表2-1　深层/螺旋板载荷试验计算系数 ω

土类 / b/z	碎石土	砂土	粉土	粉质黏土	黏土
0.30	0.477	0.489	0.491	0.515	0.524
0.25	0.469	0.480	0.482	0.506	0.514
0.20	0.460	0.471	0.474	0.497	0.505
0.15	0.444	0.454	0.457	0.479	0.487
0.10	0.435	0.446	0.448	0.470	0.478
0.05	0.427	0.437	0.439	0.461	0.468
0.01	0.418	0.429	0.431	0.452	0.459

注：b/z 为承压板直径与承压板底面深度之比。

利用螺旋板载荷试验的 p-s 曲线确定各个特征压力后，同样可以评价地基土的承载力。国内外的研究结果表明，可用极限压力 p_u 估算地基土的不排水抗剪强度 c_u。例如，基于实践经验，华东电力设计院提出软黏土的不排水抗剪强度 c_u 可根据等沉降速率法螺旋板载荷试验确定的极限承载力 p_u 按式(2-14)计算：

$$c_u=\frac{p_u-\gamma h}{9.0} \tag{2-14}$$

式中　γ——地基土的容重，kN/m^3；

h——试验深度，m。

另外,当试验在地下水位以下进行时,对螺旋板施加恒定荷载后,可假定施加在板上的压力作用于无限弹性体内部,加荷引起的超孔压将随时间发生三维消散,按等时间间隔测读螺旋板的沉降量,可以根据 Biot 固结理论估算地基土的固结系数,但这方面的研究成果不多,还不成熟。

2.6 桩基载荷试验简介

根据桩基载荷试验的方法不同,单桩静载荷试验可分为单桩竖向抗压静载荷试验、单桩竖向抗拔静载荷试验、单桩水平静载荷试验。桩的现场静载荷试验是国际上公认获得单桩竖向抗压、抗拔以及水平向承载力的最为可靠的方法。桩基载荷试验可获取桩基设计所必需的计算参数,为设计提供合理的单桩承载力,对桩型和桩端持力层进行比较和选择,充分发挥地基抗力与桩身结构强度,使二者匹配,以求得到最佳技术经济效果。单桩竖向抗压与抗拔试验,还可预先埋设测试元件,测定桩侧摩阻力和桩端阻力,研究桩的荷载传递机理。桩的水平向荷载试验还可确定地基土水平抗力系数,当桩中埋设测试元件时,可测定桩身弯矩分布和桩侧土压力分布,研究土抗力与水平位移关系,为探索更合理的分析计算方法提供依据。下面以单桩竖向抗压静载荷试验为例进行桩基载荷试验的简要阐述。

2.6.1 试验的仪器设备

与平板载荷试验一样,桩基载荷试验仪器设备同样包括加载装置、反力装置和量测系统三部分。

1. 加载装置

通常采用油压千斤顶,由于基桩承载力较大,有时需要采用两台甚至多台千斤顶同时进行加载,此时,千斤顶的型号、规格不仅要一致,而且千斤顶的合力中心应与桩轴线重合,其加载时,应并联且同步工作。

2. 反力装置

通常采用锚桩、压重平台或者锚桩和压重平台联合的形式,采用什么形式的反力装置,宜根据现场条件选择,并满足以下要求:

(1) 采用锚桩做反力装置时,锚桩横梁提供的反力不得小于最大加载量的 1.2~1.5 倍,分别对锚桩抗拔力(包括地基土、抗拔钢筋、桩的接头)、反力装置的强度和变形进行验算;若采用工程桩作锚桩时,锚桩数量不应少于 4 根,并应监测锚桩上拔量。

(2) 采用压重平台作反力装置时,其要求与浅层平板载荷试验一样,压重量不得小于桩的最大加载量的 1.2 倍,且压重量宜在检测前一次加足,并均匀稳固地放置于平台上;压重施加于地基的压应力不宜大于地基承载力特征值的 1.5 倍。

(3) 当采用锚桩压重联合反力装置形式时,锚桩抗拔力与配重重量的总和不应小于最大加载量的 1.2 倍,且应对反力架和平台强度、变形进行验算。

3. 量测系统

量测系统包括荷载量测和沉降量测两部分。

(1) 荷载量测。可用放置在千斤顶上的荷重传感器直接测定,或采用并联于千斤顶油路的压力表或压力传感器测定油压,根据千斤顶率定曲线换算荷载。传感器的测量误差不应大于1%,压力表精度应优于或等于0.4级。试验用压力表、油泵、油管在最大加载时的压力不应超过规定工作压力的80%。

(2) 沉降量测。沉降量测宜采用位移传感器或大量程百分表,其测量误差不大于0.1% *FS*,分辨力不小于0.01 mm;对于直径或边宽大于500 mm的桩,应在其两个方向对称安置4个位移测试仪表,直径或边宽小于等于500 mm的桩可对称安置2个位移测试仪表;沉降测定平面宜在桩顶200 mm以下位置,测点应牢固地固定于桩身;基准梁应具有一定的刚度,梁的一端应固定在基准桩上,另一端应简支于基准桩上;固定和支撑位移计或百分表的夹具及基准梁应避免气温、振动及其他外界因素的影响。

2.6.2 试验步骤

试验加卸载方式应符合下列规定:

(1) 加载应分级进行,采用逐级等量加载;分级荷载宜为最大加载量或预估极限承载力的1/10,其中第一级可取分级荷载的2倍。

(2) 卸载应分级进行,每级卸载量取加载时分级荷载的2倍,逐级等量卸载。

(3) 加、卸载时应使荷载传递均匀、连续、无冲击,每级荷载在维持过程中的变化幅度不得超过分级荷载的±10%。

2.6.3 试验数据测读

(1) 每级荷载施加后按间隔5 min、10 min、15 min、15 min、15 min测读桩顶沉降量,以后每隔30 min测读一次。

(2) 试桩沉降相对稳定标准:每一小时内的桩顶沉降量不超过0.1 mm,并连续出现两次(从分级荷载施加后第30 min开始,按1.5 h连续三次每30 min的沉降观测值计算)。

(3) 当桩顶沉降速率达到相对稳定标准时,再施加下一级荷载。

(4) 卸载时,每级荷载维持1 h,按间隔15 min、30 min、60 min测读桩顶沉降量后,即可卸载一级荷载。卸载至零后,应测读桩顶残余沉降量,维持时间为3 h,测读时间为第15 min、30 min,以后每隔30 min测读一次。

2.6.4 试验终止

当出现下列情况之一时,可终止加载:

(1) 某级荷载作用下,桩顶沉降量大于前一级荷载作用下沉降量的5倍。

(2) 某级荷载作用下,桩顶沉降量大于前一级荷载作用下沉降量的2倍,且经24 h仍未达到相对稳定标准。

(3) 已达到设计要求的最大加载量。

(4) 当工程桩作锚桩时,锚桩上拔量已达到允许值。

(5) 当荷载—沉降曲线呈缓变形时,可加载至桩顶总沉降量60~80 mm;在特殊情况下,可根据具体要求加载至桩顶累计沉降量超过 80 mm。

2.6.5 试验数据的整理与分析

1. 单桩承载力的确定

确定单桩竖向抗压承载力时,应绘制竖向荷载—沉降、沉降—时间对数曲线,需要时,也可绘制其他辅助分析曲线。

(1) 根据沉降随荷载变化的特征确定。对于陡降形 Q 曲线,取其发生明显陡降的起始点对应的荷载值。

(2) 根据沉降随时间变化的特征确定。取曲线尾部出现明显向下弯曲的前一级荷载值。

(3) 对于缓变形 Q-s 曲线可根据沉降量确定,宜取 $s=40$ mm 对应的荷载值;当桩长大于 40 m 时,宜考虑桩身弹性压缩量;对直径大于或等于 8 mm 的桩,可取 $s=0.05d$(d 为桩端直径)对应的荷载值。

2. 单桩竖向抗压极限承载力统计值的确定

(1) 参加统计的试桩结果,当满足其极差不超过平均值的 30%时,取其平均值为单桩竖向抗压极限承载力。

(2) 当极差超过平均值的 30%时,应分析极差过大的原因,结合工程具体情况综合确定,必要时,可增加试桩数量。

(3) 对桩数为 3 根或 3 根以下的柱下承台,或工程桩抽检数量少于 3 根时,应取低值。

(4) 单位工程同一条件下的单桩竖向抗压承级力特征值应按单桩竖向抗压极限承载力统计值的一半取值。

2.7 工程实例分析

2.7.1 工程概况

某拟建住宅为 5 层钢筋混凝土框架结构,采用天然地基,设计要求地基承载力特征值为 160 kPa。场区场地上覆 50 cm 厚杂填土,其下为厚度 3～6 m 夹有中砂透镜体的黏土层,平均厚度为 5 m,黏土层主要物理力学指标为:含水率 $w=28.3\%$,孔隙比 $e=0.877$,液性指数 $I_L=0.17$,压缩系数 $a_{1\text{-}2}=0.38\ \text{MPa}^{-1}$,压缩模量 $E_{s1\text{-}2}=4.85$ MPa,标准贯入试验锤击数 $N_{63.5}=8.2$ 击。勘察报告提供该层地基土承载力特征值建议值为 160 kPa。为验证该场地黏土层能否作为该拟建物的天然地基持力层,对场地进行了三组有代表性的浅层平板载荷试验。

2.7.2 载荷试验方法简介

载荷试验使用平板结构反力架,用平板上堆载提供反力,采用千斤顶分级加载进行试验,承压板采用 1.0 m²(1 m×1 m)加筋钢板。试验确定最大加载荷载为 360 kN,共分 8 级并采用逐级加载方式,各级加载为试验最大荷载的 1/8,即 45 kN。当在连续 2 h 内每小时的沉降量小于0.1 mm时，则认为已趋稳定，可加下一级荷载。最后一级荷载仍以此为稳定标准。

2.7.3 静载荷试验结果与评价

其载荷试验结果 p-s 曲线如图2-6所示。

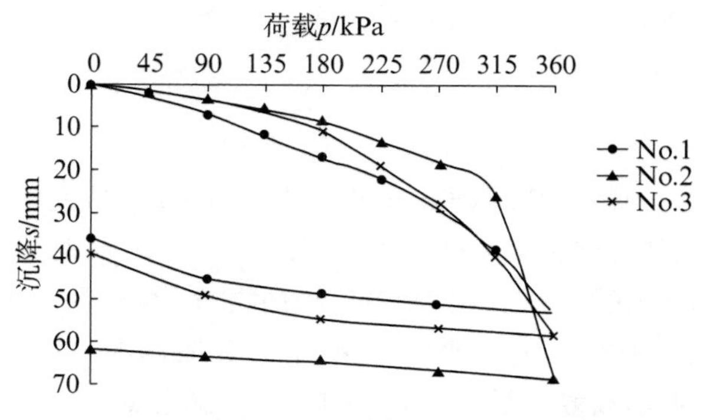

图2-6 地基土载荷试验 p-s 曲线图

从试验所得数据看，在最大加载为360 kPa压力范围内，除No. 2载荷试验外，地基土仍未出现极限荷载点；No. 1载荷试验各级沉降较均匀，但总沉降量较大，地基土承载力极限值取360 kPa，相应的承载力特征值取180 kPa；No. 3载荷试验曲线不够圆滑，虽然在第7级荷载315 kPa和第8级荷载360 kPa下的沉降量相对较大，但总沉降量仍在允许范围内，地基土承载力极限值取360 kPa，相应的承载力特征值取180 kPa；No. 2载荷试验曲线在第8级荷载360 kPa作用下出现陡降段，因此，地基土承载力极限值取前1级荷载315 kPa，特征值为157 kPa。由于该三组载荷试验实测值的极差不超过其平均值的30%，可取其平均值172 kPa作为该场地黏土层地基承载力特征值。

复习思考题

1. 载荷试验有哪几种类型？说明各自的使用对象。

2. 平板载荷试验典型的荷载—沉降曲线（p-s 曲线）可以分为哪几个阶段？各有什么特征？与土体的应力应变状态有什么联系？

3. 简述浅层平板载荷试验的技术要点。

4. 试述浅层平板载荷试验与深层平板载荷试验终止加载条件的差别。

第3章 静力触探试验

3.1 概述

静力触探试验(Static Cone Penetration Test,简称CPT),是利用准静力以恒定的贯入速率将一定规格和形状的圆锥探头通过一系列探杆压入土中,同时测记贯入过程中探头受到的阻力,根据测得的贯入阻力大小来间接判定土的物理力学性质的现场试验方法。

静力触探技术始于1917年,但直到1932年,荷兰工程师Barentsen才成为世界上第一个进行静力触探试验的人,故静力触探试验有时又称为荷兰锥(Dutch Cone)试验。由于静力触探试验具有连续、快速、精确,可以在现场通过贯入阻力变化了解地层变化及其物理力学性质等优点,静力触探技术无论在仪器设备、测试方法,还是成果的解释与应用方面都取得了很大的进展,尤其是20世纪90年代以来,静力触探探头的研制朝着多功能化发展,在探头上增加了许多新功能,如测温、测斜和地磁、土壤电阻和地下水pH值等物理量的量测,以及采用静探探杆传递量测数据的无绳静力触探仪的问世,开拓了静力触探技术新的应用领域。

最初采用机械式静力触探试验,试验方法和过程也比较繁琐,锥尖的形式也是各种各样的。后来,欧洲采用统一规格的标准探头,圆锥夹角为60°,锥底面积为10 cm^2,摩擦套筒的表面积为150 cm^2。至20世纪60年代,研制出电测静力触探机,各测量参数均采用电量测量。电子探头的最显著的优点是其良好的重复性、高精度及数据的连续测读,为数据采集及数据处理的自动化提供了条件。1974年,在Stockholm召开的第一届欧洲触探试验会议(ESOPT-1)上,Janbo和Sennest发表了利用挪威岩土所(Norwegian Geotechnical Institute,简称NGI)研制的孔压探头测得的贯入过程中孔隙水压力结果,这应是孔压静力触探试验(Piezocone Penetration Test,简称CPTU)的开端。孔压静力触探技术的应用,使触探过程中不仅可以量测土层对探头的阻力(锥尖阻力和侧壁摩阻力),而且可以量测探头附近的孔隙水压力。与传统静力触探相比,孔压静力触探可以利用测量的孔压对其他测试数据进行修正,而且利用孔压量测的高灵敏性及其与土性之间的内在联系,可以更加精确地辨别土类,分辨薄土层的存在,并使评价土的固结系数等渗透特性成为可能。

根据静力触探试验结果,并结合地区经验,可以用于以下目的:

(1) 可用于土类定名,并划分土层的界面;

(2) 评定地基土的物理、力学、渗透性质的相关参数;

(3) 确定地基承载力;

(4) 确定单桩极限承载力;

(5) 判定地基土液化的可能性。

静力触探试验适应于软土、一般黏性土、粉土、砂土和含有少量碎石的土，但不适用于含较多碎石、砾石的土层和密实的砂层。与传统的钻探方法相比，静力触探试验具有速度快、劳动强度低、清洁、经济等优点，而且可连续获得地层的强度和其他方面的信息，不受取样扰动等人为因素的影响。这对于地基土在竖向变化比较复杂，而用其他常规勘探试验手段不可能大密度取土或测试来查明土层变化；对于在饱和砂土、砂质粉土及高灵敏性软土中的钻探取样往往不易达到技术要求，或者无法取样的情况，静力触探试验均具有它独特的优越性。因此，在适宜于使用静力触探的地区，静力触探技术普遍受到欢迎。但是，静力触探试验不能对土进行直接的观察、鉴别。

3.2 静力触探试验的仪器设备

静力触探试验设备包括标定设备和触探贯入设备。前者包括测力计或力传感器和加、卸荷用的装置(标定架或压力罐)及辅助设备等，主要是在室内通过率定设备和率定探头求出地层阻力和仪表读数之间的关系，以得到探头率定系数，要求新探头或使用一个月后的探头都应及时进行率定；后者由贯入系统和量测系统两部分组成，下面对触探贯入设备进行详细的介绍。

3.2.1 贯入系统

贯入系统主要由贯入装置、探杆和反力装置三部分组成。

1. 贯入装置

贯入装置主要为静力触探机，按其加压方式不同可划分为液压式、手摇链条式和电动机械式三种。

1) 液压式静力触探机

液压式静力触探机(图 3-1(a)、(b))是利用汽油机或电动机带动油泵(油泵压力 0.7～1.4 MPa)，通过液压传动使油缸活塞下压或提升，国内使用油缸总推力达 100～200 kN。其利用 4～8 个地锚或压重提供反力，此种装置设备较多，液压系统加工精度要求高，但推力较大，在软黏性土地区触探深度可达 60 m 左右。

2) 手摇链条式静力触探机

手摇链条式静力触探机(图 3-1(c))是以手摇方式带动齿轮传动，通过两个 ϕ60 mm 的链轮带动链条循环往复移动，将探杆压入土内。手摇链条式设备有结构轻巧、操作简单、不用交流电(量测仪表由干电池或充电电池供电)、易于安装和搬运等特点，在交通不便及无电地区，尤显其方便之处，但其贯入能力较小，只有 20～30 kN，在软黏性土地区触探深度可超过 20 m。图 3-1(b)所示是电测十字板—静力触探两用机。

3) 电动机械式静力触探机

电动机械式静力触探机(图 3-1(d))是以电动机为动力，通过齿条(或齿轮)传动及减速，使螺杆下压或提升，升降速度达 0.7～0.9 m/min，最大压力 40～50 kN，当无电源时，也可用人力旋转手轮加压或提升。将这种设备固定在卡车上就是静力触探车，利用车身自重

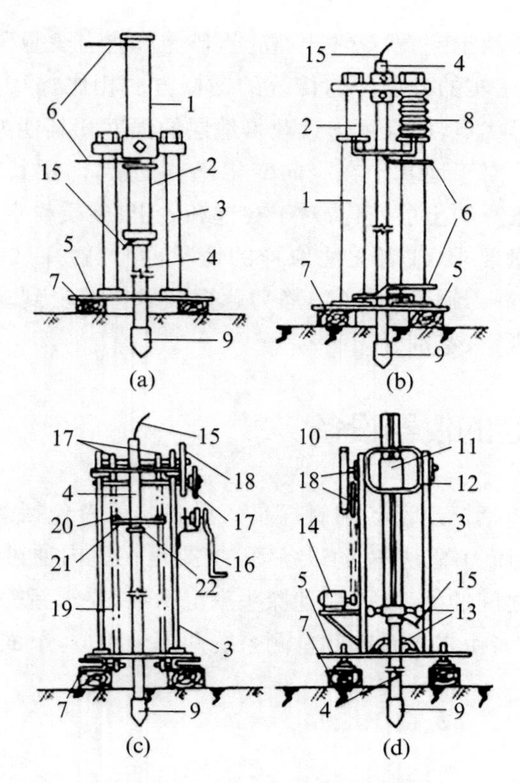

1—液压杆；2—液压缸；3—支架；4—触探杆；5—底座；6—高压油管；7—垫木；8—防尘罩；9—探头；10—滚珠丝杆；11—滚珠螺母；12—变速箱；13—导向杆；14—电动机；15—电缆线；16—摇把；17—链条；18—齿轮带轮；19—加压链条；20—长轴销；21—山形压板；22—垫压块

图 3-1　静力触探试验贯入装置

及载重作为平衡反力，以代替地锚提供反力。因其具有搬运、操作方便和工作环境好等优点而受到用户欢迎。电动机械式静力触探机虽然动力较小，但结构简单，易于加工，在软黏性土地区触探深度一般可达 60 m(100 kN 静力触探机)以上。

2. 探杆

探杆是将贯入力传递给探头的媒介。为了保证触探孔的垂直，探杆应采用高强度的无缝合金钢管制造。同时应对其加工质量和每次使用前的平直度、磨损状态进行严格的检查。

3. 反力装置

当把探头压入土层时，若无反力装置，整个触探仪要上抬。所以反力装置的作用是不使其上抬。一般采用的方法有三种：一是地锚反作用，二是压重物，三是地锚与重物联合使用。如将触探机装在汽车上，利用汽车的重量做反力，实际上还是属于压重物的方法，车载静力触探也可以同时使用 2～4 个地锚，增加部分反力。

3.2.2　量测系统

静力触探试验是根据探头贯入地层中所受阻力的大小及变化来判断场区地质条件的，因此，对阻力的准确量测与记录是关系到整个试验工作质量好坏的关键。

从量测方式上习惯将静力触探机探头分为机械式和电测式两大类。所谓机械式，是使用内、外双层探杆，用交替加压的方法测量锥尖阻力和外管摩擦力，根据贯入到不同深度时的油压表读数求得上述阻力值。这种设备虽然比较简单，成本低，但因其效率低，连续性差，且可靠性受人为因素影响大而较少使用。目前国内外普遍采用电测式探头，故本章只论述电测式测量系统。

1. 探头

目前在工程实践中常用的探头有单桥探头、双桥探头、孔压探头(图 3-2)和其他多功能探头。

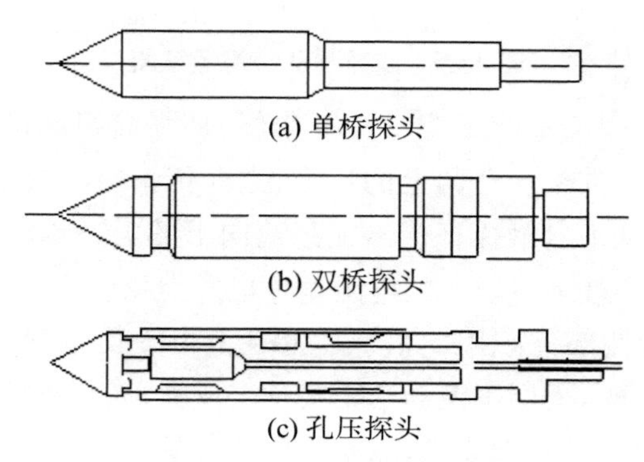

图 3-2 常用探头示意图

1) 单桥探头

单桥探头的结构主要由外套筒、顶柱、空心柱等组成。

(1) 外套筒：为一直径为 43.7 mm(或 35.7 mm)的锥形圆筒，锥角为 60°，在外套筒的内部有几圈丝扣，拧在探头管上。当外套筒的内螺纹旋过探头管上相应的外螺丝以后，外套筒与探头管脱离，但掉不下来(有螺纹挡着)。这样，在贯入时，外套筒所受阻力就传给顶柱。所用探杆直径比探头略小，为 42 mm(或 33.5 mm)，以减小贯入时探杆上的摩擦力。

(2) 顶柱：是放在空心柱内的一个实心圆柱形部件，它一头顶在空心柱顶端，一头顶在外套筒锥头中心槽内。顶柱与空心柱间隙为 0.5 mm。锥尖阻力即由顶柱传到空心柱，而由于空心柱上端悬空，下部与探头管丝扣连接，则必然使空心柱拉长，产生机械变形。

(3) 空心柱：即应力传感器，是应力量测元件，为一空心圆柱体，由 45 号钢或 60 Si_2Mn 钢车制而成(要求材料抗拉强度大，弹性变化大)。在空心柱体上粘贴电阻应变片，以便将非电量的机械变形转换成电量变化，输出电讯号。

常用的单桥探头规格见表 3-1。

表 3-1 测定比贯入阻力 p_s 的单桥探头规格

类型	锥底直径/mm	锥底面积/cm^2	有效侧壁长度/mm	锥角/(°)	触探杆直径/mm
Ⅰ	35.7	10	57	60	33.5
Ⅱ	43.7	15	70	60	42.0
Ⅲ	50.4	20	81	60	42.0

2) 双桥探头

双桥探头由锥尖阻力量测部分和侧壁摩擦阻力量测部分组成,如图 3-3 所示。

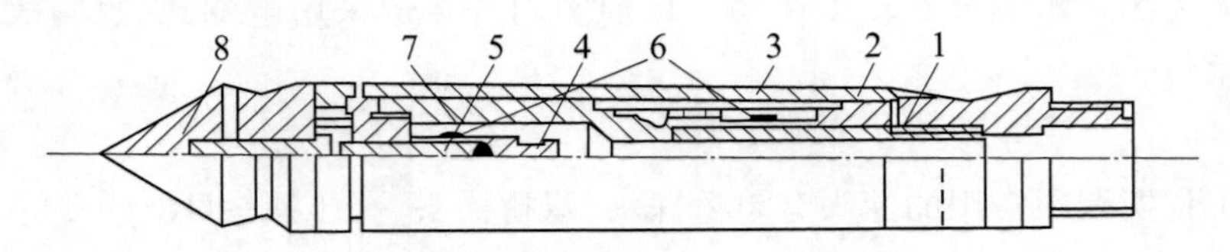

1—传力杆;2—摩擦传感器;3—摩擦筒;4—锥尖传感器;
5—顶柱;6—电阻应变片;7—钢珠;8—锥尖头

图 3-3 双桥探头结构示意图

(1) 锥尖阻力量测部分:由锥头、空心柱下半段、加强筒组成锥尖阻力传递结构。当触探头被压入土中时,土层给锥头一个向上的反力,立即传给空心柱下半段一个向上顶的力,在这同时,空心柱中部受到来自触探杆传给加强筒向下的力,所以,空心柱下半段受到压力产生压缩变形,而贴在空心柱下半段上的电阻丝片也发生相应变形,则电阻值减小。

(2) 侧壁摩擦阻力量测部分:由摩擦筒、空心柱上半段及加强筒组成侧壁摩擦阻力传递结构。当触探头压入土中时,土层不但会给锥头一个反力,而且还给摩擦筒一个向上的摩擦力。由于摩擦筒上部与空心柱丝扣连接,故空心柱顶部受到一个向上的拉力,又由于其中上部同样是受到来自加强筒向下的力,所以,空心柱上半段受拉产生伸长变形,而贴在空心柱上的电阻丝片也发生相应变形,则电阻值增大。

常用双桥探头规格见表 3-2。

表 3-2 测定锥尖阻力 q_c 和侧壁摩擦力 f_s 的双桥探头规格

类型	锥底直径/mm	锥底面积/cm²	摩擦筒表面积/cm²	有效侧壁长度/mm	锥角/(°)	探杆直径/mm
Ⅰ	35.7	10	200	179	60	33.5
Ⅱ	43.7	15	300	219	60	42.0
Ⅲ	50.4	20	300	189	60	42.0

3) 孔压探头

孔压探头除了能够测定锥尖阻力和侧壁摩擦阻力外,还可以同时量测指定位置的孔隙水压力。孔压探头一般是将双桥探头再安装一种可量测触探时所产生超孔隙水压力的装置——透水过滤器和孔隙水压力传感器而构成的多功能探头。国内一些企业也生产在单桥探头上安装孔压量测装置的孔压探头。

孔压静探探头按滤水器的位置不同而有不同的类型。在孔压静力触探技术发展历史上,孔压滤水器的位置有位于锥尖、锥面、锥肩和摩擦筒尾部等几种情况,但目前孔压探头滤水器的位置已经大致固定,一般位于锥面、锥肩和摩擦筒尾部。测得的孔隙压力分别记为 u_1,u_2 和 u_3。1989 年,国际土力学与基础工程学会(ISSMFE)建议锥肩(u_2 位置)作为量测孔压的标准位置,见图 3-4。

孔压探头是一种比较新的探头类型,它不仅可以同时测定锥尖阻力 q_c、侧摩阻力 f_s 和孔

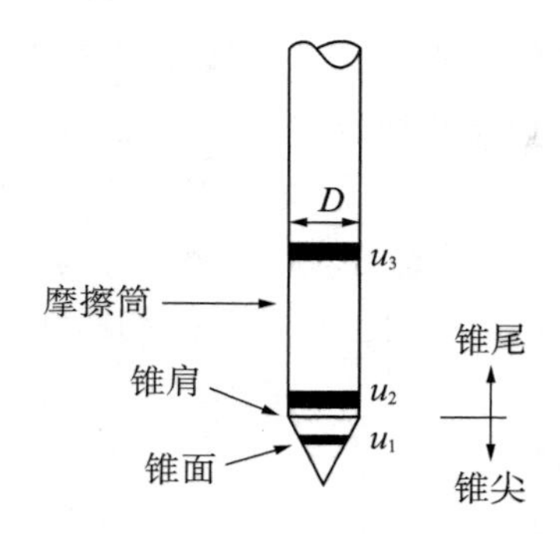

图 3－4　标准孔压探头过滤器位置示意图

隙水压力 u，而且还能在停止贯入时量测超孔隙水压力 Δu 的消散过程，直至达到稳定的静止孔隙水压力 u_0。与传统静力触探相比，孔压静力触探除了具有一般触探的功能外，还可以根据孔压消散的原理评定土的渗透性和固结特性，但是由于孔压静力触探技术所求得的水平固结系数不能用于计算地基竖向固结速率等的限制，该技术在工程中的应用仍不是很广泛。

2. 记录仪器

国内静力触探量测仪器有数字式电阻应变仪、电子电位差自动记录仪、微电脑数据采集仪等。微电脑数据采集仪的功能包括数据的自动采集、储存、打印、分析整理和自动成图，使用方便。

一般测量系统应包括静力触探专用记录仪器和传输信号的四芯或八芯的屏蔽电缆。目前一种无线的静力触探试验系统也孕育而生，图 3－5 为 GeoMil 公司生产的无线 CPT 系统，其包括 CPT 探头、麦克风、深度记录装置、计算机接口箱、笔记本电脑、打印机。这个系

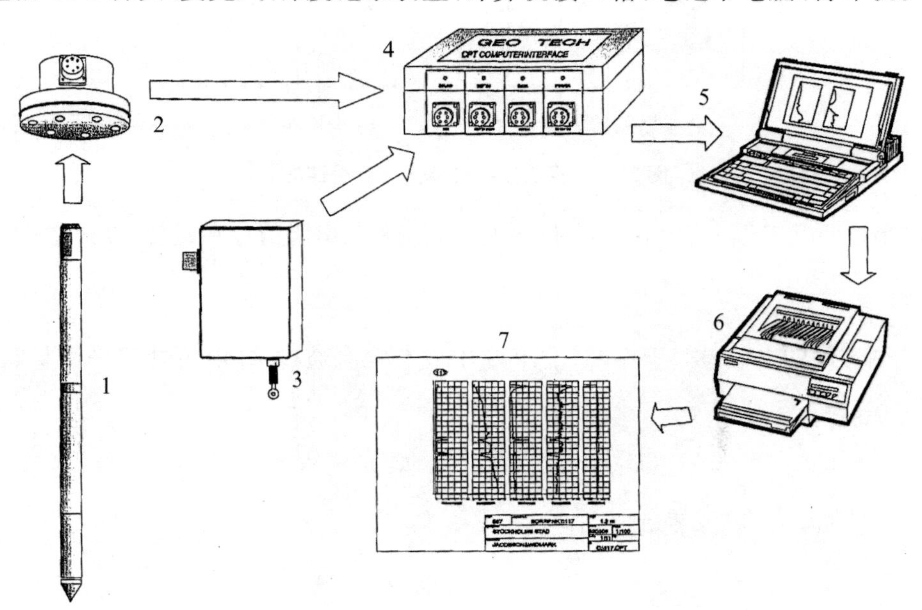

1—CPT 探头；2—麦克风；3—深度记录装置；4—计算机接口箱(中控箱)；
5—笔记本电脑；6—打印机；7—试验图示结果

图 3－5　GeoMil 公司的无线 CPT 系统的示意图

统量测数据的传输由声波来完成,例如,数字化的数据由探头上的电子元件转换成一种高频的声波信号,信号通过钻杆传播到安装在触探杆顶部上的麦克风,通过麦克风、中控箱将声波信号转换成数字信号后直接输入电脑。因此不需要电缆来传输数据。

计算机接口箱同时从深度测量装置上接收到深度信息。这些数据也同时被送入电脑。在试验过程中,电脑屏幕上可显示出即时的试验数据和曲线。

3.3 静力触探试验原理

3.3.1 静力触探探头的工作原理

静探探头大部分都采用电阻应变式测试技术,探头的空心柱体上的应变桥路有两种布置方式,如图 3-6 所示。

第一种为半桥两臂工作,空心柱体四周对称地粘贴四个电阻应变片,其中两个竖向的承受拉力,而另外两个横向的处于自由状态(无负荷),只起平衡(温度补偿)的作用,如图 3-6(a)所示。

第二种为全桥四臂工作,电阻应变片的粘贴与第一种相同,但由于空心柱体空心长度较长,故横向电阻应变片处于受压状态,如图 3-6(b)所示。

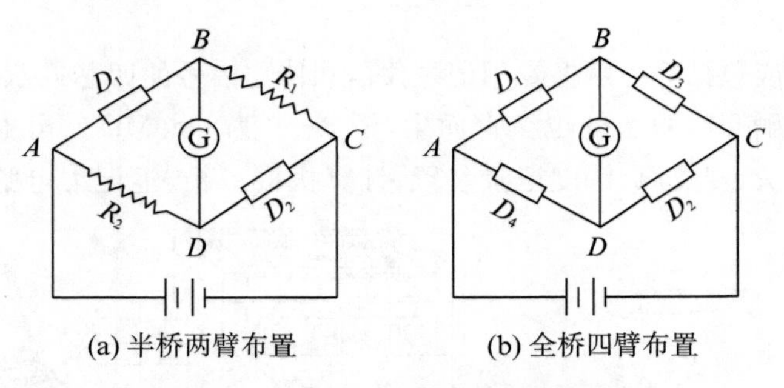

图 3-6 探头空心柱体上应变桥路布置

现以半桥两臂工作为例,不受力时,各电阻应变片的电阻值存在式(3-1)的关系:

$$D_1D_2 = R_1R_2 \tag{3-1}$$

B,D 两点间的电位差等于零,毫伏计 G 中没有电流通过,即电桥处于平衡状态。受力后,则有

$$(D_1 + \Delta D_1)(D_2 + \Delta D_2) > R_1R_2 \tag{3-2}$$

若为全桥四臂工作,未受力时,有

$$D_1D_3 = D_2D_4 \tag{3-3}$$

受力后,则有

$$(D_1 + \Delta D_1)(D_3 + \Delta D_3) > (D_2 - \Delta D_2)(D_4 - \Delta D_4) \tag{3-4}$$

即受力后，B，D两点间就有了电位差，毫伏计G便指出流过的电流大小，这个电流的大小与空心柱体的受力伸长成比例。

电阻应变片对温度变化比较敏感，故必须考虑温度影响，由于全桥四臂的量测精度较高，实际应用时，宜采用全桥电路。

在实际工作中，把空心柱体的微小应变所输出的微弱电压，通过电缆，传至电阻应变仪中的放大器放大几千倍到几万倍后，就可用普通的指示仪表量测出来。

这种电测探头量测到的贯入阻力，仅仅是探头部分所承受的阻力，避免了地面量测时探杆与孔臂间摩擦这一不确定因素的影响。电测探头量程大，最大可测30 MPa的贯入阻力，而且灵敏度高，可反映10 kPa的贯入阻力的变化。

3.3.2　静力触探试验的贯入机理

关于静力触探的贯入机理，研究人员通过室内试验、现场模拟试验以及理论分析研究，得到了以下一些重要认识。

首先，在均质土层贯入，不论锥尖阻力q_c还是侧壁摩擦阻力f_s，都存在“临界深度”的问题，即在一定深度范围内，均随着贯入深度的增大而增大，但当达到一定深度时，q_c和f_s达到极限值，此时，即便贯入深度继续增加，q_c和f_s不再增加。“临界深度”是土的密实度和探头直径的函数，土的密实度越大、探头直径越大，“临界深度”也越大。但是，q_c和f_s并不一致，通常，f_s的临界深度比q_c的要小。

其次，静力触探的破坏机理与探头的几何形状、土类和贯入深度有关。当探头的上端等径（目前采用的标准探头）时，在松砂中贯入为刺入破坏，探头阻力主要取决于土的压缩性；而在一般土和较密实的砂土中，贯入深度小于“临界深度”时，以剪切破坏为主，达到“临界深度”以后，由于土的侧向约束应力增大，土中一般不会出现整体剪切破坏，探头下的土体强度压缩，有时甚至发生土粒压碎，并发生局部剪切。

第三，圆锥探头在贯入过程中，其周围及底部将形成一定的扰动区。在软黏土中，土体的扰动使强度降低；在松砂中，土体的扰动使土被挤压密实，强度反而提高；在密实砂中，砂粒甚至被压碎。探头在贯入过程中的阻力受到了土扰动的影响，与土的原始状态相比，土扰动后强度会偏高或偏低。

静力触探试验的贯入机理是个很复杂的问题，而且影响因素也比较多，目前土力学还不能完善地从理论上解析圆锥探头与周围土体间的接触应力分布及相应的土体变形问题。已有的近似理论分析可分为承载力理论分析、孔穴扩张理论分析两大类。

承载力理论分析大多借助于对单桩承载力的半经验分析，这一理论把贯入阻力视为探头以下的土体受圆锥头的贯入产生整体剪切破坏，是由滑动面处土的抗剪强度提供的，而滑动面的形状是根据试验模拟或经验假设。承载力理论分析适用于“临界深度”以上的贯入情形，且对于压缩性土层是不适用的。

孔穴扩张理论分析的基本假设要点为：圆锥探头在均质各向同性无限土体中的贯入机理与圆球及圆柱体孔穴扩张问题相似，并将土作为可压缩的塑性体。也有人认为静力触探圆锥头在土中的贯入与桩的刺入破坏相似，球穴扩张可作为第一近似解。因此，孔穴扩张理论分析适用于压缩性土层。

需要指出的是,迄今还没有一种理论能圆满地解释静力触探的贯入机理。因此,静力触探在实际工程的应用中,常常用一些经验关系把贯入阻力与土的物理力学性质联系起来,建立经验公式;或根据对贯入机理的认识做定性的分析,在此基础上建立半经验半理论公式。

3.3.3 孔压静力触探的贯入机理

孔压静探探头贯入土体的机理是十分复杂的。探头贯入所产生的超孔压沿水平径向的初始分布,以及停止贯入时超孔压的消散均属于轴对称问题。随着对复杂的贯入机理所做的简化假设和所选择的土体模型的不同,可以建立不同的计算公式。

1. *孔压静探初始超孔压分布*

1) 饱和黏性土中初始超孔压的孔穴扩张理论

假设静力触探试验为不排水条件下的探头贯入过程,土为理想弹塑性介质,在不排水条件下,$\varphi_u=0$,不排水抗剪强度为 C_u。塑性区的超孔压 $\Delta u=B\cdot\Delta\sigma_{oct}$($\Delta\sigma_{oct}$为八面体法向应力增量;$B$ 为孔压系数,对于饱和黏性土,$B=1$,即 $\Delta u=\Delta\sigma_{oct}$)。超孔压的最大值位于孔穴的边界面上,即相当于探头锥尖或锥面和锥肩部位与土接触界面处。锥尖和锥面附近相当于圆球孔穴扩张,锥肩及以后部分相当于圆柱孔穴扩张。

对于圆球孔穴扩张:

$$\Delta u_{im}=\frac{4}{3}C_u\ln I_r \tag{3-5}$$

对于圆柱孔穴扩张:

$$\Delta u_{im}=C_u\ln I_r \tag{3-6}$$

式中 Δu_{im}——孔穴边界面上的最大超孔压;

C_u——不排水抗剪强度;

I_r——土的刚度指数,

$$I_r=\frac{E_u}{2(1+\mu)C_u}=\frac{E_u}{3C_u}$$

其中,饱和黏性土的 I_r 值为 50～150;E_u 为不排水压缩模量。

以上只考虑了贯入过程中超孔压的产生由八面体法向应力增量引起,是一种简单的假设,而超孔压的产生还与八面体剪应力增量有关。

2) 估算初始超孔压分布的半经验半理论方法

用上述的孔穴扩张理论,超孔压的分布规律为对数型衰减规律,即

$$\Delta u_{ir}=f\left[\ln\left(\frac{R_p}{r}\right)\right] \tag{3-7}$$

式中 Δu_{ir}——距孔穴中心轴的径向距离为 r 处的初始超孔压;

R_p——塑性变形区的极限半径;

r——土单元离孔穴中心的距离。

根据桩贯入土中时在桩周土中超孔压的实测数据，研究发现超孔压随距离的衰减比对数型衰减更慢，它更符合于负指数型衰减，即

$$\Delta u_{\mathrm{ir}} = \Delta u_{\mathrm{im}} \mathrm{e}^{-\alpha(\rho-1)} \tag{3-8}$$

式中　ρ——$\rho=\frac{r}{r_0}$，r_0 为触探头截面半径；

α——待定经验系数，一般为 0.15～0.40。

2. 孔压消散理论

孔压探头停止贯入后，在锥尖附近，超孔压的消散接近于球面扩散，相应于球对称固结课题；在锥肩及以后圆柱部位，超孔压的消散为水平径向扩散，相应于轴对称固结课题。按 Terzaghi 固结理论，孔压消散的固结方程分别如下。

对球对称固结：

$$c\left(\frac{\partial^2 u}{\partial r^2} + \frac{2}{r}\frac{\partial u}{\partial r}\right) = \frac{\partial u}{\partial t} \tag{3-9}$$

对轴对称固结：

$$c_{\mathrm{h}}\left(\frac{\partial^2 u}{\partial r^2} + \frac{1}{r}\frac{\partial u}{\partial r}\right) = \frac{\partial u}{\partial t} \tag{3-10}$$

式中　u——距孔穴中心轴的径向距离为 r 处的超孔压；

c——土的固结系数；

c_{h}——土的水平向固结系数。

上述固结微分方程，在满足超孔压的初始条件以及边界条件下可以求解，求解时可用解析解或数值解。

球对称固结微分方程的解析解为（初始孔压分布采用负指数衰减规律）

$$\Delta u(\rho, T) = \Delta u_{\mathrm{im}} \mathrm{e}^{(\alpha+\alpha^2 T)} \frac{1}{\rho}\left[\mathrm{e}^{\alpha\rho}(\rho + 2\alpha T) F\left(\frac{-\rho - 2\alpha T}{\sqrt{2T}}\right) - \mathrm{e}^{-\alpha\rho}(-\rho + 2\alpha T) F\left(\frac{\rho - 2\alpha T}{\sqrt{2T}}\right)\right] \tag{3-11}$$

式中　T——时间因数，$T=\frac{ct}{r_0^2}$；

$F(x)$——标准正态分布函数：

$$F(x) = \int_{-\infty}^{x} \frac{1}{\sqrt{2\pi}} \mathrm{e}^{-2} \mathrm{d}t$$

其余符号同式（3－8）。

同样，对轴对称固结微分方程，其解析解为

$$\Delta u(\rho, T) = \frac{2\Delta u_{\mathrm{im}}}{\ln\alpha} \sum_{n=1}^{\infty} \frac{1}{\lambda_n^2 J_1^2(\lambda_n)} J_0\left(\lambda_n \frac{\rho}{\alpha}\right) \mathrm{e}^{-\left(\frac{\lambda_n}{\alpha}\right)^2 T} \tag{3-12}$$

式中　T——考虑水平向固结消散的时间因数，$T=\frac{c_h t}{r_0^2}$；

　　λ_n——正实数；

　　J_0, J_1——分别为第一类零阶和一阶贝塞尔函数。

超孔压的初始分布对孔压的消散过程有显著影响。超孔压的消散主要受探头周围一定范围土的性状的影响，在此范围外的土对固结过程没有什么影响，消散主要受水平固结系数 c_h 控制。孔压静力触探中的孔压消散以水平方向占主导地位，因此，由孔压消散曲线求得的固结系数应理解为水平固结系数。

3.4 试验方法与技术要求

在静力触探试验工作之前，应注意搜集场区既有的工程地质资料，根据地质复杂程度及区域稳定性，结合建筑物平面布置、工程性质等条件确定触探孔位、深度，选择使用的探头类型和触探设备。

3.4.1 试验前的准备工作

在现场进行静力触探试验之前，应该做好如下准备工作：

(1) 将电缆按探杆的连接顺序一次穿齐，所用探杆应比计划深度多 2～3 根，电缆应备有足够的长度。

(2) 安放触探机的地面应平整，使用的反力措施应保证静力触探达到预定的深度。

(3) 检查探头是否符合规定的规格，连接记录仪，检查记录仪是否工作正常，整个系统是否在标定后的有效期内，并调零试压。对于孔压探头应按下面的步骤进行预饱和处理。

3.4.2 孔压探头的饱和处理

孔压系统的饱和，是保证正确量测孔压的关键。如果探头孔压量测系统未饱和，含有气泡，则在量测时会有一部分孔隙水压力在传递过程中消耗在压缩空气上，空气压缩后，又有一部分水量补充进入系统内，这样，就使所测的孔隙压力在数值上比真实值低一些，而且在时间上会产生较大的滞后。

孔压探头的饱和处理是孔压静力触探技术中至关重要的技术环节。如果探头不饱和，必使测试结果失真。

探头饱和过程一般包括以下几个方面的内容。

1. 过滤器的脱气

过滤环是传递孔隙压力的透水元件。通常可用真空泵抽气或煮沸 2～4 h 的方法使之达到饱和并封闭储存在脱气液体中。

2. 孔压应变腔的抽气和注液

孔压探头使用前，应用特制的抽气-注液手泵对孔压应变腔抽气并注入脱气水或其他经脱气处理的硅油或甘油。在抽液的同时，用手拍击以振荡探头，有利于气体的排出，直至无气泡出现为止。当试验在饱和土中进行时，通常可用脱气水来去除空气。当试验在非饱和土中进行时，如干硬土层和剪胀性土层，则过滤器可用甘油及类似物来饱和。

3. 孔压探头的组装

如图3-7所示，过滤器与应变腔的组装以及锥尖的安装应在脱气水中进行，要防止过滤器直接暴露于空气中。在探头饱和、安置橡胶圈的过程中，触探机应该承受较小的压力，以使传感器有区别于零的读数。

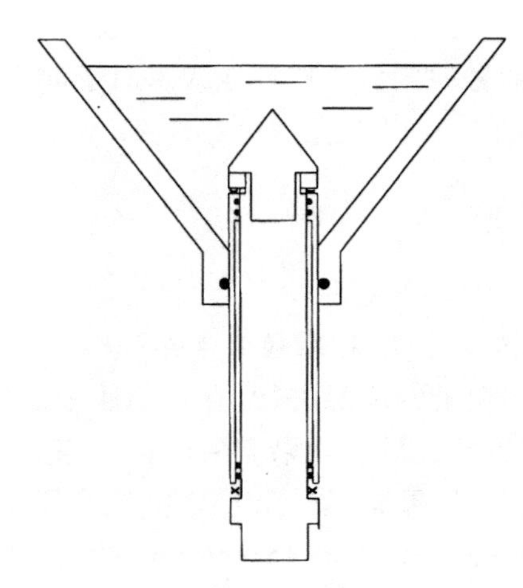

图3-7 孔压探头锥尖的组装

4. 孔压探头饱和度的保持措施

孔压探头提离液面前，应使用一个大小合适且不泄漏的橡胶或塑料套膜套住过滤器，以隔离外界空气。

如果场地地下水距地表很近，可于孔位处掘一小坑，坑底达地下水位，坑内注水满槽，然后将带套膜的探头在触探机上就位，悬吊于坑内水体中。待仪表调试停当及一切准备工作就绪后，即可开始贯入工作。

当地下水埋藏较深时，应使用一个比孔压探头直径大的实心锥头，预贯入至地下水位之下，然后换用孔压探头进行触探试验。

3.4.3 触探机的位置和高度

1. 应注意用水平尺校准机座

触探开孔前用水平尺校准机座保持水平并与反力装置锁定，是保证探杆垂直贯入地下的首要环节。

触探孔偏斜使触探深度出现误差，将给内业资料整理与分析增加许多不必要的误差因素。严重时，不仅会使探杆弯曲、折断，而且由于土层固有的各向异性和探头内部结构弱点，导致测试结果无效。

2. 留意原有钻孔距离对触探测试结果的影响

根据众多的现场压桩和室内标定腔试验结果，在30倍桩径或探头直径的范围以内，土体的边界条件对测试结果有一定影响。因此，静力触探试验孔与先前试验孔或其他钻孔之间应该有足够的距离以防止交叉影响。

在一般静力触探试验中,应使布置的触探孔距原有钻孔的距离不少于 2 m;如果出于平行试验对比需要,考虑到土层在水平方向的变异性,对比孔间距不宜大于 3 m,此时宜先进行静力触探试验,而后进行勘探或其他原位试验。

在孔压静探试验中,与先前孔之间的距离在正常情况下应该至少为孔直径的 25 倍。周边地区的挖掘行为也应避免。

3. 探杆平直度的检查

触探主机应该以尽可能的轴向压力将探杆压入。对于前 5 m 的探杆,弯曲度不得大于 0.05%;对于后续探杆的弯曲度,在触探孔深度小于 10 m 时,不得大于 0.2%;深度大于 10 m时,不得大于 0.1%。

3.4.4 触探仪的贯入

在进行贯入试验时,如果遇到密实、粗颗粒或含碎石颗粒较多的土层,在试验之前,应该先预钻孔。预钻孔应该在粗颗粒土的顶层进行,有时也使用套筒来防止孔壁的坍塌。在软土或松散土中,预钻孔应该穿过硬壳层。如果需要用孔压探头量测孔压,那么,该预钻孔的地下水位以上部分应用水充满。如果地下水位比较深,则孔压量测系统应该用甘油来饱和。在许多工程中,预钻孔是通过锤击一根直径 45～50 mm 的实心探杆形成的。

探头的贯入速度对贯入阻力有影响,应匀速贯入,贯入速率为 20 mm/s 或 1.2 m/min,其误差极限为±25%,已得到国际土工界公认。而在孔压静力触探试验中,触探仪应以(20±5)mm/s 的恒定速度压入土体中。

在贯入过程中,应进行如下归零检查和深度校核:

(1) 对于单桥或双桥探头,将探头贯入地面以下 0.5～1.0 m 后,上提探头 5～10 cm,观察零位漂移(以下简称零漂)情况,待测量值稳定后,将记录仪调零并将探头压回原位进行正式贯入。在地面下6 m深度范围内,每贯入 2～3 m 应提升探头一次,并记录零漂值;在孔深超过 6 m 后,视零漂值的大小,可放宽归零检查的深度间隔或不作归零检查。终孔起拔探杆时和探头拔出地面时,应记录仪器的零漂值。

(2) 对于孔压探头,在整个贯入过程中不得提升探头。终孔起拔探头时,应记录锥尖阻力和侧壁摩擦阻力的零漂值;探头拔出地面时,应记录孔压的零漂值。

在试验过程中,应每隔 3～4 m 校核一次实际深度。

3.4.5 孔压消散试验

触探机工作时,在上、下行程交替过程中或在加接探杆时,常有一短暂的停顿。在此期间的孔压必会部分或全部消散,其消散速度取决于土的固结系数,即决定于土的渗透性。当重新向下贯入时,脱气良好的探头,其孔压值会迅速恢复到前一行程终止时的孔压值。即使在饱和松砂中贯入,其孔压恢复所需的贯入距离一般在 30 cm 以内。

孔压消散试验可在地下水位以下任何指定深度进行。试验前,操作者可事先通过钻探资料确定进行孔压消散试验的深度。当探头贯入到指定深度时,就应立即开始孔压消散试验。

在预定试验深度进行孔压消散试验时，应从探头停止贯入时起，开始用秒表计时，记录不同时刻的孔压值和端阻力等试验数据。计时的时间间隔由密到疏，合理控制。在消散试验过程中，要保持探杆(探头)在竖直方向上不动。

孔压消散试验宜进行到孔压达到稳定值为止(以连续 2 h 内孔压值保持不变)，也可视地质条件和固结参数计算方法的要求，固结度达到 60%～70%时，可终止试验。在做消散试验时，可实时绘制孔压随时间的消散曲线，如图 3－8 所示。

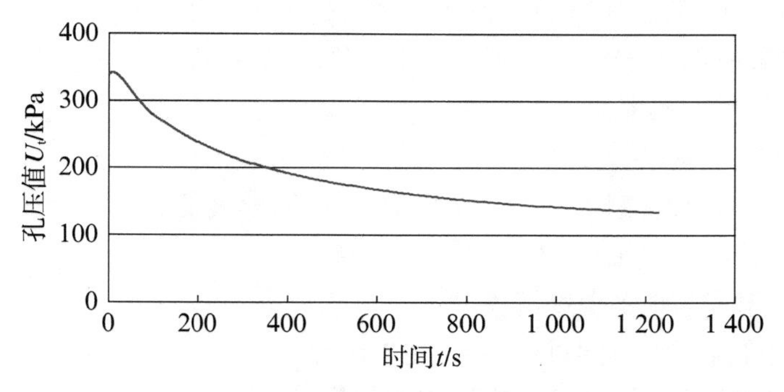

图 3－8　实测孔压消散曲线

贯入停止后，土在探头力作用下以及探杆所积累的弹性能需要释放，使得探头会继续向下缓慢移动一个微小的距离，从而造成锥尖应力松弛。探杆越长，这种位移量就越大，在一定程度上会改变锥尖周围土体中的总应力分布，影响孔压消散过程。将过滤器置于探头锥肩圆柱部位，可有效地减小锥尖阻力松弛所带来的影响。

3.4.6　试验的终止

当遇到以下情况时，应该终止静力触探试验的贯入：

(1) 要求的贯入长度或深度已经达到；

(2) 圆锥触探仪的倾斜度已经超过了量程范围；

(3) 反力装置失效；

(4) 试验记录显示异常。

任何对试验设备可能造成损坏的因素都可以使试验被迫终止。

3.5　试验资料整理与分析

3.5.1　静力触探试验结果的影响因素

静力触探试验结果受一系列因素的影响，除了锥尖阻力 q_c 和侧壁摩阻力 f_s 存在“临界深度”外，以下因素对试验结果也有一定的影响。

1. 孔隙水压力

对于饱和土体，静力触探探头在贯入过程中会引起土体中孔隙水压力的变化，产生超孔隙水压力(可正可负，因土层条件而异)，超孔隙水压力的产生对土的强度和静力触探试验指标是有影响的,其影响程度因土的排水条件和贯入速率而异。

可以用改变贯入速率来观测孔隙水压力对贯入阻力的作用。如在均质土层中降低贯入速率,直至贯入阻力不再变化,这时的贯入阻力是排水条件下(超孔隙水压力 $\Delta u=0$)的贯入阻力;提高贯入速率,直至贯入阻力不再变化,则为不排水条件下(Δu 达最大值)的贯入阻力。并且,利用这一点,还能区分不同土层,例如,在纯砂土层中,不同贯入速率条件下的 q_c 值基本保持不变($\Delta u=0$),而当贯入粉土或黏性土层中时,探头停止时测定的 q_c 总是小于探头移动时测定的 q_c 值,所以,不同贯入速率所测得的 q_c 值,反映了土在不同排水条件下的强度。一般认为,贯入速率 20 mm/s 还不是完全不排水条件,而 5 mm/s 的贯入速率相当于排水条件,50 mm/s 的贯入速率相当于不排水条件。

2. 温度的影响

静力触探所用的各种传感器大多是电阻应变式的,温度的变化会产生电阻值的变化,进而产生零位漂移。产生温度变化的原因有以下一些:

(1) 标定时的温度与地下温度的差异;

(2) 量测时应变片通电时间过长,会产生电阻热;

(3) 贯入过程中与土(特别是砂)摩擦产生的热。

为此,可以在仪器制造上采用温度补偿应变片来补偿温度变化对应变量测的影响。好的温度补偿可将零漂限制在满量程的 0.05%以内,可在标定时定出温度对读数的影响系数,在触探试验时进行温度修正,也可在操作上,在正式试验前将探头放在地下 1 m 处,放置 30 min,使探头与地温平衡,再调仪器的初始零点。

3. 探孔(探头)的偏斜

探孔或探头的偏斜会对试验结果造成两方面的影响:一是贯入探杆的长度无法反映实际贯入深度,致使分层界限不准;二是探头的倾斜也会使测得的土层阻力严重失真。

当探杆发生倾斜弯曲,量测的结果不能如实地反映土层的埋深,使土层变厚及埋深增大,使成果精度降低,甚至得出错误的结论。

为防止此现象的发生,在进行正式贯入试验前,要检查探杆的平直度,不使用弯曲变形的探杆。同时需将贯入主机放置在平整的地面或将贯入主机放置在平整的地面或人工平台上,采用地锚作为反力装置时,地锚的埋置深度应一致,保持反力的对称与均衡,并将贯入主机严格调平。也可在探头上加装测斜仪器,以此通过修正来消除孔斜对贯入深度的影响。一旦发现探杆倾斜,应将探杆上提一段距离,再下压,重复若干次后,杆斜可得到部分纠正。同时,应注意探杆是否是由于地下障碍物引起,如是,则应设法排除或绕过障碍物。

4. 孔压传感器的位置与尺寸

当进行孔压触探试验时,孔压测量的结果与孔压传感器的位置密切相关,这是 CPTU 成果解释的最重要因素。过去很多研究者研究过此因素,Balih 等(1980)提出理论分析法,预计贯入时在探头四周的超孔隙压力分布状况,得出在不同位置上测得的孔隙压力有很大的不同。在锥尖处孔压最大,在锥面上或多或少保持常数,在锥肩以上沿摩擦套筒的孔隙压力急剧降低。

Campanella(1985)测得的资料说明,在硬的超压密黏土,紧密粉砂中,在锥尖附近孔隙压力有很大梯度。在正常压密不灵敏黏土及粉土内，当剪切时会产生很大的正孔隙压力。在锥面上测的孔隙压力一般比平衡的孔隙压力 u_0 大 3 倍，比锥肩后部所测孔压约大 15%。当黏土及粉土的超固结比 OCR(over-consolidation ratio, OCR)增大，则锥面上的超静孔压也增大。在密砂中贯入时，因锥面上的法向应力增大很高，在锥面上的孔隙压力可达到很大数值。

由于密砂的剪胀特性，锥肩处的孔压可低于平衡孔隙压力 u_0，这些都说明选择合适测孔压位置的难度较大。所以，在锥面上测孔压会受到大的法向应力及剪应力的影响，而在锥尖处似乎较多地受到剪应力的影响。现在越来越多的使用者采用锥肩的位置，这是因为：

(1) 透水单元很少受到损伤；

(2) 易于饱和；

(3) 始于做不等端面积校正；

(4) 可能是测量孔压的最佳位置。

另外，透水单元的尺寸也会影响孔隙压力的量测结果，观测表明，在锥肩后较薄、较小的透水单元，会记录到很小的孔隙压力(小于 u_0)；而在同样位置上采用较厚的透水元件时，会测到较大的孔隙压力。可以相信，较薄的透水元件测到较低的孔隙压力是由于试验所用锥尖直径较透水元件稍大而产生遮帘作用的结果。

3.5.2　静力触探试验资料的整理

1. 原始数据的修正

1) 贯入深度修正

当记录深度(贯入长度)与实际深度有出入时，应将深度误差沿深度进行线性修正。在静力触探试验中同时量测探头的偏斜角 θ(相对铅垂线)，若每隔 1 m 测一次偏斜角，则深度修正 Δh_i 为

$$\Delta h_i = \Delta l_i \cos\left(\frac{\theta_i + \theta_{i-1}}{2}\right) \tag{3-13}$$

式中　Δh_i——第 i 段修正后的贯入深度，m；

Δl_i——第 i 段的贯入长度，m；

θ_i, θ_{i-1}——第 i 次及第 $i-1$ 次实测的偏斜角，(°)。

这样，到深度 h_n 处，实际的深度应为 $\sum_{i=1}^{n} \Delta h_i$ 。

对于能够实时量测探头倾斜度的多功能探头，其贯入深度可按式(3-14)进行深度修正：

$$Z = \int_0^l C_{\mathrm{inc}} \mathrm{d}l \tag{3-14}$$

式中　Z——贯入深度，m；

l——贯入长度，m；

C_{inc}——触探仪的倾斜修正系数。

修正系数的计算公式根据探头上测斜装置的不同而不同。对于非定向的测斜仪：

$$C_{inc} = \cos\theta \tag{3-15}$$

式中，θ 为竖向与触探仪轴向的角度。

对于定向的测斜仪：

$$C_{inc} = (1 + \tan^2\alpha + \tan^2\beta)^{-1/2} \tag{3-16}$$

式中，α，β 为相互垂直的两个方向上的倾斜角。

2) 零漂修正

为了估计量测参数的质量，应在触探试验之后和设备保养之前，直接读取零读数以确定零漂值。对于高零漂，还应当比较试验前零读数与试验后及保养之后的零读数，来进行分析和评价。一般按归零检查的深度间隔按线性内插法对测试值加以修正。

3) 锥尖阻力的修正

无论是采用常规探头还是采用孔压探头，在孔压触探试验过程中，量测的土层对探头的阻力都会受到孔隙水压力的影响。当采用孔压探头时，可以依据试验中量测的孔压值求得锥尖阻力和侧壁摩擦力。当孔压量测过滤器位于触探仪的 u_2 位置时(图 3-9)，锥尖阻力可用式(3-17)来修正：

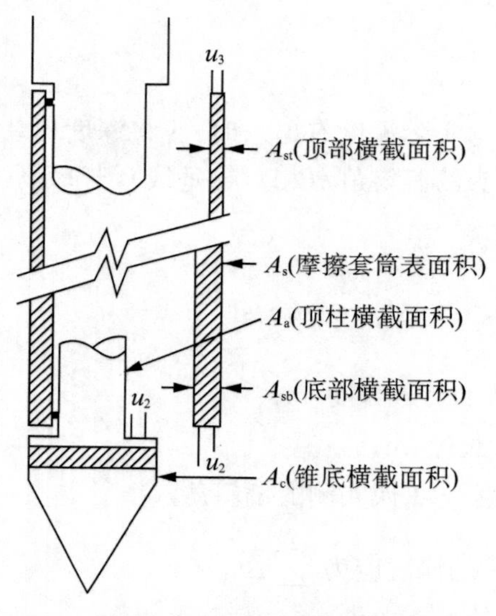

图 3-9　锥尖阻力和侧壁摩擦力面积修正

$$q_t = q_c + u_2(1 - a) \tag{3-17}$$

式中　q_t——修正后的锥尖阻力，MPa；

q_c——量测的锥尖阻力，MPa；

u_2——在 u_2 位置(即锥肩位置)量测的孔隙水压力，MPa；

a——有效面积比，其计算式为 $a=\frac{A_a}{A_c}$，A_a，A_c 分别为顶柱和锥底的横截面积，cm^2。

仅当过滤器位置在 u_2 时，式(3-17)才能使用。通常在孔压静探试验中有效面积比 a 的变化值通常在0.3～0.9之间。量测的侧壁摩擦力由于地下水压的存在也将受到相似的影响。

4）侧壁摩擦力修正

当同时在探头的 u_2 和 u_3 位置安装孔压量测装置时，可以采用式(3-18)对侧壁摩擦阻力进行修正：

$$f_t = f_s - \frac{(u_2 \cdot A_{sb} - u_3 \cdot A_{st})}{A_s} \tag{3-18}$$

式中　f_t——修正后的侧壁摩擦阻力，kPa；

f_s——实测的侧壁摩擦阻力，kPa；

A_s——摩擦套筒的表面积，cm^2；

A_{st}，A_{sb}——套筒顶部与底部的横截面积，cm^2，参见图3-9；

u_2——套筒与探头之间部位量测孔隙水压，kPa；

u_3——套筒尾部位置量测的孔隙水压，kPa。

该修正只能在 u_2 与 u_3 都量测了的情况下才能使用。该修正对细粒土最重要，在细粒土中超孔隙水压力的影响很显著。建议使用修正后的数据来进行土层分析和划分类别。

2. *单孔各分层试验数据的统计与计算*

首先结合其他勘探资料(如同场地的钻孔资料)，根据静力触探曲线对地基土进行分层，然后对各层的试验结果分层统计。对于单桥探头，只需统计各层的比贯入阻力 p_s；对于双桥探头，则需要统计各分层的锥尖阻力 q_c 和侧壁摩擦阻力 f_s，并按式(3-19)计算各测试点的摩阻比 R_f；对于孔压探头，需先对测试数据进行修正，然后分层统计锥尖阻力 q_c 和侧壁摩阻力 f_s，并根据需要按式(3-20)计算超孔压比 B_q。在进行单孔各分层的试验数据统计时，可采用算术平均法或按触探曲线采用面积积分法。计算时，应剔除个别异常数据，并剔除超前滞后值。

$$R_f = \frac{f_s}{q_c} \times 100\% \tag{3-19}$$

$$B_q = \frac{u_2 - u_w}{q_t - \sigma_{v0}} \times 100\% \tag{3-20}$$

式中　R_f——摩阻比；

u_2——贯入时的孔压值，kPa；

q_c——锥尖阻力；

f_s——侧壁摩阻力；

u_w——静水压力，kPa；

σ_{v0}——土的总自重应力，kPa；

其余符号同前文。

计算整个勘察场地的分层贯入阻力时,可按各孔穿越该层的厚度加权平均法计算;或将各孔触探曲线叠加后,绘制谷值与峰值包络线和平均值线,以便确定场地分层的贯入阻力在深度上的变化规律及变化范围。

3. 绘制触探曲线

对于单桥探头,只需要绘制 p_s-h 曲线;对于双桥探头,要绘制的触探曲线包括 q_c-h 曲线、f_s-h 曲线和 R_f-h 曲线;在孔压静力触探试验中,除了双桥静力触探试验包含的曲线外,还要绘制 u_2-h 曲线,最好采用修正后的锥尖阻力 q_t 和侧壁摩阻力 f_t 来绘制触探曲线,并结合钻探资料附上钻孔柱状图,如图 3-10 所示。由于贯入停顿间歇,曲线会出现喇叭口或尖峰,在绘制静探曲线时,应加以圆滑修正。

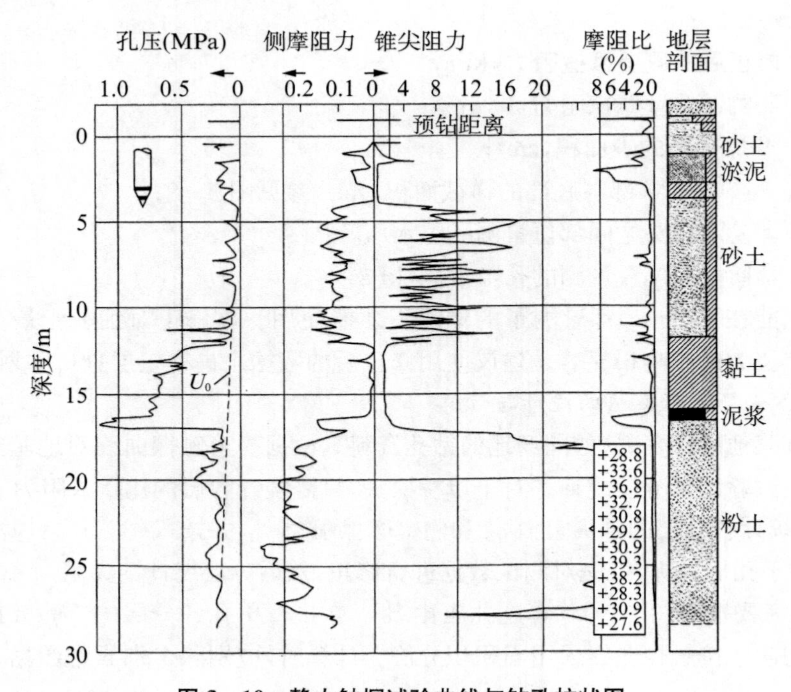

图 3-10 静力触探试验曲线与钻孔柱状图

如果在试验中做了孔压消散试验,还要绘制归一化超孔压比随时间的变化曲线,即 $\overline{U}$-lg$t$ 曲线。

$$\overline{U}=\frac{u_t-u_{\mathrm{w}}}{u_{t=0}-u_{\mathrm{w}}} \tag{3-21}$$

式中 $\overline{U}$——归一化超孔压比;

u_t——消散至某时刻 t 的孔压值,可在经修正的孔压消散曲线上查取;

$u_{t=0}$——经修正了的孔压消散试验初始值。

其余符号同前文。

以 $\overline{U}$ 为纵轴、时间 $t(s)$ 的对数 lg$t$ 为横轴,绘制的归一化超孔压消散曲线 $\overline{U}$-lg$t$ 见图 3-11。

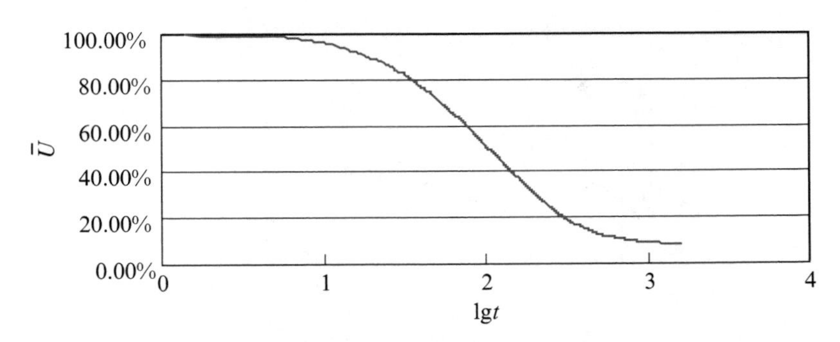

图 3-11　归一化超孔压消散曲线

3.5.3　静力触探试验成果分析

1. 地基土的分类

双桥探头可同时获得两个触探参数 q_c 和 R_f，且不同土层的 q_c 和 R_f 值很少完全一样，这就决定了双桥探头判别土类的可能性。例如，砂的 q_c 值一般很大，通常 $R_f \leqslant 1\%$；均质黏性土的 q_c 一般较小，而通常 $R_f > 2\%$。在不同的地层条件下，q_c 与 R_f 的组合特征见表 3-3。

表 3-3　　q_c 和 R_f 各种情况的比较

q_c 值变化情况	R_f 值的变化情况		
	R_f 减小	R_f 不变	R_f 增大
q_c 减小	硬层过渡到软层时的过渡阶段（相当于超前深度与滞后深度范围）	一般不存在	被圆锥压下的小砾石挤压摩擦筒（甚而楔入其间缝隙时）
q_c 不变	直径大于圆锥的卵石或碎石被圆锥压入到软层或松散的土层	通常情况	一般不存在
q_c 增大	在中密实或密实土中，圆锥压到直径大于圆锥的卵石或砾石	探头进入到不能贯穿的软岩或坚硬土层时	阻力随深度增加的土层或尚未达极限阻力的密实砂土（即在临界深度以上）*

* 当 $R_f = 4\% \sim 6\%$，土层可能是含有一些分散砾石的硬黏土；当 $R_f = 0.5\% \sim 2\%$ 时，土层将是含有一定数量砂的密实砾石土。

均质土在通常情况下，R_f 值可视为不随深度变化的常数。但因其状态可以不同，而使 R_f 有不同的值域。对成层土，当土层厚度较薄（如 30 cm）或处在土层界面附近时，R_f 值常表现不稳定，这是土层界面效应所致，受界面上、下土层的强度与变形性质所控制。

依据 q_c 和 R_f，可按图 3-12 进行土类判别。

2. 土的原位状态参数与应力历史

1）土的重度

土的重度除通过室内试验得到外，还可利用单桥触探的比贯入阻力 p_s 估算一般饱和黏性土的重度：

当 $p_s < 400$ kPa 时　　$\gamma = 8.23 p_s^{0.12}$ kN/m³　　(3-22)

当 $400 \leqslant p_s < 4\,500$ kPa 时　　$\gamma = 9.56 p_s^{0.095}$ kN/m³　　(3-23)

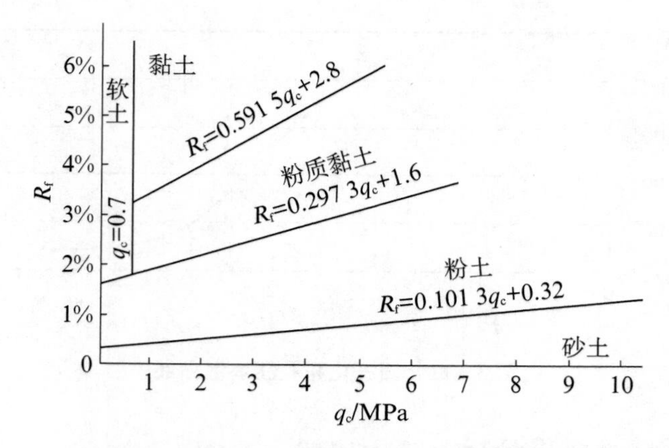

图 3-12　利用双桥静力触探结果判别土类

当 $p_s \geqslant 4\,500$ kPa 时
$$\gamma = 21.3\ \text{kN/m}^3 \tag{3-24}$$

2) 超固结比 *OCR*

一般来讲,土的超固结比 *OCR* 定义为历史上土层受到的最大有效固结应力与当前有效应力之比,这一定义对于力学意义上的超固结土(由于地层剥蚀上覆应力减小)是合理的。但对于结构性土层,超固结比 *OCR* 可能表示的是屈服应力与当前有效应力之比,而屈服应力又与荷载的方向和类型有关,情况就比较复杂。根据 CPT 和 CPTU 结果估算超固结比 *OCR* 方法可分为以下三类。

(1) 用不排水抗剪强度(S_u)来估算 *OCR*

Schmetmann(1955)采用了如下估算 *OCR* 的方法:

首先利用 CPT 或 CPTU 估算不排水抗剪强度 S_u,然后利用划分的土层剖面估算竖向有效应力 σ'_{v0},并计算比值 S_u/σ'_{v0}。

按图 3-13,利用塑性指数I_p和比值 S_u/σ'_{v0},依相应的 S_u/σ'_{v0}-*OCR* 关系曲线估算 *OCR*。

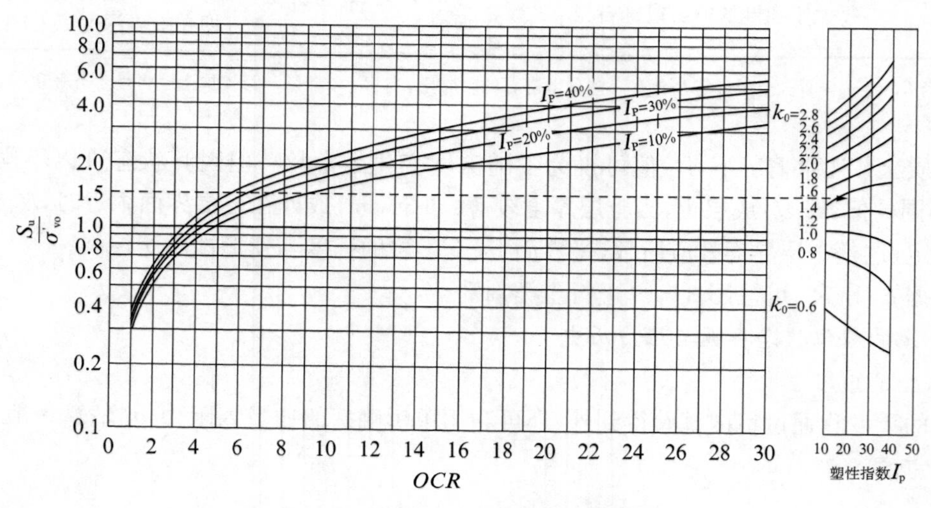

图 3-13　利用 S_u/σ'_{v0} 和 I_p 估计 *OCR* 和 k_0

(2) 利用 CPTU 曲线形状评价土的应力历史

该方法是利用 CPTU 锥尖阻力曲线的形状，对土的应力历史进行评价。对于正常固结黏土，归一化锥尖阻力 Q_t 随 I_p 的变化而变化，一般在如下范围内：

$$Q_t = \frac{q_t - \sigma_{v0}}{\sigma'_{v0}} = 2.5 \sim 5.0 \tag{3-25}$$

依据式(3-25)可以得到正常固结黏土的 q_t 理论曲线范围。通过 CPTU 试验得到的 q_t 曲线与式(3-24)确定的 q_t 理论范围比较，如果测得的 q_t 曲线接近于理论曲线，则该土层可认为是正常固结土；如果 q_t 显著偏大超出理论范围，则该土层可认为是超固结土；如果 q_t 低于理论曲线，则该土层可认为是欠固结土。

(3) 直接用 CPTU 参数来估算 OCR

Mayne(1988)将孔穴扩张和临界状态理论相结合，提出了如下估算 OCR 的公式：

$$OCR = 2\left[\frac{1}{1.95M+1}\left(\frac{q_t - u_2}{\sigma'_{v0}}\right)\right]^{1.33} \tag{3-26}$$

式中，M 为临界状态曲线的坡度，$M=\frac{6\sin\varphi'}{3-\sin\varphi'}$。

式(3-26)只适用于过滤器位于锥肩位置(即 u_2 位置)的孔压静探试验。图 3-14(a)显示了 $1<OCR<6$ 的黏土超固结比 OCR 与归一化参数 $(q_t-u_2)/\sigma'_{v0}$ 之间的关系；对于 $6<OCR<60$ 的土层，其关系见图 3-14(b)。图中实线为根据式(3-26)的预测值，其中有效内摩擦角的范围是 $20°\leqslant\varphi'\leqslant43°$。

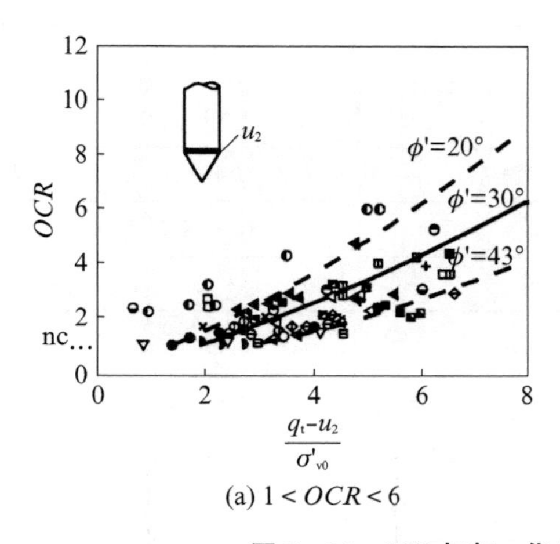

(a) $1<OCR<6$

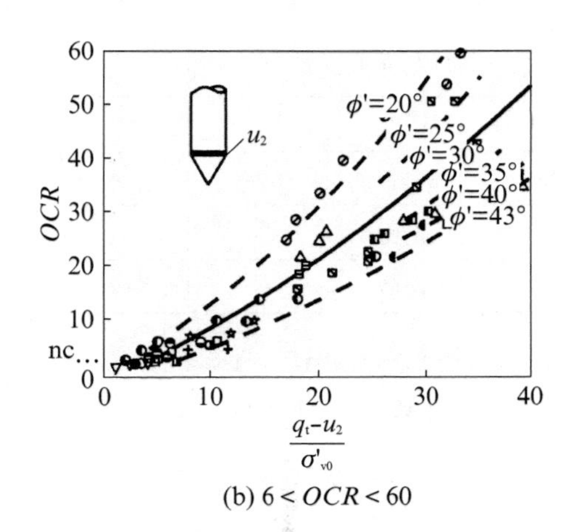

(b) $6<OCR<60$

图 3-14　OCR 与归一化参数 $(q_t-u_2)/\sigma'_{v0}$ 之间的关系图

对于轻微超固结的软黏土，经常出现的情况是 q_t 很小，而 u_2 却很大。这样二者的差值会很小，且变得不可靠。在用 CPTU 的参数估计黏性土的 OCR 时，也可用归一化锥尖阻力 Q_t 的曲线来估算 OCR。其关系式可以用式(3-27)来表达：

$$OCR = k \cdot \left(\frac{q_t - \sigma_{v0}}{\sigma'_{v0}}\right) \tag{3-27}$$

式中，k 为经验系数，k 的平均值为 0.3；OCR 的变化范围在 0.2～0.5 之间。

3) 土中原位水平压力

要粗略地估算 σ_h 和 k_0，可以采用前述的方法，先计算比值 S_u/σ'_{v0}，即利用 CPTU 的结果估算 S_u 和 S_u/σ'_{v0}，按图 3-13 和相应的塑性指数 I_p 估计 k_0 的值。该方法一般仅适用于由于上覆应力变化形成的超固结土。

4) 土的灵敏性

土的灵敏度定义为不扰动土的不排水抗剪强度与完全重塑土的不排水抗剪强度的比值。由于侧壁摩擦力为重塑土抗剪强度的函数，因此，Schmertmann(1978)建议用摩阻比 R_f 来估算土的灵敏度：

$$S_t = \frac{N_s}{R_f} \tag{3-28}$$

式中，N_s 为常数，Schmertmann(1978)建议 N_s 取值 15。

Robertson，Campanella(1983)在比较从孔压试验和十字板试验得出的灵敏度值后，提出 $N_s=6$。也有的研究者认为 N_s 在 5～10 之间，其平均值为 7.5。由于不同的研究者给出的经验常数 N_s 相差较大，建议在利用式(3-28)时，宜根据当地经验。

5) 砂土的相对密实度

我国《铁路工程地质原位测试规程》(TB 10018—2003)建议石英质砂类土的相对密实度 D_r 可根据比贯入阻力 p_s 按表 3-4 判断。

表 3-4　石英质砂类土的相对密实度 D_r

密实程度	p_s/MPa	D_r
密实	$p_s \geqslant 14$	$D_r \geqslant 0.67$
中密	$6.5 < p_s < 14$	$0.40 < D_r < 0.67$
稍密	$2 \leqslant p_s \leqslant 6.5$	$0.33 \leqslant D_r \leqslant 0.40$
松散	$p_s < 2$	$D_r < 0.33$

3. 土的强度参数

利用静力触探资料估算不排水抗剪强度 S_u 的方法主要分为理论方法和经验公式法两类。

(1) 理论方法

用来计算不排水抗剪强度的理论包括经典承载力理论、孔穴扩张理论、应力路径理论等，所有的不排水抗剪强度 S_u 与锥尖阻力 q_c 之间的关系式都可归纳为如下形式：

$$q_c = N_c \cdot S_u + \sigma_0 \tag{3-29}$$

式中　N_c——理论圆锥系数；

σ_0——土中原位总应力。

由于圆锥贯入是个复杂的过程，因此所有的理论解都针对土的性质、破坏机理和边界条件作出了种种假定。这些理论解不仅需要根据现场和室内试验数据进行验证，而且在模拟不同应力历史、非均质特征、灵敏度等条件下真实土体性能时具有局限性。

(2) 经验公式法

利用量测的锥尖阻力 q_c 按经验公式(3-30)估算 S_u：

$$S_u = \frac{q_c - \sigma_{v0}}{N_k} \tag{3-30}$$

式中 N_k——经验圆锥系数，根据已有的研究成果，取值范围为 11～19；

σ_{v0}——土中原位竖向总应力。

对于灵敏性(灵敏度 S_t=2～7，塑性指数 I_p=20～40)软黏性土，建议根据单桥触探比贯入阻力 p_s 可采用式(3-31)估算其不排水抗剪强度 S_u：

$$S_u = \frac{0.9(p_s - \sigma_{v0})}{N_k} \tag{3-31}$$

式中，N_k 为系数，可按式(3-32)计算：

$$N_k = 25.81 - 0.75S_t - 2.25I_p \tag{3-32}$$

当缺乏 S_t，I_p 资料时，也可按式(3-33)粗略估计黏性土的不排水抗剪强度：

$$S_u = 0.04p_s + 2 \tag{3-33}$$

4. 土的变形参数

利用静力触探试验可估算土的变形参数。

1) 黏性土的压缩模量 E_s

$$E_s = \alpha_m q_c \tag{3-34}$$

式中，α_m 为经验系数。

Sanglerat(1972)提出了对于不同土类的 α_m 与锥尖阻力 q_c 的对应关系，见表 3-5。

表 3-5　黏土压缩模量估算表

q_c		α_m	土类
q_c<0.7 MPa 0.7<q_c<2.0 MPa q_c>2.0 MPa		3<α_m<8 2<α_m<5 1<α_m<2.5	低塑性黏土
q_c>2 MPa q_c<2 MPa		3<α_m<6 1<α_m<3	低塑性粉土
q_c<2 MPa		2<α_m<6	高塑性粉土和黏土
q_c<1.2 MPa		2<α_m<8	有机质粉土
q_c<0.7 MPa	50<w<100 100<w<200 w>200	1.5<α_m<4 1<α_m<1.5 0.4<α_m<1	泥炭和有机质黏土

2）有机质含量小于10%的黏性土变形模量 E_0

$$E_0 = 7q_c \tag{3-35}$$

3）饱和黏性土不排水压缩模量 E_u

$$E_u = 11.0p_s + 0.12 \text{ 或 } E_u = 11.4p_s \tag{3-36}$$

4）砂土的压缩模量 E_s 和变形模量 E_0

砂土的压缩模量：

$$E_s = \xi q_c \tag{3-37}$$

式中，ξ 为经验系数，一般取1.4～4.0。

实际工程中，计算砂性土变形模量 E_0 的常用公式见表3-6。

表3-6　用 p_s 估算 E_0 的经验关系式

单　位	经验关系	使用范围
铁道部一院	$E_0 = 3.57p_s^{0.6836}$	粉、细砂
辽宁煤矿院	$E_0 = 2.5p_s$	中、细砂
苏联规范(CH—448—72)	$E_0 = 4.3q_c + 13$	中密—密实砂土

注：表中单位均为MPa。

5. 土的固结系数

孔压静力触探具有独特的可测试土层中孔隙水压力及超孔压随时间的消散过程，所以可以被用来估算土层的固结系数，这种方法对软黏性土特别有效。

在孔压静力触探试验中，当圆锥探头贯入土中之后，土体受到挤压及剪切，使孔隙压力急剧增长。在圆锥停止贯入后，超静孔隙水压力即逐渐消散，利用现场测定的超孔隙水压力随时间的消散过程曲线，采用实测曲线与理论曲线相拟合的方法，由式(3-38)可推求水平向固结系数 C_h。

$$C_h = \frac{r^2 T}{t\sqrt{\frac{200}{I_r}}} \tag{3-38}$$

式中　r——孔压圆锥探头半径，cm；

T——某时刻消散水平的时间因数；

t——某消散水平的消散时间，s；

I_r——土的刚度指数，$I_r = G/C_u$，G 为剪切模量，C_u 为不排水抗剪强度，选择的 I_r，t 值是与某一消散水平相对应的，一般选50%的消散水平作为设计值。

3.6　试验成果的工程应用

CPT/CPTU作为原位测试手段之一，其主要目的是为岩土工程设计提供设计参数，在解决一系列岩土工程问题中发挥作用。

3.6.1　浅基础设计方面的应用

1. 地基承载力计算

浅基础的设计通常需要考虑稳定和变形两方面的问题。稳定性问题一般借助承载力的概念进行考虑。而关于承载力的计算，特别是在黏性土地基的承载力计算，通常需要地基的抗剪强度参数。Meyerhof(1956)提出了用静力触探资料直接估算砂土地基上浅基础极限承载力的公式：

$$q_{\mathrm{ult}} = \bar{q}_{\mathrm{c}} \cdot \frac{B}{C}\left(1+\frac{D}{B}\right) \tag{3-39}$$

式中　C——经验常数，等于 12.2 m；

B——基础宽度，m；

D——基础埋置深度，m；

$\bar{q}_{\mathrm{c}}$——基底 $\pm B$ 范围内锥尖阻力的平均值，用于浅基础设计时，梅耶霍夫建议取安全系数等于 3，kPa。

应用静力触探的锥尖阻力 q_{c}，Tand 等(1995)也提出在轻胶结中密砂土上浅基础的极限承载力公式：

$$q_{\mathrm{ult}} = R_{\mathrm{k}} q_{\mathrm{c}} + \sigma_{\mathrm{v0}} \tag{3-40}$$

式中　R_{k}——取值取决于基础的形状和基础的埋深，其取值范围为 0.14～0.20；

σ_{v0}——基底以上的竖向压应力，kPa。

2. 沉降计算

浅基础的变形问题通常表现为地基沉降。关于从 CPT 成果中直接估算地基的沉降量，Meyerhof(1956)提出了一个简单、保守的方法来估算砂土中基础的沉降量：

$$s = \frac{\Delta p B}{2\bar{q}_{\mathrm{c}}} \tag{3-41}$$

式中　Δp——净基础底面压力，kPa；

$\bar{q}_{\mathrm{c}}$——基础地面深度等于一倍基础宽度范围内的平均值，kPa；

B——基础宽度，m。

Schmertmann(1970)提出了采用 CPT 成果估算砂土地基浅基础沉降的方法。

$$s = C_1 C_2 \Delta p \sum_{1}^{n} \frac{I_z}{C_3 E} \Delta z \tag{3-42}$$

式中　C_1——考虑基础埋深的修正系数，$C_1 = 1 - 0.5(\sigma'_{\mathrm{v0}}/\Delta p)$；

C_2——考虑蠕变的修正系数，$C_2 = 1 - 0.2\ln(10t)$，t 为承受附加荷载的时间；

C_3——考虑基底形状的修正系数；

E——等价杨氏压缩模量，$E = \alpha q_{\mathrm{c}}$；

I_z——应变影响系数；

Δz——分层厚度。

在该方法中,基底以下2倍(对于方形基础)或4倍(对于条形基础)基础宽度范围内砂土地基被分成了若干(n)厚度为Δz的薄层,每一层被赋予一个q_c值,如图3-15所示。

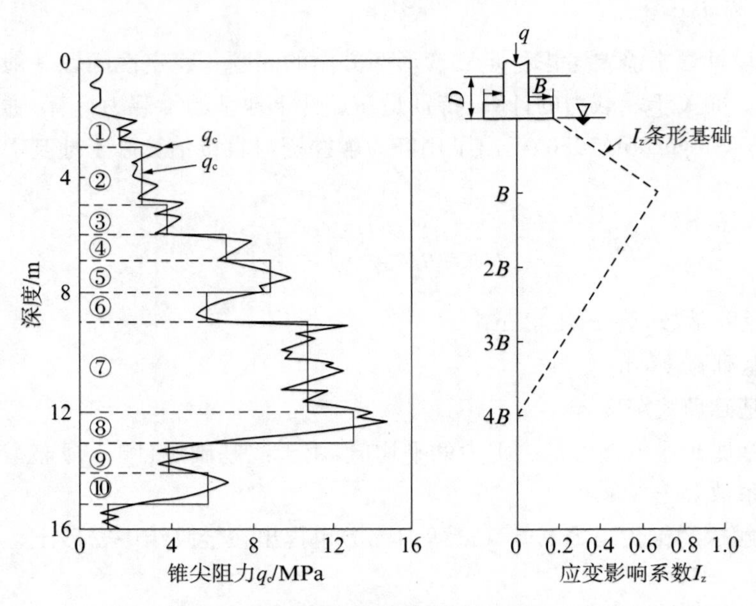

图3-15 砂土地基上浅基础沉降计算方法(Schertmann,1978)

Schertmann建议基底形状的修正系数C_3按如下取值:当为方形基础时,C_3=1.25;当为条形基础时,C_3=1.75。

在绘制应变分布曲线时,I_p的峰值I_{zp}应当从式(3-43)得到:

$$I_{zp}=0.5+0.1\left(\frac{\Delta p}{\sigma_z'}\right)^{0.5} \tag{3-43}$$

式中,σ_z'为I_p达到峰值所对应的深度处的有效应力,见图3-16,对于1<L/B<10的情形,可根据L/B=1和L/B=10的计算结果进行内插。

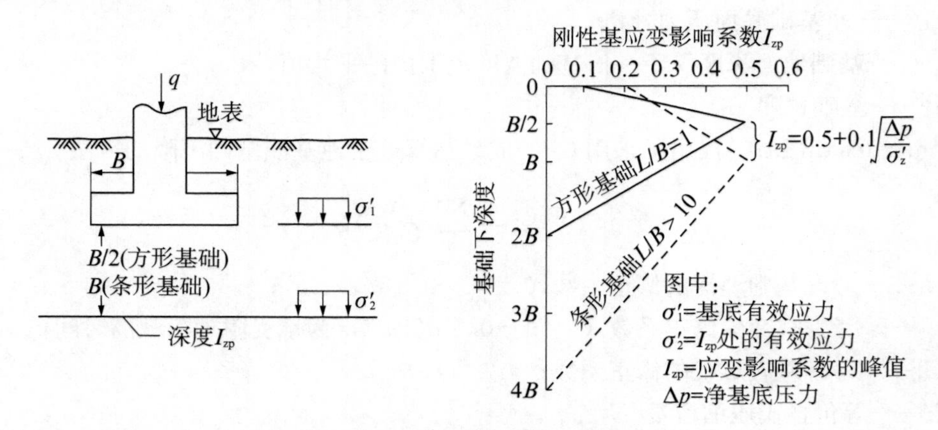

图3-16 砂土地基上基础的应变影响系数(Schertmann,1970)

3.6.2　深基础方面的应用

利用静力触探数据来确定桩的承载力是静力触探成果的经典应用之一，尽管桩基承载力的影响因素很多，国内外的实践经验表明采用静力触探成果估算桩基的承载力往往能够给出满意的结果。常用的方法有巴斯特曼特-吉内塞利(Bustamante-Gianeselli)法、德鲁伊特-贝灵恩(de Ruiter-Beringen)法、我国《建筑桩基技术规范》(JGJ 94—2008)和《铁路桥涵设计规范》(TB 10002.1～TB 10002.5—2005)等方法。这里主要介绍《建筑桩基技术规范》(JGJ 94—2008)中用静力触探资料确定单桩承载力的方法。

当根据单桥探头静力触探成果确定混凝土预制桩单桩竖向极限承载力标准值时，可按式(3-44)计算：

$$Q_{uk} = Q_{sk} + Q_{pk} = u\sum q_{sik} l_i + \alpha p_{sk} A_p \tag{3-44}$$

式中　Q_{uk}，Q_{sk}，Q_{pk}——分别为单桩竖向、桩侧和桩端极限承载力标准值；

u——桩身周长；

q_{sik}——用静力触探比贯入阻力值估算的桩周第 i 层土的极限侧阻力标准值；

l_i——桩穿越第 i 层土的厚度；

α——桩端阻力修正系数；

p_{sk}——桩端附近的比贯入阻力标准值(平均值)；

A_p——桩端面积。

q_{sik}值应结合土工试验资料，依据土的类别、埋藏深度、排列次序，按图 3-17 中的折线取值。

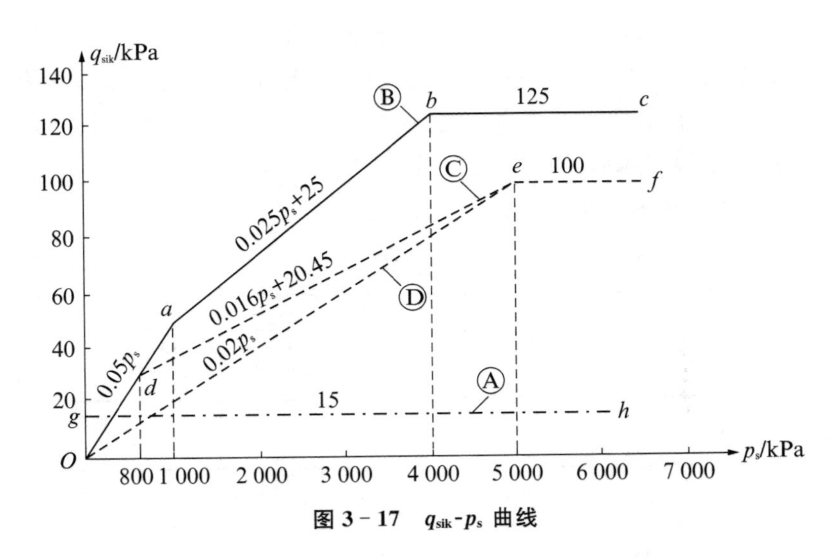

图 3-17　q_{sik}-p_s 曲线

图 3-17 中，直线Ⓐ(线段 gh)适用于地表下 6 m 范围内的土层；折线Ⓑ(线段 $Oabc$)适用于粉土及砂土土层以上(或无粉土及砂土土层地区)的黏性土；折线Ⓒ(线段 $Odef$)适用于粉土及砂土土层以下的黏性土；折线Ⓓ(线段 Oef)适用于粉土、粉砂、细砂及中砂。

当桩端穿越粉土、粉砂、细砂及中砂层底面时，折线Ⓓ估算的 q_{sik} 值需乘以表 3-7 中的系数 ζ_s 值。

表 3-7　　系数 ζ_s 值

p_s/p_{sl}	≤5	7.5	≥10
ζ_s	1.00	0.50	0.33

注：① p_s 为桩端穿越的中密—密实砂土、粉土的比贯入阻力平均值；p_{sl} 为砂土、粉土的下卧软土层的比贯入阻力平均值。
② 采用的单桥探头，圆锥底面积为 15 cm²，底部带 7 cm 高滑套，锥角 60°。

桩端阻力修正系数 α 值按表 3-8 取值。

表 3-8　　桩端阻力修正系数 α

桩入土深度/m	$l<15$	$15\leqslant l\leqslant 30$	$30<l\leqslant 60$
α	0.75	0.75～0.90	0.90

注：当桩入土深度 $15\leqslant l\leqslant 30$ m 时，α 值按 l 值直线内插，l 为桩长(不包括桩尖高度)。

当 $p_{sk1}\leqslant p_{sk2}$ 时：

$$p_{sk}=\frac{1}{2}(p_{sk1}+\beta p_{sk2}) \tag{3-45}$$

当 $p_{sk1}>p_{sk2}$ 时：

$$p_{sk}=p_{sk2} \tag{3-46}$$

式中　p_{sk1}——桩端全截面以上 8 倍桩径范围内的比贯入阻力平均值；
p_{sk2}——桩端全截面以下 4 倍桩径范围内的比贯入阻力平均值，如桩端阻力层为密实的砂土层，其比贯入阻力平均值 p_s 超过 20 MPa 时，则需乘以表 3-9 中的系数 C 予以折减后，再计算 p_{sk2} 及 p_{sk1} 值；
β——折减系数，按 p_{sk2}/p_{sk1} 值从表 3-10 选用。

表 3-9　　系数 C

p_s/MPa	20～30	35	>40
系数 C	5/6	2/3	1/2

表 3-10　　折减系数 β

p_{sk2}/p_{sk1}	≤5	7.5	12.5	>15
β	1	5/6	2/3	1/2

当根据双桥探头静力触探资料确定混凝土预制桩单桩竖向极限承载力标准值时，对于黏性土、粉土和砂土，可按式(3-47)计算：

$$Q_{uk}=u\sum l_i\cdot\beta_i\cdot f_{si}+\alpha\cdot q_c\cdot A_p \tag{3-47}$$

式中 f_{si}——第 i 层土的探头平均侧阻力；

q_c——桩端平面上、下探头阻力，取桩端平面以上 $4d$（d 为桩的直径或边长）范围内按土层厚度的探头阻力加权平均值，然后再和桩端平面以上 $1d$ 范围内的探头阻力进行平均；

α——桩端阻力修正系数，对黏性土、粉土取 2/3，饱和砂土取 1/2；

β_i——第 i 层土桩端侧阻力综合修正系数，按式(3-48)计算：

黏性土、粉土 $\beta_i=10.04(f_{si})^{-0.55}$

砂土 $\beta_i=5.05(f_{si})^{-0.45}$ (3-48)

双桥探头的圆锥底面积为 15 cm^2，锥角为 60°，摩擦套筒高 21.85 cm，侧面积为 300 cm^2。

3.6.3 地基处理质量控制

地基处理，根据地基土类的不同和建筑物(构筑物)的要求，可以采用不同的方式。对于像砂土、粉土等无黏性地基土，深层密实加固是常采用的地基处理方法，深层密实地基加固技术包括振动密实、振动置换、动力密实等；对于像淤泥、淤泥质黏土以及欠固结的冲填土，排水固结或堆载排水固结是有效的地基加固措施。

由于 CPT 试验数据的连续性、可靠性和可重复性的特点，实践证明，CPT 是检测深层密实处理效果最好的技术之一。

振动密实地基处理的目的应是下列之一：① 提高地基承载力；② 减少沉降量；③ 消除地基液化。

提高地基承载力相当于增大地基土的抗剪强度；要减少地基的沉降量相当于增大地基的变形模量；要消除砂土或粉土地基的液化可能性，则需要提高地基土抵抗液化的能力，即提高地基土的密实度。CPT 在无黏性土中锥尖阻力取决于一系列因素，包括土的密度、土的现场强度、应力历史和土的压缩性。这些因素的变化都能够通过锥尖阻力的变化记录下来。因此，对深层密实的地基处理技术要求可以直接与试验测定的锥尖阻力联系起来。地基土的真实相对密度在实践中很难准确测定，但深层密实处理后的地基密实度的变化则可以用等价相对密实度表示。

这里需要注意的是，检测结果表明，深层密实处理后的地基锥尖阻力随时间而增长。这一时间效应在许多项目中都得到了印证。对于深层密实的这一特点，Charlie 等(1992)研究了若干个工程案例。Charlie 发现 q_c 随时间的变化可以拟合成经验公式(3-49)：

$$\frac{q_{cN}}{q_{c1}}=1+K\lg N \tag{3-49}$$

式中 q_{c1}，q_{cN}——第 1 周和第 N 周时的 q_c 值；

K——经验常数，与温度有关。

对于浅层地基,处理技术也有多种,如注浆法和搅拌法等,CPT 也可用于浅层处理效果的评价。但对于表层地基土处理效果评价,CPT 有其局限性,因此实践当中用的也不多。

3.6.4 砂性土地基的液化评价

静力触探是评价地基土液化势的理想原位测试方法,下面介绍铁道部科学研究院等单位提出的采用单桥探头比贯入阻力 p_s 进行砂土液化判别的方法。

该方法主要根据唐山地震不同烈度地区 125 份试验资料,运用判别函数对试验数据进行了统计分析。在统计分析中,考虑了砂土层埋深(1.0~15.0 m)、上覆非液化土层厚度(0.0~10.6 m)、地下水位深度(0.2~6.8 m)、震中距(3.1~105.0 km)和比贯入阻力(3.4~42.3 MPa)5 个影响因素,提出了饱和砂土液化临界比贯入阻力 p'_s 的计算公式:

$$p'_s = p_{s0}[1-0.05(d_u-2)][1-0.065(d_w-2)] \tag{3-50}$$

式中 d_u——上覆非液化土层厚度,m;

d_w——地下水位深度,m;

p_{s0}——液化判别饱和砂土比贯入阻力临界值($d_u=2.0$ m,$d_w=2.0$ m),按表 3-11 取值。

表 3-11 **p_{s0} 值**

设防烈度	7	8	9
p_{s0}/MPa	5.0~6.0	11.5~13.0	18.0~20.0

当实测砂土的比贯入阻力 p'_s 小于按式(3-50)计算的临界值时,判为液化;反之,判为不液化。

3.7 工程实例分析

3.7.1 工程概况

徐州某电厂二期扩建 2×1 000 MW 级机组的拟建场区的下部分布有一条 15 m 厚的掩埋古河道,埋藏于近代黄泛层 5 m 之下,河道宽约 200 m,形成于宋朝时期。河道内主要沉积层为粉砂及粉土,其下为厚约 25 m 的第四纪地层。考虑浅部地层土的地基承载力和压缩变形量远不能满足电厂发电机组等主要建筑物的设计要求,主厂房、烟囱及主要设备基础拟采用 PHC-AB600(130)-xb 型桩基进行加固处理。为了评价沉桩的可行性、选择桩基持力层、计算并验证单桩承载力,在试验区进行了打桩前后的静力触探对比试验。

3.7.2 静力触探试验结果

根据工程及静力触探试验的技术要求,采用双桥探头进行多孔位的静力触探对比试验工作,某一孔位打桩前后代表性静力触探试验曲线如图 3-18 所示。

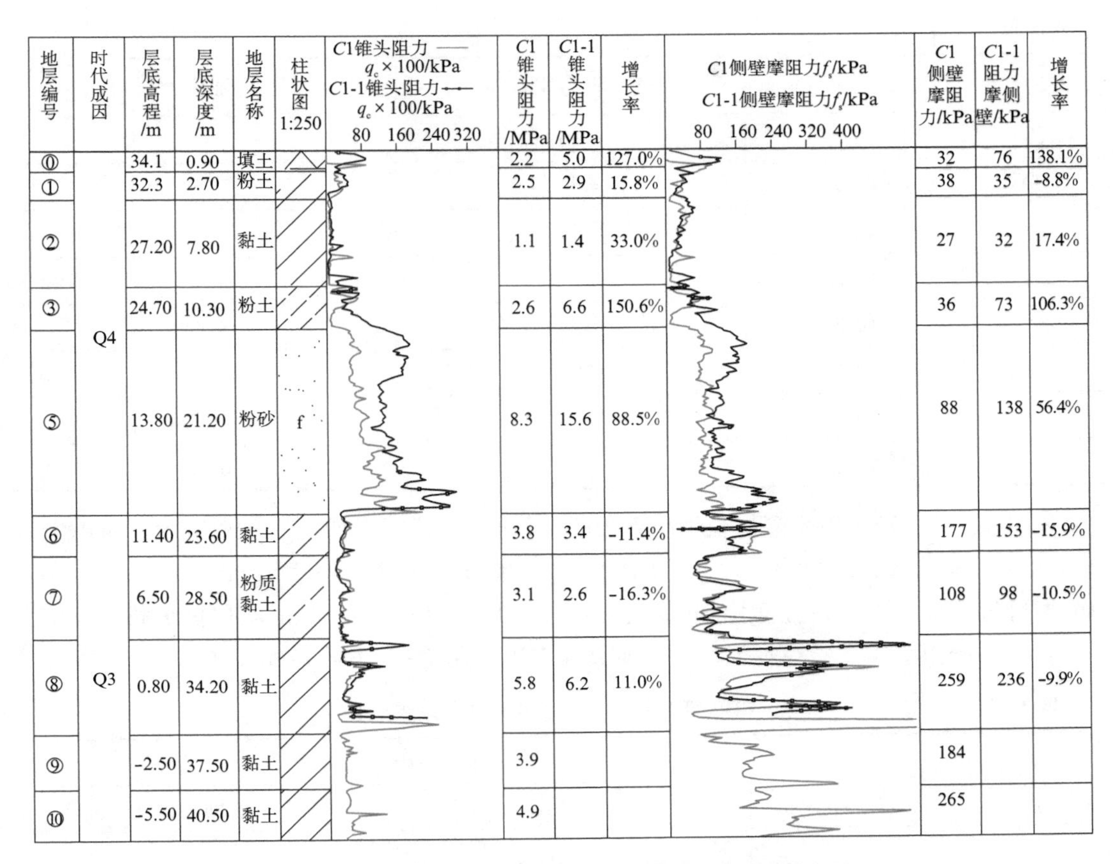

图 3-18　某一孔位打桩前后静力触探试验曲线对比图

3.7.3　静力触探试验成果应用

1. 地基土分层和强度判别

从图 3-18 可知，静力触探试验不仅可以进行精确的土层划分，其误差小于 5 cm，而且结合钻孔资料还可以确定土的类别；根据静力触探曲线数值大小，可以计算地基土强度并评价沉桩的可行性；打桩前后静力触探曲线变化的对比可以用来评价打桩效应对地基土特性的影响。

2. 单桩承载力计算

根据静力触探试验曲线计算地基土各土层桩侧摩阻力和桩端阻力平均值如表 3-12 所示。

表 3-12　各土层桩侧摩阻力和桩端阻力一览表

层号	土名	桩侧摩阻力值/kPa	极限桩端阻力值/kPa
①	粉土	20	
②	黏土	35	
③	粉土	40	

续表

层号	土名	侧摩阻力值/kPa	极限桩端阻力值/kPa
④	黏土	35	
⑤	粉砂	80	
⑥1	黏土	90	
⑥2	黏土	110	5 000
⑦	粉质黏土	120	5 500
⑧	黏土	125	5 800
⑨	黏土	120	5 500
⑩	黏土	135	6 000

利用式(3-47)求得不同桩长情况下PHC管桩单桩承载力如表3-13所示。考虑上部荷载大小和地基基础的结构形式,以及PHC管桩单节长度,最终采用PHC-AB600(130)-40b型桩进行地基加固,自上而下单节桩长分别为14 m、12 m和14 m,其单桩承载力取值为7 000 kN。静力触探试验在本工程中还有其他多项应用,在此不再列举。

表3-13 PHC管桩单桩极限承载力计算结果表

桩入土深度/m	单桩极限承载力/kN	
	一般场区	古河道区
28.0	4 500	4 000
30.0	5 100	4 400
32.0	5 800	5 000
35.0	6 800	6 000
38.0	7 200	7 000

复习思考题

1. 什么是静力触探试验?
2. 静力触探包括哪些仪器设备?就贯入设备而言,有哪几种?
3. 单桥探头和双桥探头各可以测定哪些试验指标?
4. 为什么讲在静力触探试验过程中保持贯入的垂直度十分重要?我国国家标准《岩土工程勘察规范》(GB 50021—2009)规定的最大允许偏斜度是多少?
5. 贯入速率对试验结果有哪些影响?我国国家标准《岩土工程勘察规范》(GB 50021—2009)规定的贯入速率是多少?
6. 孔压静力触探试验前为什么要对探头进行脱气处理?

第 4 章　圆锥动力触探试验

4.1　概述

圆锥动力触探试验(Dynamic Penetration Test，简称 DPT)是利用一定的锤击能量，将一定规格的圆锥探头打入土中，根据打入土中的难易程度(贯入阻力或贯入一定深度的锤击数)来判别土的性质的一种现场测试方法。圆锥动力触探试验按锤击能量的不同，划分为轻型动力触探、重型动力触探和超重型动力触探三种。在工程实践中，应根据土层的类型和试验土层的坚硬与密实程度来选择不同类型的试验设备。

根据圆锥动力触探试验指标，可以用于下列目的：

(1) 进行地基土的力学分层；

(2) 定性地评价地基土的均匀性和物理性质(状态、密实度)；

(3) 查明土洞、滑动面、软硬土层界面的位置。

利用圆锥动力触探试验成果，并通过建立地区经验，可以用于下列目的：

(1) 评定地基土的强度和变形参数；

(2) 评定地基承载力；

(3) 估算单桩承载力。

圆锥动力触探的试验数据通常以打入土中一定距离的锤击数表示，也可用动贯入阻力表示。圆锥动力触探设备简单、操作方便、适应性广，并有连续贯入的特性，但试验误差较大，再现性差。

4.2　试验设备与基本原理

如图 4－1 所示，动力触探试验的理想自由落锤能量 E_i 可按式(4－1)计算：

$$E_i = \frac{1}{2}Mv^2 \tag{4-1}$$

式中　M——落锤的质量，kg；

v——锤自由下落碰撞探杆前的速度，m/s。

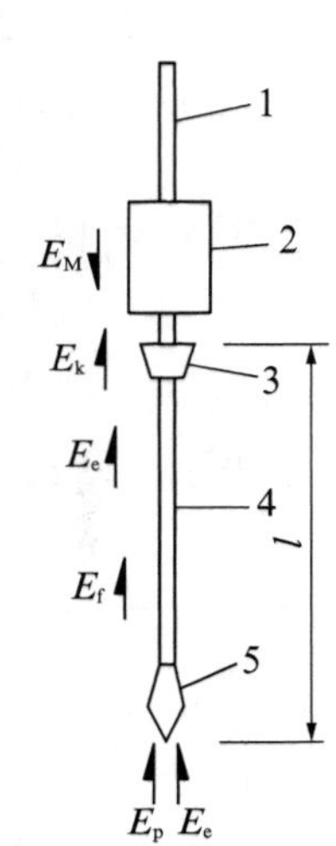

1—导杆；2—重锤；3—锤垫；4—探杆；5—探头

图 4－1　圆锥动力触探能量平衡示意图

实际的锤击动能与理想的落锤能量不同，受落锤方式、导杆摩擦、锤击偏心、打头的材质、形状与大小、杆件传输能量的效率等因素的影响，要损失一部分能

量,应按式(4-2)或式(4-3)—式(4-5)进行修正:

$$E_p = e_1 e_2 e_3 E_i \tag{4-2}$$

或者近似为

$$E_p \approx 0.60 E_i \tag{4-3}$$

平均传至探头的能量,消耗于探头贯入土中所作功,即

$$E_p = \frac{R_d A h}{N} \tag{4-4}$$

式中 E_p——平均每击传递给圆锥探头的能量;

e_1——落锤效率系数,对自由落锤,$e_1 \approx 0.92$;

e_2——能量输入探杆系统的传输效率系数,对于国内通用的大钢探头,$e_2 \approx 0.65$;

e_3——杆长传输能量的效率系数,它随杆长的增大而增大,杆长大于 3 m 时,$e_3 \approx 1.0$;

h——贯入度;

N——贯入度为 h 的锤击数;

A——探头截面积,cm^2;

R_d——探头单位面积的动贯入阻力,J/cm^2,计算式为

$$R_d = \frac{E_p}{A} \cdot \frac{N}{h} = \frac{E_p}{As} \tag{4-5}$$

式中,s 为平均每击的贯入度,$s = \frac{h}{N}$。

从式(4-1)、式(4-2)和式(4-5)可以看出:当规定一定的贯入深度(或距离)h,采用一定规格(规定的探头截面、圆锥角和质量)的落锤和规定的落距,那么,锤击数 N 的大小就直接反映了动贯入阻力 R_d 的大小,即直接反映被贯入土层的密实程度和力学性质。因此,实践中常采用贯入土层一定深度的锤击数作为动力触探的试验指标。

4.3 试验方法与技术要求

圆锥动力触探试验的类型,按贯入能力大小不同可分为轻型、重型和超重型三种动力触探,其规格和适用土类见表 4-1,其探头结构如图 4-2 所示。

表 4-1　圆锥动力触探的类型及规格

类型		轻型	重型	超重型
探头规格	直径/mm	40	74	74
	截面积/cm²	12.6	43	43
	锥角/(°)	60	60	60

续表

类　型		轻　型	重　型	超重型
落锤	锤质量/kg	10	63.5	120
	落距/cm	50	76	100
探杆直径/mm		25	42	50～60
试验指标 N		贯入 30 cm 击数 N_{10}	贯入 10 cm 击数 $N_{63.5}$	贯入 10 cm 击数 N_{120}
主要适用土类		浅部填土、砂土、粉土和黏性土	砂土、中密以下的碎石土和极软岩	密实和很密的碎石土、极软岩、软岩

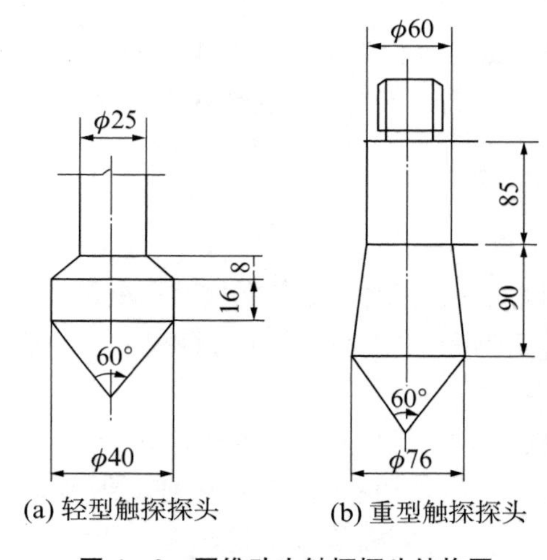

图 4-2　圆锥动力触探探头结构图

不同类型的圆锥动力触探试验，其设备也有一定的差别，其中重型和超重型差别不大。这里分别介绍轻型圆锥动力触探试验和重型圆锥动力触探试验。

4.3.1　轻型圆锥动力触探试验

1. 仪器设备

如图 4-3 所示，轻型圆锥动力触探的试验设备包括导向杆(图中未标出)、穿心锤、锤垫、探杆和圆锥探头五部分。

2. 试验方法与技术要求

(1) 先用轻便钻具(螺纹钻、洛阳铲等)钻至指定试验深度，然后将探头与钻杆放入孔内，保持探杆垂直，探杆的偏斜度不应超过 2%，就位后进行锤击贯入试验，贯入 30 cm 时记录锤击数；再继续向下贯入，记录

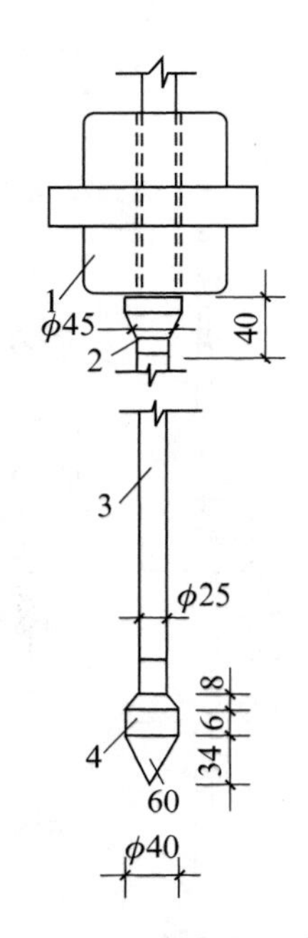

1—穿心锤；2—锤垫；3—探杆；4—圆锥探头

图 4-3　轻型触探设备

下一试验深度的锤击数。重复该试验步骤至预定试验深度。在试验过程中,为了减少碎土与钻杆之间的阻力,可以用小螺钻预先将碎土取出,然后再就位继续贯入试验。如遇密实坚硬土层,当贯入 30 cm 所需锤击数超过 100 击或贯入 15 cm 超过 50 击时,可以停止作业。如果需对下卧地层继续进行试验,可用钻机穿透坚实土层后再继续进行贯入试验。

(2) 重锤提升方法有人力和机械两种。将 10 kg 的锤提升到 50 cm 高度时,自由落下。锤击频率应控制在 15～30 击/min。

(3) 现场记录,以每贯入 30 cm 记录其相应锤击数,作为轻型圆锥动力触探的试验指标。当遇到较硬地层,锤击数较高时,也可分段记录,以每贯入 10 cm 记录一次锤击数,但资料整理时,必须按贯入 30 cm 所需击数作为指标进行计算。

3. 适用范围

轻型圆锥动力触探的适用范围,主要是一般黏性土、素填土、粉土和粉细砂,连续贯入深度一般不超过 4 m。主要用于测试并提供浅基础的地基承载力参数;检验建筑物地基的夯实程度;检验建筑物基槽开挖后,基底以下是否存在软弱下卧层等。

4.3.2 重型圆锥动力触探试验

1. 仪器设备

重型和超重型圆锥动力触探的试验设备,尽管在尺寸和重量上有差别,但与轻型圆锥动力触探试验设备有相似之处。重型和超重型圆锥动力触探试验一般都采用自动落锤方式,因此,在重锤之上增加了提引器。

国内采用的提引器尽管结构不同,但从其基本原理上可分为内挂式和外挂式两种。内挂式提引器利用导杆的缩颈,使提引器内的活动装置(钢珠、偏心轮或挂钩)发生变位,完成挂锤、脱钩及自由落锤的过程;外挂式提引器是利用上提力完成挂锤,靠导杆顶端所设弹簧锥或凸块,强制挂钩张开,使重锤自由落下。图 4-4 所示的是钢珠缩颈式(内挂式)自动落锤装置。

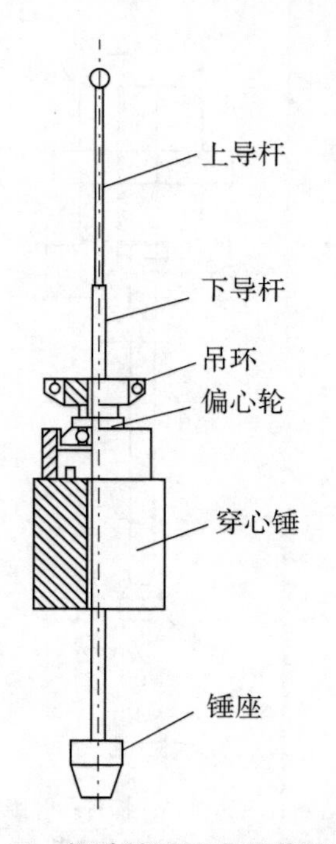

图 4-4 钢珠缩颈式自动落锤装置

2. 试验方法与技术要求

(1) 试验进行之前,必须对机具设备进行检查,确认各部正常后,才能开始试验操作。机具设备的安装必须稳固,作业时,支架不得偏移,所有部件连接处丝扣必须紧固。

(2) 进行试验时,应采用机械或人工的措施,使探杆保持垂直,探杆的偏斜度不应超过 2%,重锤沿导杆自由下落,锤击频率 15～30 击/min。重锤下落时,应注意周围试验人员的人身安全,遵守操作纪律。

(3) 在试验过程中,每贯入 1 m,宜将探杆转动一圈半;当贯入深度超过 10 m 后,每贯入20 cm 宜转动探杆一次，以减少探杆与土层的摩阻力。

(4) 在预钻孔内进行作业时，当钻孔直径大于 90 mm，孔深大于 15 m，实测锤击数大于 8 击/10 cm 时，可下直径不大于 90 mm 的套管，以减小探杆径向晃动。

(5) 为保持探杆的垂直度，锤座距孔口的高度不宜超过 1.5 m。

(6) 遇到密实或坚硬的土层，当连续三次 $N_{63.5}>50$ 击时，可停止试验，或改用超重型动力触探进行试验。

3. 适用范围

重型圆锥动力触探的适用范围，主要是中砂—碎石类土，其次是粉细砂及一般黏性土。触探试验深度范围，一般在 1～16 m。主要用于查明地层在垂直方向和水平方向的均匀程度。结合当地经验，重型圆锥动力触探可用来确定地基(包括桩基)的承载力、评价地基土变形模量等，也可用于检验地基加固效果；与勘探资料配合，还可用于划分土层及定名。

4.4 影响因素和试验指标修正

影响圆锥动力触探的因素很复杂，对有些因素的认识也不完全一致。有些因素，如机具设备、落锤方式等通过标准化统一后可得到控制；但有些因素，如杆长、侧壁摩擦、地下水、上覆压力等，则在试验时是难以控制的。

4.4.1 杆长影响

按牛顿碰撞理论，随着杆长的增长，由探杆传输给圆锥探头的有效能量逐渐减小，使锤击数偏大，故必须对 N 值加以修正。而按弹性波动理论，随着杆长的增长，有效能量开始是逐渐增大的，超过一定杆长后，有效能量趋于定值。一般情况下，对轻型圆锥动力触探杆长超过3 m；对中型圆锥动力触探杆长超过 5 m；对重型圆锥动力触探杆长超过 10 m，杆长的影响已不明显，均可忽略不计。故对杆长的影响，存在不同的看法，我国各个领域的相关规范或规程也不尽统一，例如《岩土工程勘察规范》(GB 50021—2009)，对圆锥动力触探试验指标不进行杆长修正；而有些行业的相关规程仍要求对圆锥动力触探试验进行杆长修正。因此，在应用圆锥动力触探试验成果时，应根据建立岩土参数与动力触探指标之间的经验关系式的具体条件，决定是否需对试验指标进行杆长修正。

当需要对实测锤击数进行杆长修正时，对于重型和超重型圆锥动力触探，可分别采用式(4-6)和式(4-7)对实测锤击数进行杆长修正：

$$N'_{63.5}=\alpha_1 N_{63.5} \tag{4-6}$$

$$N'_{120}=\alpha_2 N_{120} \tag{4-7}$$

式中　$N_{63.5}$，$N'_{63.5}$——分别为重型圆锥动力触探实测锤击数和经杆长修正后的锤击数；

N_{120}，N'_{120}——分别为超重型圆锥动力触探实测锤击数和经杆长修正后的锤击数；

α_1，α_2——分别为重型和超重型圆锥动力触探杆长修正系数，其值分别见表 4-2 和表 4-3。

表 4-2　　重型圆锥动力触探锤击数的杆长修正系数 α_1

锤击数/击 杆长/m	5	10	15	20	25	30	35	40	≥50
≤2	1.00	1.00	1.00	1.00	1.00	1.00	1.00	1.00	1.00
4	0.98	0.95	0.93	0.92	0.90	0.89	0.87	0.85	0.84
6	0.93	0.90	0.88	0.85	0.86	0.81	0.79	0.78	0.75
8	0.90	0.86	0.88	0.80	0.77	0.75	0.73	0.71	0.67
10	0.88	0.83	0.79	0.75	0.72	0.69	0.67	0.64	0.61
12	0.85	0.79	0.75	0.70	0.67	0.64	0.61	0.59	0.55
14	0.82	0.76	0.71	0.66	0.62	0.58	0.56	0.53	0.50
16	0.79	0.72	0.67	0.62	0.57	0.54	0.51	0.48	0.45
18	0.77	0.70	0.63	0.57	0.53	0.49	0.46	0.43	0.40
20	0.75	0.67	0.59	0.53	0.48	0.44	0.41	0.39	0.36

表 4-3　　超重型圆锥动力触探锤击数的杆长修正系数 α_2

锤击数/击 杆长/m	1	2	3	7	9	10	15	20	25	30	35	40
1	1.00	1.00	1.00	1.00	1.00	1.00	1.00	1.00	1.00	1.00	1.00	1.00
2	0.96	0.92	0.91	0.91	0.90	0.90	0.90	0.89	0.88	0.88	0.88	0.88
3	0.94	0.88	0.85	0.85	0.85	0.84	0.84	0.83	0.82	0.82	0.81	0.81
5	0.92	0.82	0.79	0.78	0.77	0.77	0.76	0.75	0.74	0.73	0.73	0.72
7	0.90	0.78	0.75	0.74	0.73	0.72	0.71	0.70	0.69	0.68	0.67	0.66
9	0.88	0.75	0.72	0.70	0.69	0.68	0.67	0.66	0.64	0.63	0.62	0.62
11	0.87	0.73	0.69	0.67	0.66	0.66	0.64	0.62	0.61	0.60	0.59	0.58
13	0.86	0.71	0.67	0.65	0.63	0.63	0.61	0.60	0.58	0.57	0.58	0.55
15	0.86	0.69	0.65	0.63	0.62	0.61	0.59	0.58	0.56	0.55	0.54	0.53
17	0.85	0.68	0.63	0.61	0.60	0.60	0.57	0.56	0.54	0.53	0.52	0.50
19	0.84	0.66	0.62	0.60	0.59	0.58	0.56	0.54	0.52	0.51	0.50	0.48

4.4.2　杆侧摩擦的影响

探杆侧壁摩擦的影响也很复杂。在有些土层中，特别是软黏土和有机土，侧壁摩擦对锤击数有重要影响。而对中密—密实的砂土，尤其在地下水位以上，由于探头直径比探杆直径大，杆侧壁摩擦是可以忽略的。

一般情况，重型圆锥动力触探深度小于 15 m、超重型圆锥动力触探深度小于 20 m 时，可以不考虑杆侧摩擦的影响。如缺乏经验，应采取措施消除杆侧摩擦的影响（如用泥浆），或用泥浆与不用泥浆进行对比试验来认识杆侧摩擦的影响。

4.4.3　地下水的影响

对地下水位以下的中、粗砾石和圆砾、卵石层，重型圆锥动力触探锤击数可按式（4－8）进行校正：

$$N'_{63.5} = 1.1N_{63.5} + 1.0 \tag{4-8}$$

式中　$N'_{63.5}$——经地下水影响修正后的锤击数；

$N_{63.5}$——地下水位以下实测的锤击数。

也有些行业相关规程中对圆锥动力触探试验不考虑地下水的影响，认为地下水位以下砂土饱和后，不仅动贯入阻力降低，而且土的强度、承载力也随之降低。

4.4.4　上覆压力的影响

通过室内试验槽和三轴标定箱的试验研究，认为上覆压力对触探贯入阻力的影响是显著的。但对于一定相对密度的砂土，上覆压力对圆锥动力触探试验结果存在一个“临界深度”，即锤击数在此深度范围内随着贯入深度的增加而增大，超过此深度后，锤击数趋于稳定值，增加率减小，并且“临界深度”随着相对密度和探头直径的增加而增大。

对于一定粒度组成的砂土，动力触探锤击数 N 与相对密度 D_r 和有效上覆压力 σ'_v 存在着一定的相关关系，即

$$\frac{N}{D_r^2} = a + b\sigma'_v \tag{4-9}$$

式中，a，b 为经验系数，随砂土的粒度组成变化。

4.5　试验资料整理与成果应用

4.5.1　试验资料的整理与分析

圆锥动力触探试验资料的整理包括绘制试验锤击数随深度的变化曲线、结合钻探资料进行土层划分和计算单孔与场地各土层的平均贯入击数。

1. 绘制动力触探曲线图

根据不同的国家或行业标准，对圆锥动力触探试验结果（实测锤击数）目前存在进行修正和不进行修正两种作法。但无论是采用实测值还是修正值，资料整理方法相同。如图 4－5 所示，以实测锤击数 N 或经杆长校正后的锤击数 N'

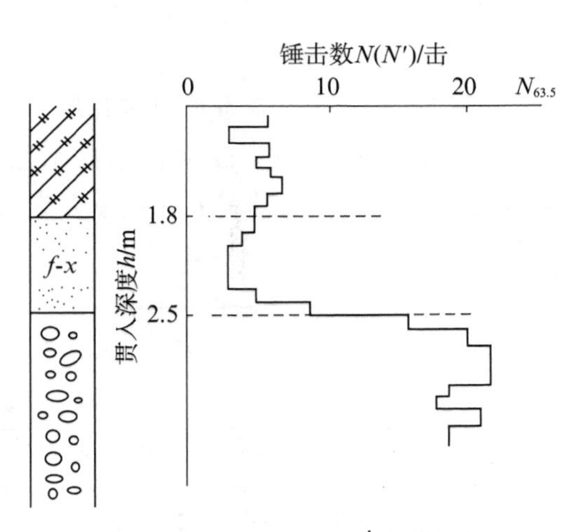

图 4－5　N－h 曲线（N'－h 曲线）

为横坐标,贯入深度 h 为纵坐标绘制 $N-h$ 曲线或 $N'-h$ 曲线。对轻型圆锥动力触探按每贯入 30 cm 的锤击数绘制 $N_{10}-h$ 曲线;对重型圆锥动力触探每贯入 10 cm 的锤击数绘制 $N_{63.5}-h$ 或 $N'_{63.5}-h$ 曲线。

2. 划分土层界线

为了在工程勘察中有效地应用圆锥动力触探试验资料,在评价地基土的工程性质时,应结合勘察场地的地质资料对地基土进行力学分层。

土层界限的划分要考虑动贯入阻力在土层变化附近的“超前”或“滞后”反应。当探头从软层进入硬层或从硬层进入软层,均有“超前”或“滞后”反应。所谓“超前”或“滞后”,即探头尚未实际进入下面土层之前,动贯入阻力就已“感知”土层的变化,提前变大或变小。反应的范围约为探头直径的 2~3 倍。因此在划分土层时,当由软层(小击数)进入硬层(大击数)时,分层界线可选在软层最后一个小值点以下 2~3 倍探头直径处;当由硬层进入软层时,分层界线可定在软层第一个小值点以上 2~3 倍探头直径处。

3. 计算各层的锤击数平均值

首先按单孔统计各层动贯入指标平均值,统计时,应剔除个别异常点,且不包括“超前”和“滞后”范围的测试点;然后根据各孔分层贯入指标平均值,用厚度加权平均法计算场地分层贯入指标平均值和变异系数。以每层土的贯入指标加权平均值,作为分析研究土层工程性能的依据。

4. 成果分析

利用圆锥动力触探试验成果,不仅可以用于定性评定场地地基土的均匀性、确定软弱土层和坚硬土层的分布,还可以定量地评定地基土的状态或密实度、估算地基土的力学性质。

4.5.2 试验成果的工程应用

圆锥动力触探试验成果的工程应用,包括评定天然地基的承载力、评定单桩承载力和检验地基土的加固效果等。关于圆锥动力触探在地基土加固效果检验中的应用,由于其与标准贯入试验的应用相似,将在标准贯入试验一章中详细论述,下面着重讲述前两项应用。

1. 评定地基土的状态或密实程度

根据我国国家规范《建筑地基基础设计规范》(GB 50007—2011),可采用重型圆锥动力触探的锤击数 $N_{63.5}$ 评定碎石土的密实度,见表 4-4。

表 4-4 碎石土的密实度

锤击数 $N_{63.5}$/击	密实度	锤击数 $N_{63.5}$	密实度
$N_{63.5}\leqslant 5$	松散	$10\leqslant N_{63.5}\leqslant 20$	中密
$5\leqslant N_{63.5}\leqslant 10$	稍密	$N_{63.5}\geqslant 20$	密实

注:① 本表适用于平均粒径小于等于 50 mm 且最大粒径不超过 100 mm 的卵石、碎石、圆砾、角砾;
② 表内 $N_{63.5}$ 为按式(4-6)综合修正后的平均值。

2. 确定地基土的承载力与变形模量

利用圆锥动力触探的试验成果评价地基的承载力和变形模量，主要是依靠当地的经验积累，以及在经验基础上建立的统计关系式（或者以表格的形式给出）。我国原《建筑地基基础设计规范》(GB J7—89)曾以附表的形式给出采用圆锥动力触探锤击数估算地基土承载力基本值的有关成果，但在新的《建筑地基基础设计规范》(GB 50007—2011)中，删去了这些表格。其主要原因在于部分地区的经验难以适应我国各个地区，或者无法用一个经验关系式来概括不同地区的经验和成果。

表 4-5—表 4-9 主要参考原《建筑地基基础设计规范》(GB J7—89)和《岩土工程手册》(1994)，在进行实际工程应用时，读者应结合当地实践经验。

（1）可利用轻型圆锥动力触探指标 N_{10} 估计黏性土和素填土的承载力标准值，见表 4-5 和表 4-6。

表 4-5　N_{10} 与黏性土承载力标准值 f_k 关系

锤击数 N_{10}/击	15	20	25	30
承载力 f_k/kPa	105	145	190	230

表 4-6　N_{10} 与素填土承载力标准值 f_k 关系

锤击数 N_{10}/击	10	20	30	40
承载力 f_k/kPa	85	115	135	160

（2）根据北京市地区经验，N_{10} 与地基土承载力标准值 f_k 关系见表 4-7。

表 4-7　N_{10} 与地基土的承载力标准值 f_k 和变形模量 E_0 的关系

轻便触探锤击数/击		8	10	15	20	25	30	35
填土（亚黏土）	f_k/kPa	75 75～85	80 75～90	95 85～100	105 95～115	115 105～125	130 115～140	140 130～155
	E_0/MPa	6	7	9	10	12	14	16
变质炉灰	f_k/kPa	65 65～70	70 65～75	80 75～100	90 80～100	100 90～110		
	E_0/MPa	6.5	7.5	9	11	13		
一般第四纪黏性土	f_k/kPa				125 105～140	145 120～165	160 140～180	180 160～210
	E_0/MPa				10	11.5	13.5	16
新近沉积黏性土	f_k/kPa	60 70	70 80	95 110	120 140	150 170		
	E_0/MPa	3	4	7	10	14		
粉、细砂轻亚黏土	f_k/kPa						140	155
	E_0/MPa						15	17

续表

轻便触探锤击数/击		40	45	50	60	70	80	90
填土 (亚黏土)	f_k/kPa	155 140～170	165 150～180	180 160～195				
	E_0/MPa	18	20	22				
变质炉灰	f_k/kPa							
	E_0/MPa							
一般第四纪黏性土	f_k/kPa	200 170～235	220 190～250	240 210～270	280 240～310	320 270～360	360 300～460	400 340～485
	E_0/MPa	18.5	21	23.5	28.5	33.5	38.5	43.5
新近沉积黏性土	f_k/kPa							
	E_0/MPa							
粉、细砂轻亚黏土	f_k/kPa	175	190	200	240	270	305	340
	E_0	21	24	25	33	38	44	50

注：① 本表应考虑季节性温度变化对锤击数的影响，按不利条件采用；
② 处于饱和状态或地下水有可能上升到持力层以内时，粉、细砂及轻亚黏土应按表列数值减小 20%；
③ f_k 系按基础宽小于 3 m，基础埋深小于 0.5 m 的条件确定的。

(3) 对中、粗、砾砂，可参考表 4-8 评定地基承载力 f_k。

表 4-8　砾、粗、中砂的 $N_{63.5}$ 与容许承载力 f_k 关系

锤击数 $N_{63.5}$/击	3	4	5	6	8	10
承载力 f_k/kPa	120	150	200	240	320	400

(4) 对碎石土，可参考表 4-9 评定地基承载力 f_k。

表 4-9　碎石土的 $N_{63.5}$ 与容许承载力 f_k 关系

锤击数 $N_{63.5}$/击	3	4	5	6	8	10	12
承载力 f_k/kPa	140	170	200	240	320	400	480

3. 确定单桩承载力标准值

沈阳市桩基础试验研究小组通过对沈阳地区 $N_{63.5}$ 与桩的载荷试验的统计分析，得到以下经验关系：

$$R_k = \alpha \sqrt{\frac{Lh}{s_p s}} \tag{4-10}$$

式中 R_k——单桩承载力标准值，kN；

L——桩长，m；

h——桩进入持力层的深度，m；

s_p——桩最后 10 击的平均每击贯入深度，cm；

s——在桩尖以上 10 cm 深度内修正后的重型圆锥动力触探平均每击贯入度，cm；

α——经验系数，按表 4－10 选用。

表 4－10　　经验系数 α

桩类型	打桩机型号	持力层情况	α 值
桩管 ϕ320 mm 打入式灌注桩	D_1 - 1200	中、粗砂	150
	D_1 - 1800	圆砾、卵石	200
预制混凝土打入桩（300 mm×300 mm）	D_2 - 1800	中、粗砂	100
	D_2 - 1800	圆砾、卵石	200

4.6　工程实例分析

某小区 7 层住宅楼拟建场地原有暗河东西向穿过，河底最深约 3.0 m，最宽约 12.0 m。设计采用换土垫层后再采用静压顶制桩作基础。施工单位将原暗河部位杂填土及淤泥挖除后，以 3∶7 灰土分层碾压，回填至基底标高。每层以压路机来回碾压数遍。设计要求回填土承载力标准值为 120 kPa。轻型圆锥动力触探试验检测结果见表 4－11。

表 4－11　　压实灰土 N_{10} 检测结果

深度/m	0.0～0.3	0.3～0.6	0.6～0.9	0.9～1.2	1.2～1.5	1.5～1.8	1.8～2.1	2.1～2.4	2.4～2.7	2.7～3.0
锤击数 N_{10}/击	52	64	79	55	68	83	94	68	61	64

轻型圆锥动力触探试验检测结果表明，压实灰土的承载力满足设计要求，大于 120 kPa。

复习思考题

1. 什么是圆锥动力触探试验？
2. 为什么圆锥动力触探试验指标锤击数可以反映地基土的力学性能？
3. 圆锥动力触探分为哪几种类型？
4. 请指出 3 条圆锥动力触探试验的技术要点，并加以说明。
5. 在应用圆锥动力触探试验成果时，如何考虑试验指标的修正问题？
6. 说明圆锥动力触探试验成果的影响因素。

第 5 章　标准贯入试验

5.1　概述

标准贯入试验(Standard Penetration Test, SPT)是一种在现场用 63.5 kg 的穿心锤,以 76 cm 的落距自由落下,将一定规格的带有小型取土筒的标准贯入器打入土中,记录打入 30 cm 的锤击数,即标准贯入锤击数 N,并以此评价土的工程性质的原位试验。

标准贯入试验实际上仍属于动力触探试验范畴,所不同的是标准贯入试验的贯入器不是圆锥探头,而是标准规格的圆筒形探头(由两个半圆筒合成的取土器)。通过标准贯入试验,从贯入器中还可以取得该试验深度的土样,可对土层进行直接观察,利用散装土样可以进行鉴别土类的有关试验。与圆锥动力触探试验相似,标准贯入试验并不能直接测定地基土的物理力学性质,而是通过与其他原位测试手段或室内试验成果进行对比,建立关系式,积累地区经验,才能用于评定地基土的物理力学性质。

利用标准贯入试验指标 N,并结合地区经验,可用于以下目的:

(1) 评价地基土的物理状态;

(2) 评价地基土的力学性能参数;

(3) 计算天然地基的承载力;

(4) 计算单桩的极限承载力及对场地成桩的可能性作出评价;

(5) 评价场地砂土和粉土的液化可能性及其液化等级。

标准贯入试验操作简单,地层适应性广,适用于砂土、粉土和一般黏性土,尤其用于不易钻探取样的砂土和砂质粉土,但当土中含有较大碎石时使用受到限制。标准贯入试验的缺点是离散性比较大,故只能粗略地评定土的工程性质。

5.2　试验设备与基本原理

5.2.1　标准贯入试验的试验设备

标准贯入试验设备原先并不标准,各国和不同地区采用的各部件的规格有所差异。国际土力学与基础工程协会(ICSMFE)于 1957 年成立专门委员会开展研究工作,以解决标准贯入试验的标准化问题,在 1988 年第一届国际触探试验会议提出标准贯入试验国际标准建议稿,并于 1989 年获得通过,开始执行。

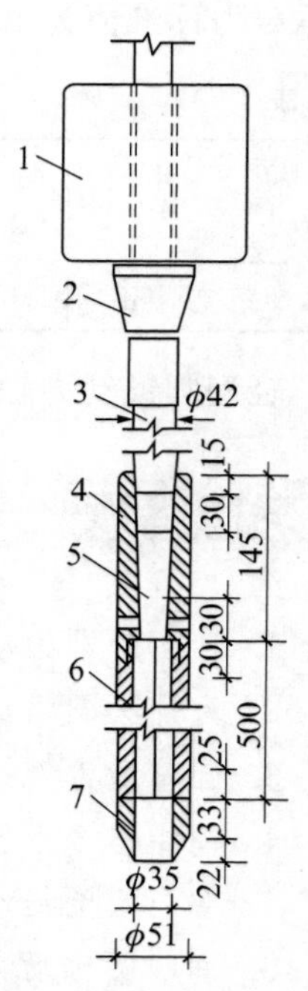

1—穿心锤;2—锤垫;3—触探杆;4—贯入器;5—出水孔;6—对开管;7—贯入器靴

图 5-1　标准贯入试验设备

标准贯入试验设备主要由贯入器、穿心锤和触探杆(钻杆)三部分组成,如图 5-1 所示。

1. 贯入器

标准规格的贯入器是由对开管和管靴两部分组成的探头。对开管是由两个半圆管合成的圆筒形取土器;管靴是一个底端带刃口的圆筒体。两者通过丝口连接,管靴起到固定对开管的作用。贯入器的外径、内径、壁厚、刃角与长度见表 5－1。

表 5－1　　标准贯入试验设备

落锤		锤的质量/kg	63.5
		落距/cm	76
贯入器	对开管	长度/mm	＞500
		外径/mm	51
		内径/mm	35
	管靴	长度/mm	50～76
		刃口角度/(°)	18～20
		刃口单刃厚度/mm	1.6
钻杆		直径/mm	42
		相对弯曲	＜1/1 000

2. 穿心锤

重 63.5 kg 的铸钢件,中间有一直径 45 mm 的穿心孔,此孔为放导向杆用。国际、国内的穿心锤除了重量相同外,锤形上不完全统一,有直筒形或上小下大的锤形,甚至套筒形。因此,穿心锤的重心不一样,其与钻杆的摩擦也不一样。落锤能量受落距控制,落锤方式有自动脱钩和非自动脱钩两种。目前国内外已普遍使用自动脱钩装置。国际上仍有采用手拉钢索提升落锤的方法。

3. 触探杆

触探杆,又叫钻杆。国际上多用直径为 50 mm 或 60 mm 的无缝钢管,而我国则常用直径为 42 mm 的工程地质钻杆。钻杆与穿心锤连接处设置一锤垫。

我国目前采用的标准贯入试验设备与国际标准一致,各设备部件符合表 5－1 的规定。

5.2.2　标准贯入试验的基本原理

标准贯入试验是利用一定的落锤能量(锤的质量 63.5 kg,落距 76 cm)将标准规格的贯入器贯入土中,根据打入土中 30 cm 的锤击数 N,来判别土的工程性质的一种现场测试方法。其试验原理与动力触探试验十分相似,因此,第 4 章中关于动力触探的试验原理也适用于标准贯入试验。但是标准贯入试验与动力触探试验在贯入器上的差别,决定了其基本原理的独特性。在贯入过程中,整个贯入器对端部和周围土体将产生挤压和剪切作用,标准贯入试验所使用的贯入器是空心的,因此,在冲击力作用下,将有一部分土挤入贯入器,其工作状态和边界条件十分复杂。

影响标准贯入试验的因素有很多,主要有以下两个方面。

1) 钻孔孔底土的应力状态

不同的钻进工艺(回转、水冲等)、孔内外水位的差异、钻孔直径的大小等,都会改变钻孔底土体的应力状态,因此会对标准贯入试验结果产生重要影响。

2) 锤击能量

通过实测,即使是自动自由落锤,传输给探杆系统的锤击能量也有很大的波动,变化范围达到±(45%~50%),对于不同单位、不同机具、不同操作水平,锤击能量的变化范围更大。

为了提高试验质量,可对输入探杆系统的锤击能量进行直接标定。在打头附近设置一测力计,记录探杆受锤击后的力 $F(t)$—时间 t 波形曲线(图 5-2),用式(5-1)可计算进入探杆的第一个冲击应力波的能量 E_i。

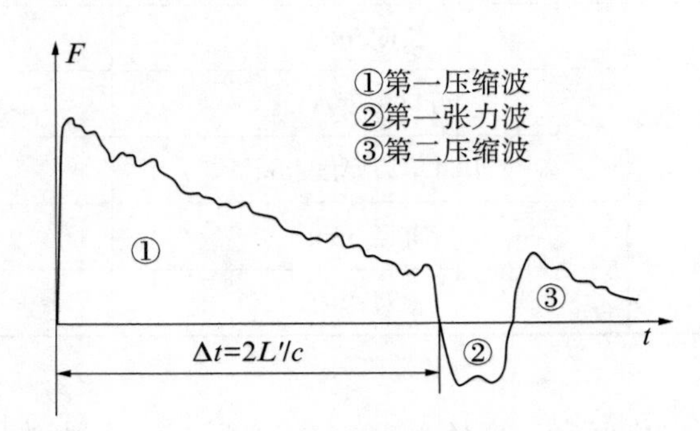

图 5-2　$F(t)$-t 波形曲线

$$E_i = \frac{ck_1k_2k_c}{AE}\int_0^{\Delta t}[F(t)]^2\mathrm{d}t \tag{5-1}$$

式中　$F(t)$——在探杆中随时间变化的动压力;

Δt——第一个应力波持续的时间,自 $t=0$ 开始,$\Delta t=L'/c$,L' 为测力点到贯入器底的长度,c 为应力波在探杆中的传播速度;

A——探杆截面积;

E——探杆的杨氏弹性模量;

k_1——测力点在打头以下 ΔL 位置时的修正系数;

k_2——探杆系统长度 L 小于 L_e 时的理论修正系数,L_e 为等代触探杆长度,锤质量与探杆单位长度质量之比;

k_c——理论弹性波速 c 修正为实际弹性波速 c_a 的修正系数。

由理论分析可得

$$k_1 = \frac{1-\exp(-4r_m)}{1-\exp[-4r_m(1-d)]} \tag{5-2}$$

$$k_2 = \frac{1}{1-\exp(-4r_m)} \tag{5-3}$$

$$k_c = \frac{c_a}{c} \tag{5-4}$$

式中　r_m——探杆系统(总长 L)的质量 m 与锤质量 M 的比值;

d——打头以下深度与总探杆长度之比,$d=\Delta L/L$。

计算得到的 E_i 与理论的锤击动能 E^* ($=MgH$,即 476 N・m)的比即为实测应力波能量比 ER_i:

$$ER_i = \frac{E_i}{E^*} \times 100\% \tag{5-5}$$

按标准贯入器,标准锤的质量 67.5 kg 和落距 76 cm,考虑到锤击效率,标准的应力波能量比为 60%。则可用实测 ER_i 修正标准贯入击数 N_i:

$$N_{60} = \left(\frac{ER_i}{60}\right) N_i \tag{5-6}$$

式中　N_i——相应于能量比为 ER_i 的实测锤击数;

N_{60}——修正为标准应力波能量比的标准贯入锤击数。

5.3　试验方法与技术要求

标准贯入试验需与钻探配合,以钻机设备为基础,按以下技术要求和试验步骤进行:

(1) 标准贯入试验孔采用回转钻进,尽可能减少对孔底土的扰动,并保持孔内水位略高于地下水水位,以免出现涌砂和坍孔。当孔壁不稳时,可用泥浆护壁。

(2) 先钻进至需要进行标准贯入试验位置的土层标高以上 15 cm 处,然后清除残土,此时应避免试验土受到扰动。清孔后换用标准贯入器,并量得深度尺寸。

(3) 采用自动脱钩的自由锤击法进行标准贯入试验,并减少导向杆与锤之间的摩擦阻力。试验过程中,应避免锤击时偏心和晃动,保持贯入器、探杆、导向杆连接后的垂直度。

(4) 将贯入器垂直打入试验土层中,锤击速率应小于 30 击/min。先打入 15 cm 不计锤击数,继续贯入土中 30 cm,记录其锤击数,此击数即为标准贯入击数 N。

若遇比较厚实的砂层,贯入不足 30 cm 的锤击数已超过 50 击时,应终止试验,并记录实际贯入深度 ΔS 和累计击数 n,按式(5-7)换算成贯入 30 cm 的锤击数 N:

$$N = \frac{30n}{\Delta S} \tag{5-7}$$

(5) 提出贯入器,将贯入器中土样取出进行鉴别描述,并记录,然后换钻具继续钻进至下一需要进行试验的深度上部 15 cm 处,再重复上述操作。一般每隔 1.0~2.0 m 进行一次试验。

(6) 在不能保持孔壁稳定的钻孔中进行试验时,应下套管以保护孔壁稳定或采用泥浆进行护壁。

5.4 试验资料的整理

5.4.1 标准贯入试验的修正

1. 杆长修正

与圆锥动力触探相同,关于试验结果进行杆长修正问题,国内外的意见并不一致,在建立标准贯入击数 N 与其他原位测试或室内试验指标的经验关系式时,对实测值是否修正和如何修正也不统一,因此在标准贯入试验成果应用时,需要特别注意,应根据建立统计关系式时的具体情形来决定是否对实测锤击数进行修正。因此,在勘察报告中,对于所提供的标准贯入锤击数应注明是否已进行了杆长修正。

《岩土工程勘察规范》(GB 50021—2009)规定,应用标准贯入击数 N 时是否修正和如何修正,应根据建立统计关系时的具体情况确定。

我国原《建筑地基基础设计规范》(GB J7—89)规定标准贯入试验的最大深度不宜超过 21 m,当试验深度大于 3 m 时,实测锤击数 N' 需按式(5-8)进行杆长度修正:

$$N = \alpha N' \tag{5-8}$$

式中,α 为修正系数,按表 5-2 取值。

表 5-2 钻杆长度修正系数 α

触探杆长度/m	≤3	6	9	12	15	18	21
修正系数 α	1.00	0.92	0.86	0.81	0.77	0.73	0.70

表 5-2 中的 α 值是根据牛顿弹性碰撞理论计算而得,并非实测值,与实际情况不一定符合。关于试验深度限制在 21 m 以内,也主要是由历史原因造成的。目前,在实际工程勘察中,标准贯入试验的试验深度最大已超过 100 m,试验成果 N 值仍能较好地反映土层的物理力学性质的变化。因此,修订后的《建筑地基基础设计规范》(GB 50007—2002)取消了《建筑地基基础设计规范》(GB J7—89)的这一规定,并在条文说明中指出,在我国,一直用经过修正后的锤击数确定地基承载力,用不修正的锤击数判别液化;勘察报告首先提供未经修正的实测值,这是基本数据,然后,在应用时根据当地积累资料统计分析时的具体情况,确定是否修正和如何修正。

2. 上覆压力修正

有些研究者认为,应考虑试验深度处土的围压对试验结果的影响,认为随着土层中上覆压力增大,标准贯入试验锤击数相应地增大,应采用式(5-9)进行修正:

$$N_1 = c_N N \tag{5-9}$$

式中 N——实测标准贯入试验击数;

N_1——修正为上覆压力 $\sigma'_{v0}=100$ kPa 的标准贯入试验击数;

c_N——上覆压力修正系数(表 5-3)。

表 5-3　上覆压力修正系数 c_N

提出者及年代	c_N
吉布斯和霍兹(Gibbs & Holtz),1957	$c_N=39/(0.23\sigma'_{v0}+16)$
佩克(Peck)等,1974	$c_N=0.77\lg(2\,000/\sigma'_{v0})$
希德(Seed)等,1983	$c_N=1-1.25\lg(\sigma'_{v0}/100)$
斯开普顿(Skempton),1986	$c_N=55/(0.28\sigma'_{v0}+27)$或$c_N=75/(0.27\sigma'_{v0}+48)$

注：σ'_{v0}是有效上覆压力,kPa。

5.4.2　标准贯入试验的成果整理

(1) 标准贯入试验成果整理时,试验资料应当齐全,包括钻孔孔径、钻进方式、护孔方式、落锤方式、地下水位及孔内水位(或泥浆高程)、初始贯入度、预打击数、试验标准贯入锤击数、记录深度、贯入器所取扰动土样的鉴别描述。若做过锤击能量标定试验的,应有$F(t)$-t 曲线。

(2) 绘制标准贯入锤击数 N 与深度 h 的关系曲线,可以在工程地质剖面图上,在进行标准贯入试验钻孔旁的试验点标出深度 h 和 N 值,也可以单独绘制标准贯入试验锤击数 N 与试验点深度 h 的关系曲线(折线)。作为勘察资料提供时,对 N 值不必进行杆长、上覆压力修正修正。

(3) 结合钻探及其他原位试验,依据 N 值在深度上的变化,对地基土进行分层,对各土层的 N 值进行统计。统计时,要剔除个别异常值。

5.4.3　标准贯入试验的成果分析

通过对标准贯入试验成果的统计分析,利用已经建立的关系式和当地工程经验,可对砂土、粉土、黏性土的物理状态,土的强度、变形性质指标作出定性或定量的评价。在应用标准贯入锤击数 N 的经验关系评定地基土的参数时,要注意作为统计依据的 N 值是否做过有关修正。

1. 评定砂土的相对密度 D_r 和密实状态

(1) 评定砂土的密实度。根据标准贯入试验锤击数 N,可按表 5-4 评价砂土的密实度。

表 5-4　砂土的密实度

标准贯入试验锤击数 N/击	砂土的密实度	标准贯入试验锤击数 N/击	砂土的密实度
$N\leqslant10$	松散	$15<N\leqslant30$	中密
$10<N\leqslant15$	稍密	$N>30$	密实

(2) 建设部综合勘察研究院研究提出的 $N-D_r-\sigma'_{v0}$关系如图 5-3 所示,根据标准贯入试验锤击数 N 和试验点深度 h,利用该图可以查得砂土的相对密实度 D_r。

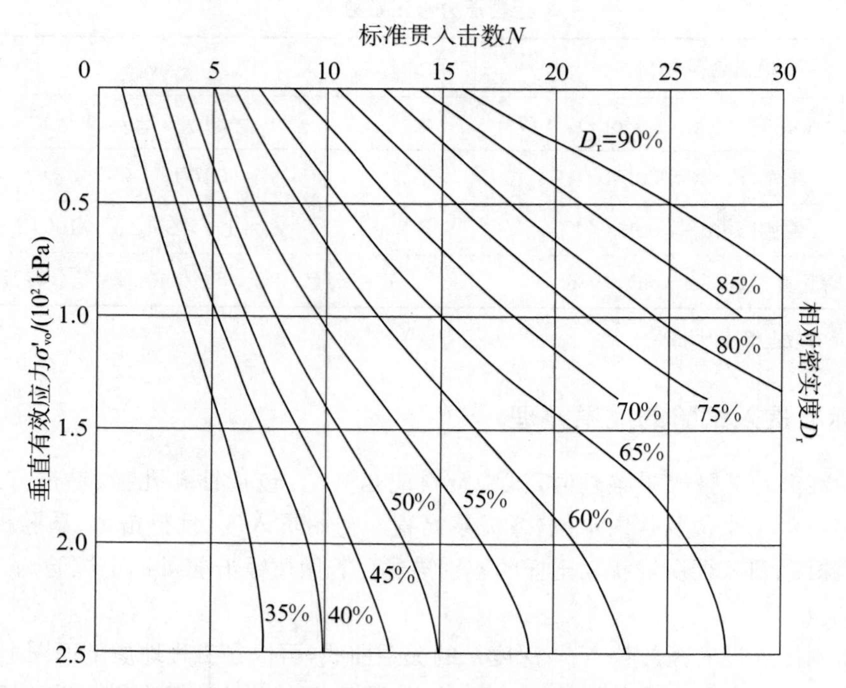

图 5-3　标准贯入击数 N 与土的相对密度 D_r 和上覆压力 σ'_{v0} 的关系

2. 评定黏性土的稠度状态和超固结比

(1) Terzaghi 和 Peck 1948 年提出了标准贯入试验锤击数 N 与稠度状态关系，见表 5-5。

表 5-5　黏性土标准贯入试验锤击数 N 与稠度状态关系

锤击数 N/击	<2	2～4	4～8	8～15	15～30	>30
稠度状态	极软	软	中等	硬	很硬	坚硬
强度 q_u/kPa	<25	25～50	50～100	100～200	200～400	>400

(2) 国内的研究人员根据 149 组标准贯入试验锤击数与黏性土液性指数资料，经统计分析，得到二者的经验关系，如表 5-6 所示。

表 5-6　标准贯入试验锤击数 N 与液性指数 I_L 的经验关系表

锤击数 N/击	<2	2～4	4～7	7～18	18～35	>35
液性指数 I_L	>1	1～0.75	0.75～0.5	0.5～0.25	0.25～0	<0
稠度状态	流动	软塑	软可塑	硬可塑	硬塑	坚硬

(3) Mayner 和 Kemper 1988 年利用回归分析方法得到了超固结比 OCR 与标准贯入锤击数间关系如式(5-10)：

$$OCR = 0.193\left(\frac{N}{\sigma'_0}\right)^{0.689} \tag{5-10}$$

式中，σ'_0 为上覆有效应力，MPa。

3. 评定土的强度指标

采用标准贯入试验成果，可以评定砂土的内摩擦角 φ 和黏性土的不排水抗剪强度 c_u。国内外对此已经进行了大量的研究，得出了多种经验关系式。但是，标准贯入试验锤击数与土性指标（下文的砂土和黏性土强度与变形指标）之间的统计关系式同样具有地区特征，不应照抄照搬。使用以下的经验关系式时应与当地的地区经验相结合。

(1) 采用标准贯入试验锤击数 N 评价砂土的内摩擦角，Gibbs 和 Holtz(1957)的经验关系式：

$$N = 4.0 + 0.015\frac{2.4}{\tan\varphi}\left[\tan^2\left(\frac{\pi}{4}+\frac{\varphi}{2}\right)e^{\pi\tan\varphi} - 1\right] + 10\sigma_{v0}\tan^2\left(\frac{\pi}{4}+\frac{\varphi}{2}\right)e^{\pi\tan\varphi} \pm 8.7 \tag{5-11}$$

式中，σ_{v0} 为上覆压力，kPa。

(2) Wolff(1989)的经验关系式：

$$\varphi = 27.1 + 0.3N_1 - 0.000\,54N_1^2 \tag{5-12}$$

式中，N_1 是用上覆压力修正后的锤击数，采用 Peck 等的修正关系，即

$$N_1 = 0.77\lg\left(\frac{2\,000}{\sigma'_{v0}}\right)N \tag{5-13}$$

(3) Peck 的经验关系式：

$$\varphi = 0.3N + 27 \tag{5-14}$$

(4) 根据标准贯入试验锤击数 N 评定黏性土的不排水抗剪强度 c_u，Terzaghi 和 Peck 的经验关系式：

$$c_u = (6 \sim 6.5)N \tag{5-15}$$

4. 评定土的变形参数 E_0 或 E_s

(1) 希腊的 Schultze 和 Menzenbach 提出的基于标准贯入试验锤击数估计压缩模量的经验关系式为

当 $N>15$ 时

$$E_s = 4.0 + \beta(N-6) \tag{5-16}$$

当 $N<15$ 时

$$E_s = \beta(N+6) \tag{5-17}$$

式中 E_s——压缩模量，MPa；

β——经验系数，见表 5-7。

表 5-7　　不同土类的经验系数 β 值

土类	含砂粉土	细砂	中砂	粗砂	含硬砂土	含砾砂土
β	0.30	0.35	0.45	0.70	1.00	1.20

或者采用下式：

$$E_s = \alpha + \beta N \tag{5-18}$$

式中，α，β 为经验系数，见表 5-8。

表 5-8　　不同土类的经验系数 α 值和 β 值

土类	细砂		砂土	黏质砂土	砂质黏土	粉砂
	地下水位以上	地下水位以下				
α	5.20	7.10	3.90	4.30	3.80	2.40
β	0.33	0.49	0.45	1.18	1.05	0.53

(2) 国内一些勘察设计单位根据标准贯入试验成果建立的评定土的变形参数的经验关系式见表 5-9。

表 5-9　　标准贯入试验锤击数 N 与变形参数 E_0 或 E_s 的经验关系表

单　位	关系式	适用土类
冶金部武汉勘察公司	$E_s = 1.04N + 4.89$	中南、华东地区黏性土
湖北省水利电力勘察设计院	$E_0 = 1.066N + 7.431$	黏性土、粉土
武汉城市规划设计院	$E_0 = 1.41N + 2.62$	武汉地区黏性土、粉土
西南综合勘察设计院	$E_s = 0.276N + 10.22$	唐山粉细砂

注：E_0，E_s 的单位为 MPa。

5.5　试验成果的工程应用

标准贯入试验在国内外工程设计中已得到了十分广泛的应用，但由于标准贯入试验离散性较大，因此在应用时，不应根据单孔的锤击数 N 对土的工程性能进行评价。同样地，在应用标准贯入试验锤击数 N 的经验关系评定土的有关工程性能时，要注意作为统计依据的 N 值是否做过有关修正。

5.5.1　地基土的液化判别

目前，国内外用于砂土液化评价的现场试验手段主要有标准贯入试验和静力触探试验两种。我国《建筑抗震设计规范》(GB 50011—2010)规定，当饱和砂土、粉土的初步判别认为需要进一步进行液化判别时，应采用标准贯入试验判别法判别地面下 20 m 范围内土的液化。当饱和土的标准贯入锤击数实测值(未经杆长修正)N 小于或等于液化判别标准贯入锤击数临界值 N_{cr}时，应判为液化土。

地面下 20 m 深度范围内，液化判别标准贯入锤击数临界值 N_{cr}可按式(5 - 19)计算：

$$N_{cr} = N_0\beta[\ln(0.6d_s + 1.5) - 0.1d_w]\sqrt{\frac{3}{\rho_c}} \tag{5-19}$$

式中　N_{cr}——液化判别标准贯入液化锤击数临界值；

N_0——液化判别标准贯入锤击数基准值，见表 5 - 10；

d_s——饱和土标准贯入点深度，m；

d_w——地下水位深度，m；

ρ_c——黏粒含量百分率，当小于 3 或为砂土时，应采用 3；

β——与设计地震分组相关的调整系数，设计地震第一组取 0.8，第二组取 0.95，第三组取 1.05。

表 5 - 10　　液化判别标准贯入锤击数基准值 N_0

设计基本地震加速度	0.10g	0.15g	0.20g	0.30g	0.40g
液化判别标准贯入锤击数基准值 N_0/击	7	10	12	16	19

5.5.2　评定地基土的承载力

(1) 我国原《建筑地基基础设计规范》(GB J7—89)曾规定，可利用 N 值确定砂土与黏性土的承载力标准值，见表 5 - 11 和表 5 - 12。但在《建筑地基基础设计规范》(GB 50007—2011)中，这些经验表格并未纳入。这并不是否认这些经验的使用价值，而是这些经验在全国范围内不具有普遍意义。读者在参考这些表格时，应结合当地实践经验。

表 5 - 11　　标准贯入试验锤击数 N 与砂土承载力标准值 f_k 的关系表

锤击数 N/击	10	15	30	50
中、粗砂承载力标准值 f_k/kPa	180	250	340	500
粉、细砂承载力标准值 f_k/kPa	140	180	250	340

表 5 - 12　　标准贯入试验锤击数 N 值与黏性土承载力标准值 f_k 的关系表

锤击数 N/击	3	5	7	9	11	13	15	17	19	21	23
黏性土承载力标准值 f_k/kPa	105	145	190	235	280	325	370	430	515	600	680

注：表 5 - 11 及表 5 - 12 的 N 值为人拉锤的测试结果，人拉与自动的锤击数按 $N_{(人拉)} = 0.74 + 1.12N_{(自动)}$ 进行换算。

(2) Terzaghi 建议计算地基承载力的经验关系式如下：
对于条形基础：

$$f_k = 12N \tag{5-20}$$

对于独立方形基础：

$$f_k = 15N \tag{5-21}$$

安全系数取 3。

5.5.3 确定单桩承载力

《岩土工程勘察规范》(GB 50021—2009)和《建筑地基基础设计规范》(GB 50007—2011)都没有关于利用标准贯入试验结果确定单桩承载力的规定，但当积累了大量的工程经验后，可以用标准贯入试验锤击数来估计单桩承载力。例如，北京市勘察设计研究院提出经验关系式(5-22)估算单桩承载力。

$$Q_u = p_b A_p + (\sum p_{fc} L_c + \sum p_{fs} L_s)U + C_1 - C_2 x \tag{5-22}$$

式中 p_b——桩尖以上和以下 $4D$(D 为桩径)范围内 N 平均值换算的桩极限端承力，kPa，见表 5-13；

p_{fc}，p_{fs}——桩身范围内黏性土、砂土 N 值换算的极限桩侧阻力，kPa，见表 5-13；

L_c，L_s——黏性土层、砂土层的桩段长度，m；

U——桩截面周长，m；

A_p——桩的截面积，m^2；

C_1——经验参数，kN，见表 5-14；

C_2——孔底虚土折减系数，kN/m，取 18.1；

x——孔底虚土厚度，m，预制桩取 $x=0$；当虚土厚度大于 0.5 m 时，取 $x=0.5$，而端承力取 0。

表 5-13　锤击数 N 与极限桩侧阻力 p_{fc}，p_{fs} 和极限端承力 p_b 的关系表

锤击数 N/击		1	2	4	8	12	14	20	24	26	28	30	35
预制桩	p_{fc}/kPa	7	13	26	52	78	104	130					
	p_{fs}/kPa			18	36	53	71	89	107	115	124	133	155
	p_b/kPa			440	880	1 320	1 760	2 200	2 640	2 860	3 080	3 300	3 850
钻孔灌注桩	p_{fc}/kPa	3	6	10	25	37	50	62					
	p_{fs}/kPa		7	13	26	40	53	66	79	86	92	99	14
	p_b/kPa			110	220	330	450	560	670	720	780	830	970

表5-14　　经验参数 C_1

桩　型	预　制　桩		钻孔灌注桩
土层条件	桩周有新近堆积土	桩周无新近堆积土	桩周无新近堆积土
经验参数 C_1/kN	340	150	180

标准贯入试验还有地基处理效果检测、水泥土桩施工质量检验和估算土层剪切波速等功能，本章不再一一介绍。

5.5.4　地基处理效果检测

标准贯入试验是常用的地基处理效果检测试验手段之一。无论是强夯法、堆载预压法，还是水泥土搅拌法处理软土地基，都可以采用标准贯入试验手段，通过对比地基处理前后地基土的试验指标，对地基处理效果(质量)及其影响范围作出评定。下面给出两个实例加以说明。

1. 强夯法地基处理效果检测

济南某机场扩建工程拟采用强夯法加固浅层软土地基。与机场跑道和停机坪地基工程性能密切相关的是浅部新近堆积土层，可分为5层，依次为①$_1$ 耕植土层、①$_2$ 层粉土、①$_3$ 层粉质黏土、①$_4$ 层粉土和①$_5$ 层淤泥质粉质黏土。在正式施工前，选择有代表性的区域进行试夯(在不同小区采用不同的强夯工艺)，并通过包括标准贯入试验在内的原位测试手段检验强夯处理效果。

强夯施工结束后，在各试验小区的夯点中心和夯间进行了标准贯入试验，孔深为8.0 m，每隔1.0～1.5 m作一次标贯试验。夯心和夯间的锤击数相差不大，夯心略好于夯间。图5-4给出了相关四个试验小区(A1，A3，B1和B4)强夯前后的标准贯入锤击数。

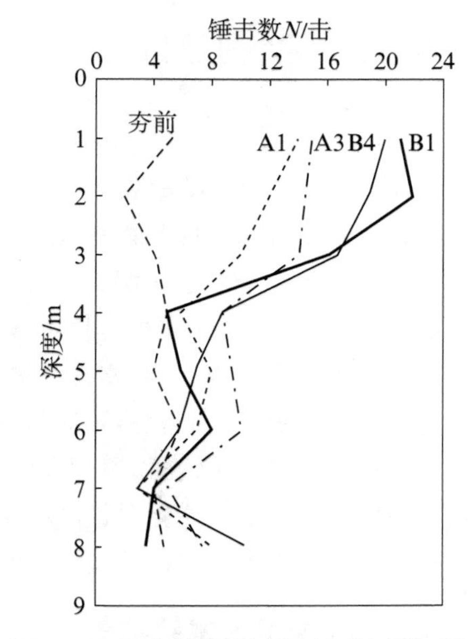

图5-4　强夯前后的标准贯入锤击数对比

从标准贯入试验测试结果进行分析，在1.0～6.0 m深度范围内，强夯处理后，各试验小区内标准贯入锤击数均有明显提高，强夯加固效果明显，在1.0～3.5 m范围内效果尤其显著，但在6.0 m以下，地基土的改善效果不明显。

2. 水泥土搅拌桩施工质量检测

某省高速公路水泥土深层搅拌桩检测工作实施细则明确规定，采用桩身现场取芯鉴别、标准贯入试验和芯样室内无侧限抗压试验三种手段对水泥土搅拌桩施工质量进行检验。根据试验结果，按表5-15和表5-16分别计算桩身上部和下部的各项试验各试验段的分数，然后按标准贯入锤击数70%，无侧限抗压强度15%，硬度或状态描述15%，计算出该层分数，再用层厚加权，得出该桩上下部分综合得分；当某层缺抗压强度的检测数据时，则不计该检测项目，按标准贯入锤击数占 80%,硬度或状态描述占 20%计算该层分数。

每根桩的最终得分按照桩身上、下部分得分各占 50%计算。

表 5－15　上部(桩身 5 m 以上)

土名	硬度或状态		标准贯入试验		无侧限抗压强度	
	硬度	记分	击数	记分	强度/MPa	记分
桩体土	坚硬-稍硬	100	>20	100	>0.45	100
	硬塑	75	10	75	0.15～0.45	75
	可塑-软塑	25～50	5	50	0.05～0.15	50
	流塑	0	<5	0	<0.05	0

表 5－16　下部(桩身 5 m 以下)

土名	硬度或状态		标准贯入试验		无侧限抗压强度	
	硬度	记分	击数	记分	强度/MPa	记分
桩体土	坚硬-稍硬	100	>15	100	>0.45	100
	硬塑	75	9	75	0.15～0.45	75
	可塑-软塑	20～50	4	55	0.03～0.15	50
	流塑	0	<4	0	<0.03	0

5.6 工程实例分析

5.6.1 工程概况

某拟建 1.2 万 kW 的热电厂,主要建(构)筑物为主厂房、冷却塔和烟囱等。通过详细工程勘察得知场区地层自上而下为:

(1) 粉土:浅黄色,稍湿～湿,$w=28.7\%$,$I_P=5.5$,夹有 0.5～1.0 m 厚的粉砂透镜体,该层层厚 2.2～3.0 m,平均厚度为 2.5 m。

(2) 细砂:褐黄色,湿,稍密～中密状,$e=0.85$,层厚 3.5～5.2 m,平均厚度为 4.5 m。

(3) 粉质黏土:黄褐色,可塑状,$I_P=12.5$,$I_L=0.65$,该层在 20 m 勘探深度内未揭穿。

原设计方案采用钢筋混凝土预制桩或筏板基础,鉴于预制桩不易穿越厚砂层,且筏板基础又不能解决粉细砂液化问题,最后改用施工速度快且经济的强夯法进行地基处理与加固。采用现场标准贯入试验检验强夯法处理具有液化性的粉细砂地基效果。

5.6.2 标准贯入试验结果

在主要建构筑物区域如主厂房、冷却塔和烟囱各布置 2 个标准贯入试验孔,考虑该场区 7 m 深范围内都是液化性地基土,标准贯入孔深取 7 m,标准贯入频率为 1 次/m。采用上述方法进行现场标准贯入试验,其试验结果见表 5－17。

表 5-17　　标准贯入试验实测结果表

深度/m	主厂房区锤击数 N/击	冷却塔区锤击数 N/击	烟囱区锤击数 N/击
0.5	14.5	15	15.5
1.5	15	16.5	16
2.5	17	16	20
3.5	23	22	21
4.5	22.5	21	22
5.5	23	22	22
6.5	22	20	21

5.6.3　标准贯入试验成果应用

1. 确定地基承载力

结合场地勘察资料和标准贯入试验结果图可知主厂房和冷却塔区 2.5 m 深范围内皆为粉土，而烟囱区 2.5 m 处为粉砂透镜体。采用数理统计方法得到场地地基土层标准贯入值，查承载力表得场区地基土承载力值见表 5-18。

表 5-18　　场地地基土承载力表

地基土层	粉土	粉砂透镜体	细砂
标准贯入锤击数/击	15.5	20	21.5
地基土承载力/kPa	182	203	210

2. 判别液化性

室内颗分试验结果得到粉土层黏粒含量为 4.5%，粉砂和细砂层黏粒含量均小于 3%，根据式 5-19 规定，取值 3%。本场区抗震设防烈度为 8 度，由本场区地理位置查《建筑抗震设计规范》(GB 50011—2010)附录 A，可得本场区设计基本地震加速度值为 0.20 g，设计地震分组为第一组，因此由表 5-10 可得，液化判别标准贯入锤击数基准值 $N_0=12$，调整系数 $\beta_M=0.8$。现场观测地下水位埋深 1.5 m，考虑本区域地下水位波动 1 m，本次计算地下水位取 0.5 m。根据式 5-19 可得液化判别标准贯入锤击数临界值 N_{cr}，列于表 5-19。

表 5-19　　本场区液化判别标准贯入锤击数临界值 N_{cr}

深度 d_s/m	0.5	1.5	2.5	3.5	4.5	5.5	6.5
黏粒含量 ρ_c	4.5%	3.0%	3.0%	3.0%	3.0%	3.0%	3.0%
液化判别标准贯入锤击数临界值 N_{cr}	4.8	9.6	12.4	14.6	16.5	18.0	19.4

从表 5-17 与表 5-19 的对比可知，强夯处理后的地基土标准贯入试验实测击数均大于相应深度的液化判别标准贯入锤击数临界值 N_{cr}，故本场区强夯处理后的地基土在抗震设防烈度 8 度情况下不具有液化性。

复习思考题

1. 什么是标准贯入试验?

2. 运用标准贯入试验成果可以进行哪些工程应用?

3. 在应用标准贯入试验成果时,应注意哪些问题?

4. 在对标准贯入试验结果进行分析时,研究人员都提出了哪些方面的修正? 如何修正? 你认为有必要进行这些修正吗?

5. 表 5-20 是某饱和黏性土地基的标准贯入试验资料,根据此资料绘出 c_u-h 关系曲线,并计算该土层的超固结比 OCR。

表 5-20　　黏性土地基的标准贯入试验资料

深度 h/m	4.5	6.0	7.5	9.0	10.5
标准贯入锤击数 N/击	3	4	5	3	6
有效应力 σ_0'/kPa	50	60.6	71.2	81.8	92.4

第 6 章　十字板剪切试验

6.1　概述

十字板剪切试验(Vane Shear Test,简称 VST)是一种通过对插入地基土中的规定形状和尺寸的十字板头施加扭矩,使十字板头在土体中等速扭转形成圆柱状破坏面,经过换算评定地基土不排水抗剪强度的现场试验。十字板剪切试验是 1928 年在瑞士由 Olsson 首先提出的,我国于 1954 年开始使用,目前已成为一种地基土评价中普遍使用的原位测试方法。十字板剪切试验适用于原位测定饱和软黏性土的抗剪强度,所测得的抗剪强度值,相当于试验深度处天然土层,在原位压力下固结的不排水抗剪强度。由于十字板剪切试验不需要采取土样,避免了土样扰动及天然应力状态的改变,是一种有效的现场测定土的不排水强度的试验方法。

十字板剪切试验根据十字板仪的不同可分为机械式十字板剪切试验和电测式十字板剪切试验;根据贯入方式的不同又可分为预钻孔十字板剪切试验和自钻式十字板剪切试验(Self-Boring Vane Shear Test,简称 SBVST)。从技术发展和使用方便的角度,自钻式电测十字板仪具有明显的优势。

十字板剪切试验可用于以下目的:

(1) 测定原位应力条件下饱和软黏性土的不排水抗剪强度;

(2) 评定饱和软黏性土的灵敏度;

(3) 计算地基的承载力;

(4) 判断软黏性土的固结历史。

十字板剪切试验在我国沿海软土地区被广泛使用。它可在现场基本保持原位应力条件下进行扭剪。适用于灵敏度 $S_t \leqslant 10$、固结系数 $c_v \leqslant 100\ m^2/a$ 的均质饱和软黏性土。对于不均匀土层,特别是夹有薄层粉细砂或粉土的软黏性土,十字板剪切试验会有较大的误差,使用时必须谨慎。本章将以预钻式十字板剪切试验为主加以论述。

6.2　试验原理与仪器设备

6.2.1　十字板剪切试验的原理

十字板剪切试验的原理,即在某深度的饱和软黏性土中钻孔并插入规定形状和尺寸的十字板头,施加扭转力矩,将土体剪切破坏,测定土体抵抗扭损的最大力矩,通过换算得到土体不排水抗剪强度 c_u 值(假定 $\varphi \approx 0$)。十字板头旋转过程中假设在土体产生一个高度为 H(十字板头的高度)、直径为 D(十字板头的直径)的圆柱状剪损面,并假定该剪损面的侧面和上、下底面上每一点土的抗剪强度都相等。在剪损过程中土体产生的最大抵抗力矩 M 由圆柱侧表面的抵抗力矩 M_1 和圆柱上、下底面的抵抗力矩 M_2 两部份组成，即 $M=M_1+M_2$。其中

$$M_1 = c_u \cdot \pi DH \cdot \frac{D}{2}$$

$$M_2 = 2c_u \cdot \frac{1}{4}\pi D^2 \cdot \frac{2}{3} \cdot \frac{D}{2} = \frac{1}{6}c_u \pi D^3$$

则有

$$M = c_u \cdot \pi DH \cdot \frac{D}{2} + \frac{1}{6}c_u \pi D^3 = \frac{1}{2}c_u D^2\left(\frac{D}{3}+H\right)$$

$$c_u = \frac{2M}{\pi D^2\left(\frac{D}{3}+H\right)} \tag{6-1}$$

式中 c_u——十字板抗剪强度；

D——十字板头直径；

H——十字板头高度。

对于普通十字板仪，式(6-1)中的 M 值应等于试验测得的总力矩减去轴杆与土体间的摩擦力矩和仪器机械摩阻力矩，即

$$M = (p_f - f)R \tag{6-2}$$

式中 p_f——剪损土体的总作用力；

f——轴杆与土体间的摩擦力和仪器机械阻力，在试验时通过使十字板仪与轴杆脱离进行测定；

R——施力转盘半径。

将式(6-2)代入式(6-1)得

$$c_u = \frac{2R}{\pi D^2\left(\frac{D}{3}+H\right)}(p_f - f) \tag{6-3}$$

上式右端第一个因子，对一定规格(D，H 均为十字板几何尺寸)的十字板剪力仪，称为十字板常数 k，即

$$k = \frac{2R}{\pi D^2\left(\frac{D}{3}+H\right)} \tag{6-4}$$

则有

$$c_u = k(p_f - f) \tag{6-5}$$

式(6-5)即为十字板剪切试验换算土的抗剪强度的计算公式。

对于电测十字板仪，由于在十字板头和轴杆之间的扭力柱上贴有电阻应变片，扭力柱测

定的只是作用在十字板头上的扭力，因此在计算土的抗剪强度时，不必进行轴杆与土体间的摩擦力和仪器机械摩阻力修正，土的不排水抗剪强度可直接按式(6-1)进行计算。

6.2.2　十字板剪切试验的仪器设备

十字板剪切试验所需仪器设备包括十字板头、试验用探杆、贯入主机和测力与记录等试验仪器。目前使用的十字板剪切仪主要有两种：机械式十字板剪切仪和电测式十字板剪切仪。机械式十字板剪切试验需要用钻机或其他成孔机械预先成孔，然后将十字板头压入至孔底以下一定深度进行试验；电测式十字板剪切试验可采用静力触探贯入主机将十字板头压入指定深度进行试验。

1. 十字板头

常用的十字板为矩形，高径比 H/D 为 2，见图 6-1。国外推荐使用的十字板尺寸与国内常用的十字板尺寸不同，见表 6-1。

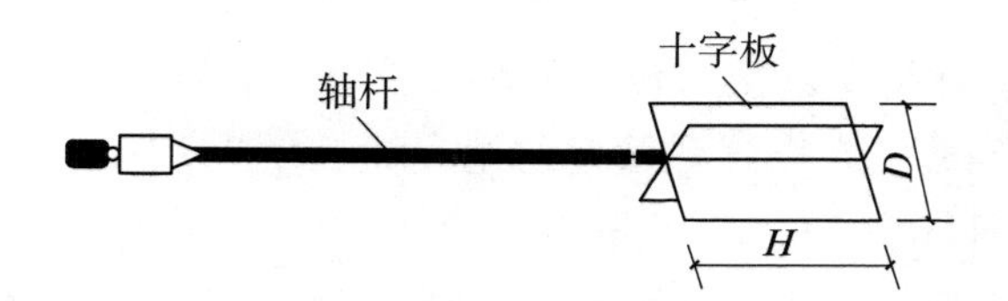

图 6-1　十字板头

表 6-1　　国内外常用的十字板尺寸　　单位：mm

十字板尺寸	H	D	板厚 t
国外	125±25	62.5±12.5	2
国内	100	50	2～3
	150	75	2～3

对于不同的土类应选用不同尺寸的十字板头，一般在软黏性土中，选择 75 mm×150 mm 的十字板仪较为合适，在稍硬土中可用 50 mm×100 mm 的十字板仪。

2. 轴杆

一般使用的轴杆直径为 20 mm，见图 6-1。对于机械式十字板仪，按轴杆与十字板头的连接方式，国内广泛使用离合式，也有采用牙嵌式的。

离合式连接方式是利用一离合器装置，使轴杆与十字板头能够离合，以便分别作十字板总剪力试验和轴杆摩擦校正试验。

套筒式轴杆是在轴杆外套上一个带有弹子盘的可以自由转动的钢管，使轴杆不与土接触，从而避免了两者的摩擦力。套筒下端 10 cm 与轴杆间的间隙内涂以黄油，上端间隙灌以机油，以防泥浆进入。

3. 测力装置

对于机械式十字板，一般用开口钢环测力装置，而电测式十字板则采用电阻应变式测力装置，并配备相应的读数仪器。

开口钢环测力装置(图 6-2)是通过钢环的拉伸变形来反映施加扭力的大小。这种装置使用方便,但转动时有摇晃现象,影响测力的精确度。

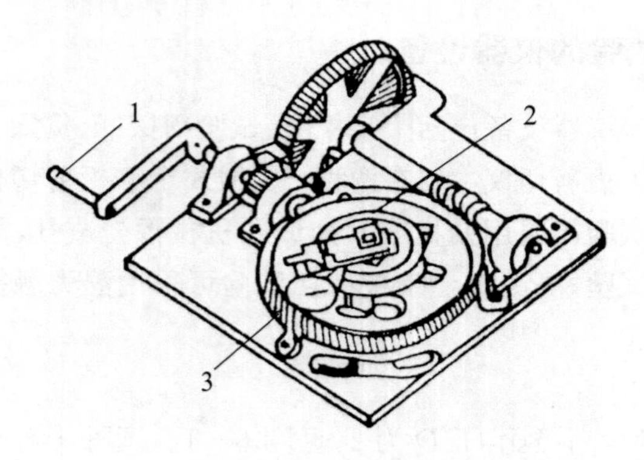

1—摇把;2—开口钢环;3—百分表

图 6-2　开口钢环测力装置

电阻应变式测力装置是通过扭力传感器将十字板头与轴杆相连接(图 6-3)。在高强弹簧钢的扭力柱上贴有两组正交的、并与轴杆中心线成 45°的电阻应变片,组成全桥接法。扭力柱的上下两端分别与十字板头和轴杆相连接。

扭力柱的外套筒主要用以保护传感器,它的上端丝扣与扭力柱接头用环氧树脂固定,下端呈自由状态,并用润滑防水剂保持它与扭力柱的良好接触。这样,应用这种装置就可以通过电阻应变传感器直接测读十字板头所受的扭力,而不受轴杆摩擦、钻杆弯曲及坍孔等因素的影响,提高了测试精度。

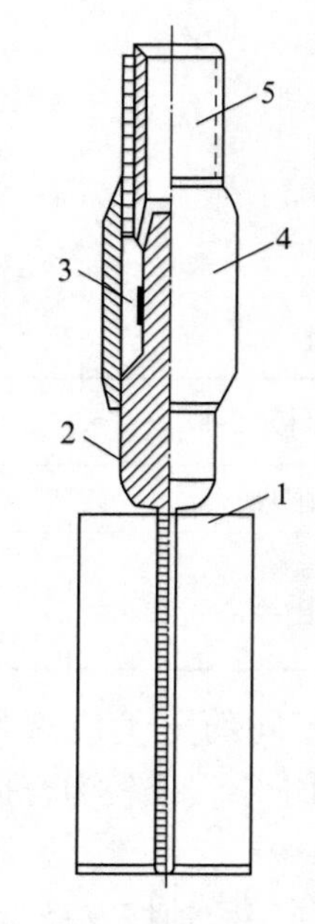

1—十字板头;2—扭力柱;3—应变片;4—护套;5—钻杆

图 6-3　电测十字板测力装置

6.3　试验技术要求与方法及其特点

如前所述,十字板剪切仪分机械式十字板剪切仪和电测式十字板剪切仪,本节以机械式十字板剪切试验为主进行论述,同时兼顾电测式十字板剪切试验的特点。

6.3.1　十字板剪切试验的技术要求

十字板剪切试验应满足以下主要技术要求:

(1) 钻孔十字板剪切试验时,十字板头插入孔底以下的深度不应小于 3～5 倍钻孔直径,以保证十字板能在未扰动土中进行剪切试验。

(2) 十字板头插入土中试验深度后,应至少静止 2～3 min,方可开始剪切试验。

(3) 扭剪速率也应很好控制。剪切速率过慢,由于排水导致强度增长;剪切速率过快,对饱和软黏性土由于黏滞效应也使强度增长。扭剪速率宜采用(1°～2°)/10 s,以此作为统一的标准速率,以便能在不排水条件下进行剪切试验。测记每扭转1°的扭矩,当扭矩出现峰值或稳定值后,要继续测读1 min,以便确认峰值或稳定扭矩。

(4) 在峰值强度或稳定值测试完毕后,如需要测试扰动土的不排水强度,或计算土的灵敏度,则需用管钳夹紧试验探杆,顺时针方向连续转动6圈,使十字板头周围土体充分扰动,然后测定重塑土的不排水强度。

(5) 对于机械式十字板剪切仪,应进行轴杆与土之间摩擦阻力影响的修正,对于电测式十字板剪切仪,不需进行此项修正。

6.3.2 十字板剪切试验方法

在试验之前,应对机械式十字板仪的开口钢环测力计或电测式十字板仪的扭力传感器进行标定。而试验点位置的确定应根据场地内地基土层钻探或静力触探试验结果,并依据工程要求进行。

用机械式十字板剪切仪现场测定软黏性土的不排水抗剪强度和残余强度等的基本方法和要求如下:

(1) 先钻探开孔,下直径为127 mm套管至预定试验深度以上75 cm,再用提土器逐段清空至套管底部以上15 cm处,并在套管内灌水,以防止软土在孔底涌起及尽可能保持试验土层的天然结构和应力状态。

关于下套管问题,已有一些勘察单位只在孔口下一套3～5 m的长套管,只要保持满水,可同样达到维护孔壁稳定的效果,这样则可大大节省试验程序。

(2) 将十字板头、离合器、导轮、试验钻杆等逐节拧紧接好,下入孔内至十字板与孔底接触。各杆件要直,各接头必须拧紧,以减少不必要的扭力损耗。

(3) 接导杆,安装底座,并使其固定在套管上。然后将十字板徐徐压入土中至预定试验深度,并应静止2～3 min。

(4) 用摇把套在导杆上向右转动,使十字板离合齿啮合。

(5) 安装传动部件,转动底盘使固定套锁定在底座上,再微动手柄使特制键落入键槽内;将角位移指针对准刻度盘的零位,装上量表并调至零位。

(6) 按顺时针徐徐转动扭力装置上的旋转手柄,转速约为1°/10 s。十字板头每转1°测记钢环变形读数一次,直至读数不再增大或开始减小时,即表示土体已被剪损,此时施于钢环的作用力(以钢环变形值乘以钢环变形系数算得),就是原状土剪损的总作用力p_f值。

(7) 拔下连接导杆与测力装置的特制键,套上摇把,连续转动导杆、轴杆和十字板头6转,使土完全扰动,再按步骤(4)以同样剪切速度进行试验,可得重塑土的总作用力p'_f值。

(8) 拔下控制轴杆与十字板头连接的特制键,将十字板轴杆向上提3～5 cm,使连结轴杆与十字板头的离合器处于离开状态,然后仍按步骤(4)可测得轴杆与土间的摩擦力和仪器机械阻力值f。

则试验深度处原状土十字板抗剪强度为

$$c_u = k(p_f - f) \tag{6-6}$$

重塑土十字板抗剪强度(或称残余强度)为

$$c'_u = k(p'_f - f) \tag{6-7}$$

土的灵敏度 S_t 为

$$S_t = c_u / c'_u \tag{6-8}$$

(9) 完成上述基本试验步骤后,拔出十字板,继续钻进,进行下一深度的试验。

对于电测式十字板剪切仪,可以采用静力触探的贯入机具将十字板头压入到试验深度,则不存在下套管和钻孔护壁问题。电测式十字板剪切仪在进行重塑土剪切试验时也存在问题,按上述的试验技术要求,在原状土峰值强度测试完毕后,应连续转动 6 圈,使十字板头周围土体充分扰动。但由于电测法中电缆的存在,当探杆、扭力柱与十字板头一起连续转动时,电缆的缠绕,甚至接头处被扭断,使该项技术要求难以很好地执行。

试验点间距的选择,可根据工程需要及土层情况来确定,一般每隔 0.5～1 m 测定一次。在极软的土层中,也可不必拔出十字板,而连续压入十字板至不同的深度进行试验。

6.3.3 十字板剪切试验的适用条件及其特点

十字板剪切试验只适用于测定饱和软黏性土的抗剪强度,对于具有薄层粉砂,粉土夹层的软黏性土,测定结果往往偏大,而且成果比较分散;它对于含有砂层、砾石、贝壳、树根及其他未分解有机质的土层是不适用的。故在进行十字板剪力试验前,应先进行勘探,摸清土层分布情况。

对于正常固结的饱和软黏性土,十字板剪切试验能反映出软黏性土的天然强度随深度而增大的规律。但室内试验指标成果比较分散,难以反映强度随深度而增大的变化规律。

现场十字板剪切试验强度比室内试验(无侧限抗压强度 q_u 之半、三轴不排水剪力试验、室内十字板剪力试验等)测值大。故在应用十字板剪切试验成果时,尚须考虑下列影响因素:

(1) 相关研究认为,十字板剪切破坏面实为带状(或至少不是理想的圆柱状),则实际剪切破坏面较计算者大,因此使计算的 c_u 值偏大,特别在稍硬的黏性土中偏大更多。

(2) 十字板抗剪强度 c_u 主要由破坏面上的有效应力控制。十字板剪切试验虽被认为是不排水剪,实际上在规定的 1°/10 s 转度剪切速率下,仍存在着排水的可能性,导致十字板剪切试验所得的“不排水抗剪强度”偏大。对于具有不同渗透特性的地基土,采用不同的剪切速率更合理一些。

6.4 试验资料整理与应用

6.4.1 十字板剪切试验资料的整理

十字板剪切试验资料的整理应包括以下内容:

(1) 计算各试验点原状土的不排水抗剪强度、重塑土抗剪强度和土的灵敏度；

(2) 绘制各个单孔十字板剪切试验土的不排水抗剪强度、重塑土抗剪强度和土的灵敏度随深度的变化曲线，根据需要可绘制各试验点土的抗剪强度与扭转角的关系曲线；

(3) 可根据需要，依据地区经验和土层条件，对实测土的不排水抗剪强度进行必要的修正。

一般饱和软黏性土的十字板抗剪强度存在随深度增长的规律，对于同一土层，可以采用统计分析的方法对试验数据进行统计，在统计中应剔除个别异常数据。

6.4.2　十字板剪切试验成果分析

1. 地基土不排水抗剪强度

由于不同的试验方法(如剪切速率、十字板头贯入方式等)测得的十字板抗剪强度有差异，因此在把十字板抗剪强度用于实际工程时需要根据试验条件对试验结果进行适当的修正。如我国《铁路工程地质原位测试规程》(TB 10018—2003)建议，将现场实测土的十字板抗剪用于工程设计时，当缺乏地区经验时可按式(6-9)进行修正：

$$c_{u(\text{使用值})} = \mu c_u \tag{6-9}$$

式中，μ 为修正系数，当 $I_p \leqslant 20$ 时，取 1；当 $20 \leqslant I_p \leqslant 40$ 时，取 0.9；I_p 为塑性指数。

比耶鲁姆(Bjerrum)1973 年就发现土的十字板抗剪强度受土的稠度影响，提出式(6-9)中修正系数 μ 可依据图 6-4 取值。

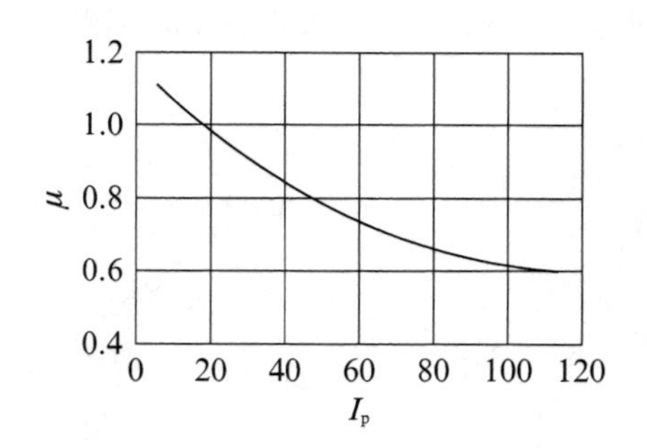

图 6-4　十字板抗剪强度的修正系数 μ

约翰逊(Johnson)等 1988 年根据墨西哥海湾的深水软土十字板剪切试验的经验，式(6-9)中修正系数 μ 可用式(6-10)和式(6-11)确定。

当 $20 \leqslant I_p \leqslant 80$ 时，

$$\mu = 1.29 - 0.026 I_p + 0.000\,15 I_p^2 \tag{6-10}$$

当 $0.2 \leqslant I_L \leqslant 1.3$ 时，

$$\mu = 10^{-(0.077+0.098 I_L)} \tag{6-11}$$

式中　I_p——塑性指数；

I_L——液性指数。

由于剪切速率对不排水抗剪强度有很大影响，假如现场十字板剪切试验的剪切破坏时间 t_f 以 1 min 为准，当考虑剪切速率和土的各向异性时，有学者建议采用式(6－12)的修正。

$$c_{u(使用值)} = \mu_A \mu_R c_u \tag{6-12}$$

式中 $c_{u(使用值)}$——土的不排水抗剪强度工程取值；

c_u——现场十字板剪切试验测定土的不排水抗剪强度；

μ_A——与土的各向异性有关的修正系数，介于 1.05～1.10，随 I_p 的增大而减小；

μ_R——与剪切破坏时间有关的修正系数，计算式为

$$\mu_R = 1.05 - b(I_p)^{0.5}, \quad I_p > 5\% \tag{6-13}$$

$$b = 0.015 + 0.00751\log t_f \tag{6-14}$$

2. 估算土的液性指数 I_L

约翰逊(Johnson)1988 年对大量试验结果进行了统计，得到式(6－15)，可作为参考。

$$\frac{c_u}{\sigma'_v} = 0.171 + 0.235 I_L \tag{6-15}$$

式中 c_u——原状土的十字板抗剪强度；

σ'_v——土中竖向有效应力；

I_L——液性指数。

3. 评价地基土的应力历史

利用十字板不排水抗剪强度与深度的关系曲线，可判断土的固结应力历史如图 6－5 所示。

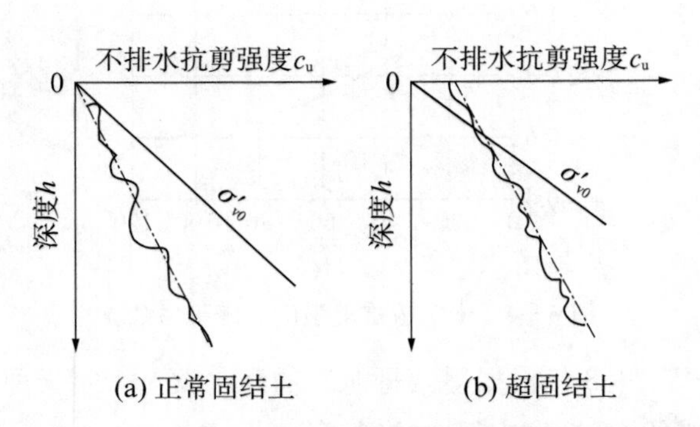

图 6－5 土的十字板不排水抗剪强度随深度的变化

梅恩和米契尔(Mayne & Mitchell)1988 年通过大量试验数据得到黏土前期固结压力 σ'_c 与十字板抗剪强度关系式：

$$\sigma'_c = 7.04(c_u)^{0.83} \tag{6-16}$$

对于不同固结程度的地基土，也可利用式 6－17 计算土的超固结比 OCR。

$$(c_u/\sigma'_v) = 0.25(OCR)^{0.95} \tag{6-17}$$

或

$$(OCR) = 4.3(c_u/\sigma'_v)^{1.05} \tag{6-18}$$

我国《铁路工程地质原位测试规程》(TB 10018—2003)建议的方法与此类似。土的应力历史可由图6-6的c_u-d关系曲线按下列方法判定：

(1) 土的固结状态可根据图6-6中回归直线交于d轴的截距Δd的正、负加以区分。$\Delta d>0$，为欠固结土；$\Delta d=0$，为正常固结土；$\Delta d<0$，为超固结土。

(2) 土的超固结比采用梅恩(Mayne)1988年提出的经验关系式进行估算：

$$OCR=22c_u(I_p)^m/\sigma'_{nc} \tag{6-19}$$

式中 m——与地区土质特性有关的经验系数，可取-0.48；

σ'_{nc}——正常固结土的有效自重应力；

c_u——土的现场测定的十字板不排水抗剪强度。

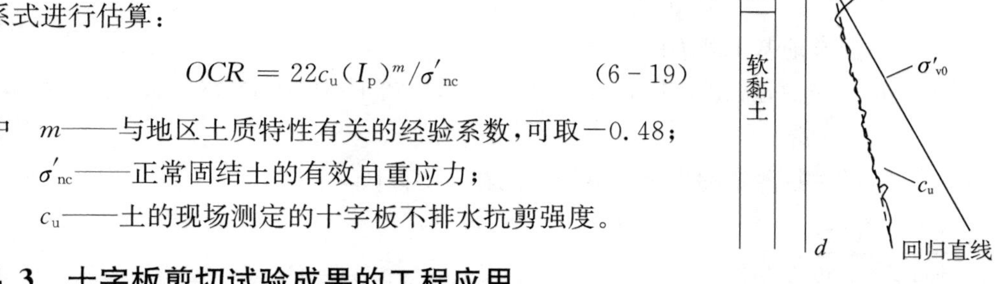

图6-6 c_u,$\sigma'_{v0}-d$关系曲线

6.4.3 十字板剪切试验成果的工程应用

1. 评定软土地基承载力($\varphi=0$)

根据中国建筑科学研究院和华东电力设计院积累的经验，可按式(6-20)评定地基土的承载力。

$$f_k=2c_{u(使用值)}+\gamma h \tag{6-20}$$

式中 f_k——地基承载力标准值；

γ——土的重度；

h——基础埋置深度；

$c_{u(使用值)}$——土的不排水抗剪强度。

2. 确定地基土强度的变化

在快速堆载条件下，由于土中孔隙水压力升高，软弱地基的强度会降低，但是经过一定时间的排水，强度又会恢复，并且将随土的固结而逐渐增长。若采用十字板剪力仪测定地基强度的这种变化情况，可以很方便地为控制施工加荷速率提供依据。

3. 确定软土路基临界高度

在软土地区公路选线中，路基临界高度的确定对线路设计及方案比选非常重要，用十字板测得的不排水抗剪强度估算路基的临界高度是一种比较有效的方法。

对均质厚层软土路基的临界高度用式(6-21)估算：

$$H_c=kc_u \tag{6-21}$$

式中 H_c——临界高度，m；

k——系数，m^3/kN，一般取0.3；

c_u——土的现场测定的十字板不排水抗剪强度，kPa。

4. 地基处理效果检验

在对软土地基进行预压加固(或配以砂井排水)处理时，可用十字板剪切试验探测加固过程中强度变化,用于控制施工速率和检验加固效果。此时应在 3～10 min 之内将土剪损,单项工程十字板剪切试验孔不少于 2 个,竖直方向上试验点间距为 1.0～1.5 m,软弱薄夹层应有试验点,每层土的试验点不少于 3～5 个。

另外,对于振冲加固饱和软黏性土的小型工程,可用桩间十字板抗剪强度来计算复合地基承载力的标准值。

$$f_{ps,k} = 3[1 + m_c(n_c - 1)]c_u \tag{6-22}$$

式中 $f_{ps,k}$——复合地基承载力的标准值,kPa;

n_c——桩土应力比,无实测资料时可取 2～4,原状土强度高时取低值,反之取高值;

m_c——面积置换率;

c_u——土的现场测定的十字板不排水抗剪强度,kPa。

6.5 工程实例分析

6.5.1 工程概况

上海某拟建工业场区属于软弱地基土,上部地基土为 2 m 厚的粉质黏土,其下为 8 m 厚的淤泥质粉质黏土。由于地基土不满足场区承载力和变形的要求,采用了排水固结加吹填砂联合方法进行了地基处理和加固。为了判定加固效果,确定地基处理的有效加固深度,以及采用不排水抗剪强度计算地基承载力,本场地进行了加固前后的十字板剪切对比试验。

6.5.2 十字板剪切试验方法简介

为确保试验结果准确地反映场地特性,分别在地基土处理前、地基处理后以及地基处理吹砂后三个时间段选取 5 个代表性测试点进行现场十字板剪切试验,单孔测试深度为 7 m,每孔测试频率为 1 m/次。试验仪器是机械式十字板剪切仪,50 mm×100 mm 十字板电测探头,其十字板头通过扭力传感器与触探杆相连,利用涡轮旋转插入土中,通过开口钢环测出土的抵抗力矩,从而计算出土的抗剪强度。加载设备为分离式油压千斤顶和超高压油泵,加荷量值的量测控制由经严格系统标定的测力系统来实现。其技术要求如下:

(1) 试验前仪器必须经过专业机构标定;

(2) 十字板插入到试验深度后,应静止 2～3 min 方可开始做试验;

(3) 剪切试验扭转剪切速率以(1°～2°)/10 s 为宜,每转 1°记量表读数一次,读至峰值或稳定值后再继续测读 1 min;

(4) 对重塑土,应在峰值或者稳定值出现后,顺剪切扭转方向连续转动 6 圈后测定重塑土不排水抗剪强度 c'_u;

(5) 十字板剪切试验抗剪强度的量测精度应达到 1～2 kPa。

6.5.3 十字板剪切试验成果分析

分别将地基处理前、地基处理后、地基处理吹砂后各点不排水抗剪强度进行平均得各深度测点值，绘制不排水抗剪强度随深度变化曲线，见图 6－7。

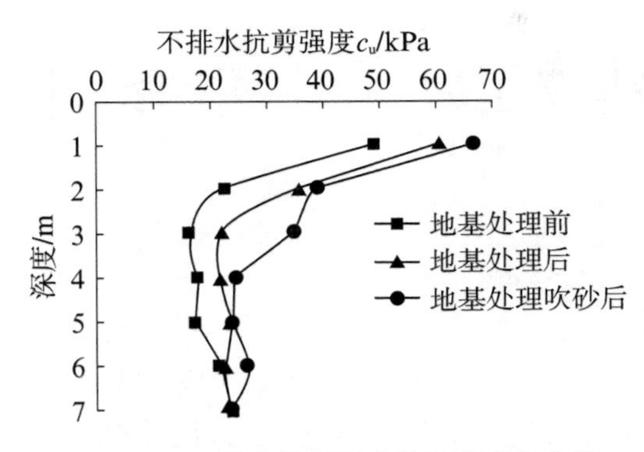

图 6－7　不排水抗剪强度随深度变化曲线

从图 6－7 可知，本场地经过地基处理以后，6 m 以上不排水抗剪强度较地基处理前均有增长，判定本场地地基处理有效深度可达到 6 m。采用式(6－20)计算得表层 3 m 范围内地基土经地基处理后，承载力设计值增长明显，可达到设计要求的 120 kPa。

复习思考题

1. 什么是十字板剪切试验？说明其适用条件。
2. 通过十字板剪切试验，如何得到饱和土的灵敏度指标？
3. 举例说明十字板剪切试验的工程应用。
4. 浅谈十字板剪切试验成果的影响因素。

第7章 旁压试验

7.1 概述

旁压试验(Pressuremeter Test,简称PMT)是在1933年由德国工程师寇克娄(Kogler)发明的,它是利用旁压器对钻孔壁施加横向均匀应力,使孔壁土体发生径向变形直至破坏,利用量测仪器量测压力与径向变形的关系推求地基土力学参数的一种原位测试方法,亦称横压试验。

旁压试验按将旁压器放置在土层中的方式分为预钻式旁压试验、自钻式旁压试验和压入式旁压试验。预钻式旁压试验是事先在土层中预钻一竖直钻孔,再将旁压器放到孔内试验深度(标高)处进行试验。预钻式旁压试验的结果很大程度上取决于成孔的质量,常用于成孔性能较好的地层。自钻式旁压试验(Self-Boring Pressuremeter Test,简称SBPMT)是在旁压器的下端装置切削钻头和环形刃具,在以静力压入土中的同时,用钻头将进入刃具的土切碎,并用循环泥浆将碎土带到地面。钻到预定试验深度后,停止钻进,进行旁压试验的各项操作。压入式旁压试验又分为圆锥压入式和圆筒压入式两种,都是用静力将旁压器压入指定的试验深度进行试验。压入式旁压试验在压入过程中对周围有挤土效应,对试验结果有一定的影响。目前,国际上出现一种将旁压腔与静力触探探头组合在一起的仪器,在静力触探试验的过程中可随时停止贯入进行旁压试验,从旁压试验贯入方式的角度,这应属于压入式旁压、试验。

通过对旁压试验成果,并结合地区经验,可用于以下岩土工程目的:

(1) 测求地基土的临塑荷载和极限荷载强度,从而估算地基土的承载力;

(2) 测求地基土的变形模量,从而估算沉降量;

(3) 估算桩基承载力;

(4) 计算土的侧向基床系数;

(5) 根据自钻式旁压试验的旁压曲线推求地基土的原位水平应力、静止侧压力系数。

旁压试验在最近的几十年来在国内外岩土工程实践中得到迅速发展并逐渐成熟,其试验方法简单、灵活、准确。适用于黏性土、粉土、砂土、碎石土、残积土、极软岩和软岩等地层的测试。

7.2 试验的基本原理

旁压试验原理是通过向圆柱形旁压器内分级充气加压,在竖直的孔内使旁压膜侧向膨胀,并由该膜(或护套)将压力传递给周围土体,使土体产生变形直至破坏,从而得到压力与扩张体积(或径向位移)之间的关系。根据这种关系对地基土的承载力(强度)、变形性质等进行评价。

旁压试验可理想化为圆柱孔穴扩张课题,属于轴对称平面应变问题。典型的旁压曲线(压力 p-体积变化量 V 曲线或压力 p-用测管水位下降值 S 曲线)如图 7-1 所示,可划分为三段:

Ⅰ段(曲线 AB):初始阶段,反映孔壁受扰动后土的压缩与恢复。

Ⅱ段(直线 BC):似弹性阶段,此阶段内压力与体积变化量(测管水位下降值)大致成直线关系。

Ⅲ段(曲线 CD):塑性阶段,随着压力的增大,体积变化量(测管水位下降值)逐渐增加,最后急剧增大,直至达到破坏。

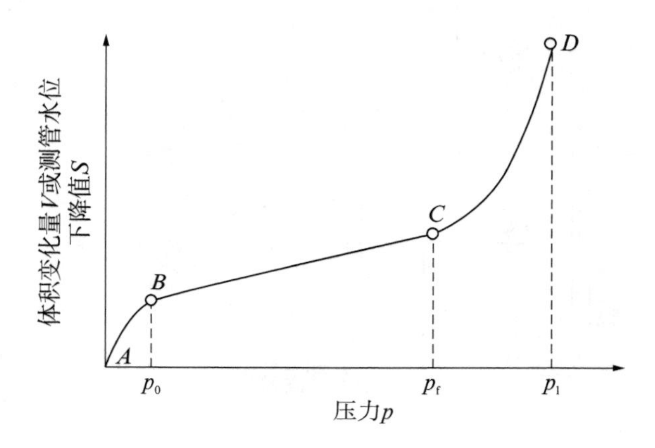

图 7-1 典型的旁压曲线

旁压曲线Ⅰ段与Ⅱ段之间的界限压力相当于初始水平压力 p_0,Ⅱ段与Ⅲ段之间的界限压力相当于临塑压力 p_f,Ⅲ段末尾渐近线的压力为极限压力 p_l。

进行旁压试验测试时,由加压装置通过增压缸的面积变换,将较低的气压转换为较高压力的水压,并通过高压导管传至试验深度处的旁压器,使弹性膜侧向膨胀导致钻孔孔壁受压而产生相应的侧向变形。其变形量可由增压缸的活塞位移值 S 确定,压力 p 由与增压缸相连的压力传感器测得。根据所测结果,得到压力 p 和位移值 S(或换算为旁压腔的体积变形量 V)间的关系,即旁压曲线。根据旁压曲线可以得到试验深度处地基土层的初始压力、临塑压力、极限压力,以及旁压模量等有关土力学指标。

7.3 试验的仪器设备

旁压试验所需的仪器设备主要由旁压器、变形测量系统和加压稳压装置等部分组成。目前国内普遍采用的预钻式旁压仪有两种型号:PY 型和 PM 型。现以预钻式 PM 型旁压仪为例介绍试验的主要仪器设备。

1. *旁压器*

旁压器又称旁压仪,是旁压试验的主要部件,整体呈圆柱形,内部为中空的优质铜管,外层为特殊的弹性膜。根据试验土层的情况,旁压器外径上可以方便地安装橡胶保护套或金属保护套(金属铠),以保护弹性膜不直接与土层中的锋利物体接触,延长弹性膜的使用寿命。

旁压器为外套弹性膜的三腔式圆柱形结构,以 PM－1 型旁压器为例,三腔总长 450 mm,中腔为测试腔,长 250 mm,初始体积为 491 mm^3(带有金属护套则为 594 mm^3),上、下腔为保护腔,各长 100 mm,上、下腔之间有铜管相连,但与中腔隔离。PY 型旁压器与 PM 型旁压器结构相似,技术指标略有差异。图 7－2 是 PM－1 型旁压器及其操作控制系统的结构图,PM－1 型旁压器的主要技术指标见表 7－1。

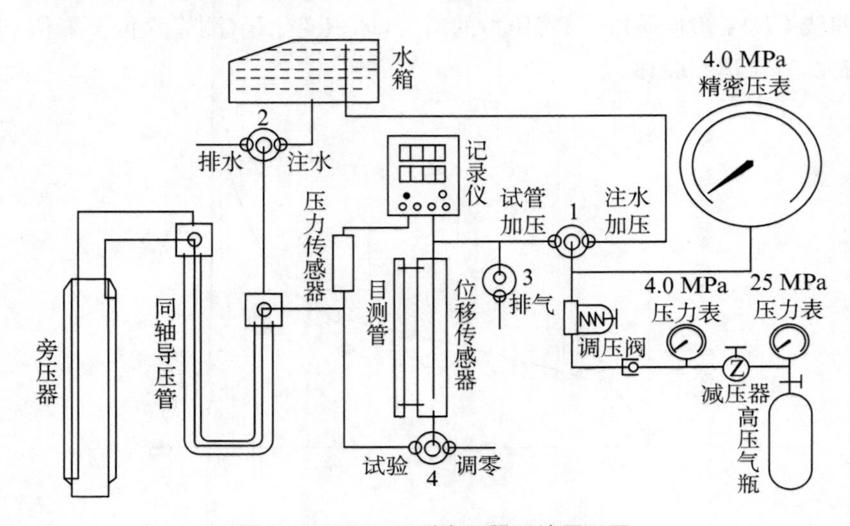

图 7－2　PM－1 型旁压器系统原理图

表 7－1　PM－1 型旁压器主要技术指标

序号	名　称		指标(规格)	
			PM－1A	PM－1B
1	旁压器	标准外径/mm	ϕ50	ϕ90
		带保护套外径/mm	ϕ53	ϕ95
		测量腔有效长度/mm	340	335
		旁压器总长/mm	820	910
		测量腔初始体积 V_c/cm^3	667.3	2 130
		V_c 对应的位移值 S/cm	34.75	35.29
2	精度	压力精度	1%	1%
		旁压器径向位移/mm	<0.05	<0.1
3	其他	测管截面积/cm^2	19.2	60.36
		最大试验压力/MPa	2.5	2.5
		主机外形尺寸/cm	23×36×85	23×36×85
		主机质量/kg	≈25	≈26

2. 变形测量系统

变形测量系统由不锈钢储水筒、目测管、位移和压力传感器、显示记录仪、精密压力表、同轴导压管及阀门等组成。用于向旁压器注水、加压,并测量、记录旁压器在压力作用下的径向位移,即土体的侧向变形。精密压力表和目测管是在自动记录仪有故障时应急使用。

3. 加压稳压装置

加压稳压装置由高压储气瓶、精密调压阀、压力表及管路等组成。用来在试验中向土体分级加压,并在试验规定的时间内自动精确稳定各级压力。

7.4 试验步骤与技术要求

1. 试验前的准备工作

使用前必须熟悉仪器的基本原理、管路图和各阀门的作用,并按下列步骤做好准备工作。

(1) 向水箱注满蒸馏水或干净的冷开水,旋紧水箱盖。注意,试验用水严禁使用不干净水,以防生成沉积物而影响管道的畅通。

(2) 连通管路。用同轴导压管将仪器主机和旁压器细心连接,并用专用扳手旋紧,连接好气源导管。

(3) 注水。打开高压气瓶阀门并调节其上减压器,使其输出压力为 0.15 MPa 左右。将旁压器竖直于地面,通过调节控制面板上的阀门,给旁压器和连接的导管注水。直至水上升至(或稍高于)目测管的“0”位为止。在此过程中,应不断晃动拍打导压管和旁压器,以排出管路中滞留的空气。

(4) 调零。把旁压器垂直提高,使其测试腔的中点与目测管“0”刻度相起平,然后调零,将旁压器放好待用。

(5) 检查传感器和记录仪的连接等是否处于正常工况,并设置好试验时间标准。

2. 仪器校正

试验前,应对仪器进行弹性膜(包括保护套)约束力校正和仪器综合变形校正,具体项目按下列情况确定:

(1) 旁压器首次使用或旁压仪有较长时间不用,两项均须进行校正。

(2) 更换弹性膜(或保护套)须进行弹性膜约束力校正,为提高压力精度,弹性膜经过多次试验后,应进行弹性膜复校试验。

(3) 加长或缩短导压管时,须进行仪器综合变形校正试验。

弹性膜约束力校正方法是:将旁压器竖立地面,按试验加压步骤适当加压(0.05 MPa 左右即可)使其自由膨胀。先加压,当测水管水位降至接近最大值时,退压至零;如此反复 5 次以上,再进行正式校正。其具体操作、观测时间等均按下述正式试验步骤进行。压力增量采用 10 kPa,按 1 min 的相对稳定时间,测记压力及水位下降值,并据此绘制弹性膜约束力校正曲线,如图 7-3 所示。

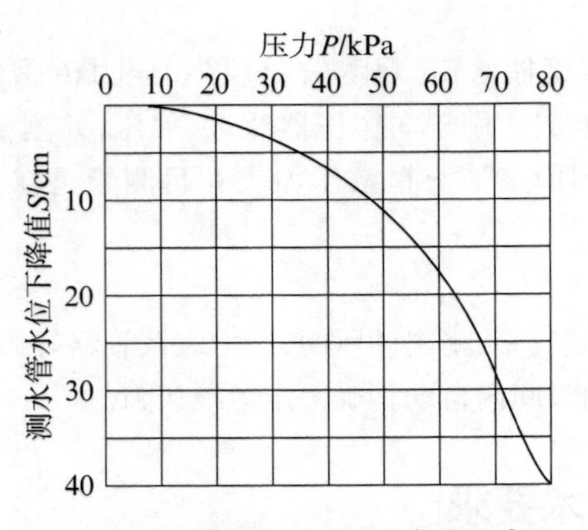

图 7-3　弹性膜约束力校正曲线示意图

仪器综合变形校正方法是：连接好合适长度的导管，注水至要求高度后，将旁压器放入校正筒内，在旁压器受到刚性限制的状态下进行。按试验加压步骤对旁压器加压，压力增量为 100 kPa，逐级加压至 800 kPa 以上后终止校正试验。各级压力下的观测时间等均与正式试验一致。根据所测压力与水位下降值绘制其关系曲线，曲线应为一斜线，如图 7-4 所示。其直线对横轴的斜率 $\Delta S/\Delta p$ 即为仪器综合变形校正系数 α。

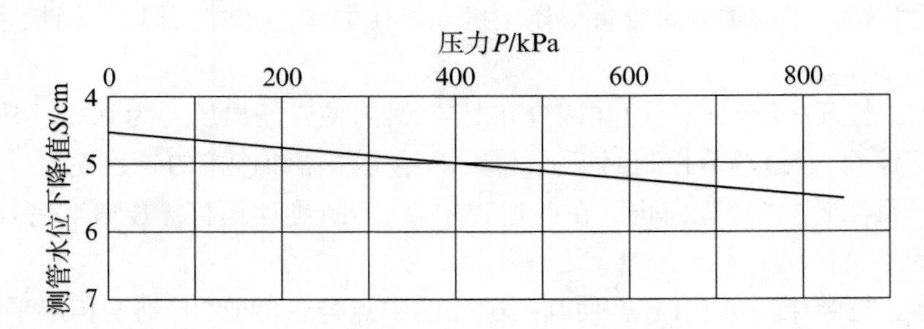

图 7-4　仪器综合变形校正曲线示意图

压力、位移传感器在出厂时均已与记录仪一起配套标定。如在更换其中之一时或发现有异常情况时，应进行传感器的重新标定。

3. 预钻成孔

旁压试验前，最好先进行静力触探，选取贯入阻力均匀、厚度不宜小于 1 m 的层位做旁压试验，且试验最小深度、试验层位间距、距取土孔或其他原位测试孔水平间距均不宜小于1 m。

成孔直径要比旁压器外径大 2～3 mm，高强度土的孔径宜小，成孔深度一般要比试验深度大 50 cm，钻孔的孔壁要求垂直、光滑，孔形圆整，并尽量减少对孔壁土体的扰动，并保持孔壁土层的天然含水率。

旁压试验的可靠性关键在于成孔质量的好坏，钻孔直径应与旁压器的直径相适应。孔径太小，将使放入旁压器发生困难，或因放入而扰动土体；孔径太大会因旁压器体积容量的限制而过早的结束试验。图 7-5 反映了成孔质量对旁压曲线的影响。

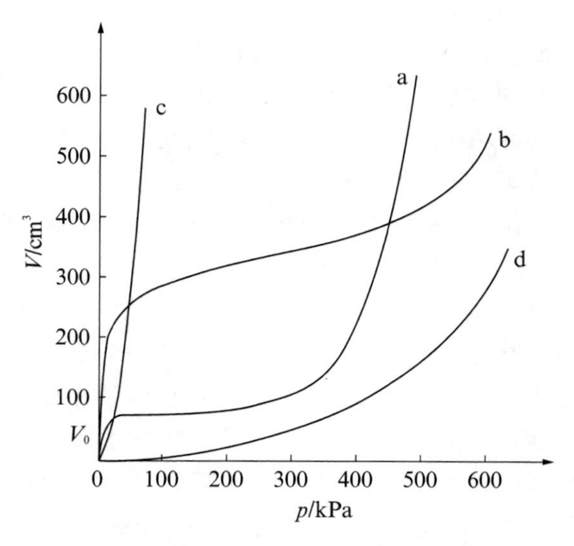

图 7-5 各种旁压曲线

从图 7-5 中可以看出：a 线为正常的旁压曲线；b 线反映孔壁严重扰动，因旁压器体积容量不够而迫使试验终止；c 线反映孔径太大，旁压器的膨胀量有相当一部分消耗在空穴体积上，试验无法进行；d 线系钻孔直径太小，或有缩孔现象，试验前孔壁已受到挤压，故曲线没有前段。

值得注意的是，试验必须在同一土层，否则不但试验资料难以应用，且当上下两种土层差异过大时会造成试验中旁压器弹性膜的破裂，导致试验失败。另外，钻孔中取过土样或进行过标准贯入试验的孔段，由于土体已经受到不同程度的扰动不宜进行旁压试验。

4. 试验

压力增量等级和相对稳定时间（观察时间）标准可根据现场情况及有关旁压试验规程选取确定，其中压力增量建议选取预估临塑压力 p_f 的 1/5～1/7，如不易预估，根据我国行业标准《PY 型预钻式旁压试验规程》(JGJ 69—90)，可参考表 7-2 确定。

表 7-2 旁压压力增量建议值

土 的 特 性	压力增量/kPa
淤泥、淤泥质土、流塑状态的黏性土、松散的粉细砂	≤15
软塑状态的黏性土、疏松的黄土、稍密饱和粉土、稍密很湿的粉土或细砂、稍密的粗砂	15～25
可塑或硬塑状态的黏性土、一般性质的黄土、中密或密实的饱和粉土、中密或密实很湿的粉土或细砂、中密的粗砂	25～50
硬塑或坚硬状态的黏性土、密实的粉土、密实的中粗砂	50～100

各级压力下的观测时间，可根据土的特征等具体情况，采用 1 min、2 min 或 3 min，按下列时间顺序测记测量管的水位下降值 S。

(1) 观测时间为 1 min 时,测记时间顺序为 15 s、30 s、60 s;

(2) 观测时间为 2 min 时,测记时间顺序为 15 s、30 s、60 s、120 s;

(3) 观测时间为 3 min 时,测记时间顺序为 30 s、60 s、120 s、180 s。

按上述技术要点成孔后,用钻杆(或连接杆)连接好旁压器,将旁压器小心地放置于试验位置。通过高压气瓶上的减压阀调整好输出压力(减压阀上的二级压力表示值),使其压力比预估的最高试验压力高 0.1～0.2 MPa。对于 PM-2 型旁压器,则是使其输出压力比预估的最大试验压力的 1/2 高 0.1～0.2 MPa。

在加压过程中,当测管水位下降接近最大值时或水位急剧下降无法稳定时,应立即终止试验以防弹性膜胀破。可根据现场情况,采用下列方法之一终止试验:

(1) 尚需进行试验时,当试验深度小于 2 m,可迅速将调压阀按逆时针方向旋至最松位置,使所加压力为零。利用弹性膜的回弹,迫使旁压器内的水回流至测管。当水位接近“0”位时,取出旁压器。当试验深度大于 2 m 时,打开水箱盖,利用系统内的压力,使旁压器里的水回流至水箱备用,旋松调压阀,使系统压力为零,取出旁压器。

(2) 试验全部结束时,利用试验中当时系统内的压力将水排净后旋松调压阀,将导压管快速接头取下后,应罩上保护套,严防泥沙等杂物带入仪器管道。若准备较长时间不使用仪器时,须将仪器内部所有水排尽,并擦净外表,放置在阴凉、干燥处。

另外,在试验过程中,如由于钻孔直径过大或被测岩土体的弹性区较大时,有可能发生水量不够的情况,即岩土体仍处在弹性区域内,而施加压力远未达到仪器最大压力值,且位移量已达到 32 cm 以上,此时,尚要继续试验,则应进行补水。

7.5 试验资料整理与成果应用

7.5.1 试验资料整理

1. 试验数据校正

在试验资料整理时,应分别对各级压力和相应的扩张体积(或径向增量)进行弹性膜约束力和体积校正。

1) 约束力校正

按式(7-1)和式(7-2)进行约束力校正:

$$p = p_m + p_w - p_i \tag{7-1}$$

$$p_w = \gamma_w (H + Z) \tag{7-2}$$

式中 p——校正后的压力,kPa;

p_m——显示仪测记的该级压力的最后值,kPa;

p_w——静水压力,kPa;

p_i——弹性膜约束力,kPa,由各级总压力 $p_m + p_w$ 所对应的测管水位下降值由弹性膜约束力校正曲线查得;

H——测管原始“0”位水面至试验孔口高度,m;

Z——旁压试验深度，m；

γ_w——水的重力密度，kN/m³，一般可取 10 kN/m³。

2）体积校正

按式(7-3)或式(7-4)进行体积(测管水位下降值)校正：

$$V = V_m - \alpha(P_m + P_w) \tag{7-3}$$

$$S = S_m - \alpha(P_m + P_w) \tag{7-4}$$

式中 V, S——分别为校正后体积和测管水位下降值；

V_m, S_m——分别为 $p_m + p_w$ 所对应的体积和测管水位下降值；

α——仪器综合变形系数(由综合校正曲线查得)。

2. 绘制旁压曲线

用校正后的压力 p 和校正后的测管水位下降值 S，绘制 p-S 曲线，即旁压曲线。曲线的作图可按下列步骤进行：

(1) 定坐标。在直角坐标系中，以测管水位下降值 S 为纵坐标，压力 p 为横坐标，各坐标的比例可以根据试验数据的大小自行选定。

(2) 根据校正后各级压力 p 和对应的测管水位下降值 S，分别将其确定在选定的坐标上，然后先连直线段并两段延长，与纵轴相交的截距即为 S_0；再用曲线板连曲线部分，定出曲线与直线段的切点，此点为直线段的终点。

7.5.2 试验成果的应用

通过对旁压曲线的分析，可以确定土的初始压力 p_0、临塑压力 p_f 和极限压力 p_l 各特征压力，进而评定土的静止土压力系数 K_0、土的旁压模量 E_m 和旁压剪切模量 G_m，估算土的压缩模量 E_s、剪切模量 G 和软黏土不排水抗剪强度 c_u 等。

1. 旁压试验各特征压力的确定

1）初始压力 p_0 的确定

延长旁压曲线的直线段与纵轴相交，其截距为 S_0，S_0 所对应的压力即为初始压力 p_0，如图 7-6 所示。

2）临塑压力 p_f 的确定

根据旁压曲线，有两种确定临塑压力 p_f 的方法：

(1) 直线段的终点对应的压力值为临塑压力 p_f，见图 7-6。

(2) 按各级压力下 30 s 到 60 s 的体积增量 ΔS_{60-30} 或 30 s 到 120 s 的体积增量 ΔS_{120-30} 与压力 p 的关系曲线辅助分析确定，如图 7-6 所示。

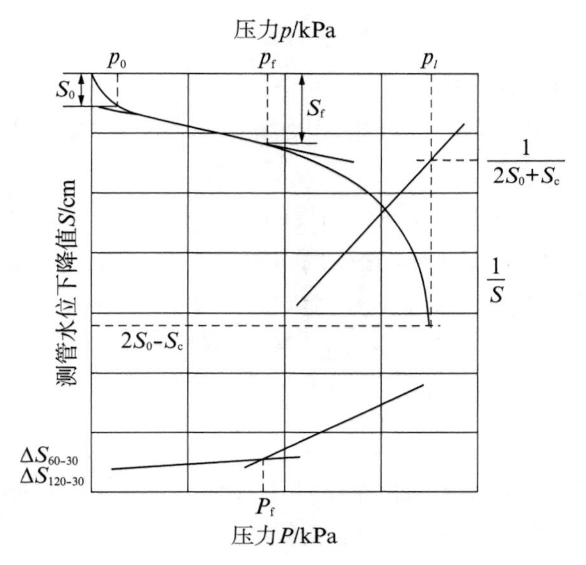

图 7-6 旁压曲线

3）极限压力 p_l 的确定

根据如图 7-6 所示旁压曲线，采用下面的方法确定极限压力 p_l。

(1) 手工外推法。凭眼力将曲线用曲线板加以延伸且与实测曲线光滑自然地连接，取 $S=2S_0+S_c$（S_c 为旁压器中固有体积，用测管水位下降值表示，其值见仪器技术参数表）所对应的压力为极限压力 p_l。

(2) 倒数曲线法。把临塑压力 p_f 以后曲线部分各点的水位下降值 S 取倒数$\frac{1}{S}$，作 p-$\frac{1}{S}$ 关系曲线，此曲线为一近似直线。在直线上取$\frac{1}{2S_0+S_c}$所对应的压力为极限压力 p_l。

2. 土的强度参数分析

1）黏性土的不排水抗剪强度 c_u

(1) 当孔壁压力达到土体临塑压力 p_f 时，孔壁土体开始进入塑性状态，此时不排水抗剪强度 c_u 由式(7-5)获得：

$$c_u = p_f - p_0 \tag{7-5}$$

(2) 当孔壁压力达到土体极限压力 p_l 时，旁压腔周围土体已形成一个塑性区，塑性区外围为弹性区，c_u 由式(7-6)获得：

$$c_u = \frac{p_l^*}{1+\ln\left(\frac{G}{c_u}\right)} \tag{7-6}$$

式中 p_l^*——土的净极限压力，$p_l^* = p_l - p_0$；

G——剪切模量，可由卸荷再加荷获得。

(3) 当孔壁压力介于临塑压力 p_f 与极限压力 p_l 之间时，有

$$p = p_l + c_u \ln\left(\frac{\Delta V}{V}\right) \tag{7-7}$$

式中，$\Delta V = V - V_0$。

由式(7-7)可知，压力 p 与 $\ln(\Delta V/V)$ 曲线在塑性区成直线关系，其斜率即为不排水强度 c_u。

上述计算不排水强度的公式是假定旁压试验在未扰动土体内圆柱孔穴扩张得出的，而实际上孔壁土体的扰动是不可避免的。由以上公式得出的不排水强度 c_u 存在一定的误差。除了上述理论解，研究人员在实践中还提出了许多经验公式，基本上沿用了迈纳德(Me'nard)1970 年提出的形式，即

$$c_u = \frac{p_l^*}{5.5} \tag{7-8}$$

式中，p_l^* 的意义同前文，kPa。

2）砂土的有效内摩擦角 φ'

在砂土中进行旁压试验属于排水条件，由于砂土的变形涉及剪胀与剪缩问题，目前还没

有方法能够比较精确地评价砂土的有效内摩擦角 φ'。这里给出迈纳德提出的经验公式，即

$$\varphi' = 5.77\ln\left(\frac{p_l^*}{250}\right) + 24 \tag{7-9}$$

式中，p_l^* 的意义同前文，kPa。

3. 土的变形参数分析

1) 旁压模量 E_m

依据旁压曲线似弹性阶段(图 7-1 中 BC 段)的斜率，由圆柱扩张轴对称平面应变的弹性理论解，可得旁压模量 E_m 和旁压剪切模量 G_m。

$$E_m = 2(1+\mu)\left(V_c + \frac{V_0 + V_f}{2}\right)\frac{\Delta p}{\Delta V} \tag{7-10}$$

$$G_m = \left(V_c + \frac{V_0 + V_f}{2}\right)\frac{\Delta p}{\Delta V} \tag{7-11}$$

式中　μ——土的泊松比；

V_c——旁压器的固有体积，cm^3；

V_0——与初始压力 p_0 对应的体积，cm^3；

V_f——与临塑压力 p_f 对应的体积，cm^3；

$\frac{\Delta p}{\Delta V}$——旁压曲线直线段的斜率，$kPa/cm^3$。

也可按式(7-12)采用测压水位下降值表示的公式计算地基土的旁压模量 E_m：

$$E_m = 2(1+\mu)\left(S_c + \frac{S_0 + S_f}{2}\right)\left(\frac{p_f}{S_f - S_0}\right) \tag{7-12}$$

式中　μ——土的侧向膨胀系数(泊松比)，可按地区经验确定，对于正常固结和轻度超固结的土类：砂石和粉土取 0.33，可塑到坚硬状态的黏性土取 0.38，软塑黏性土、淤泥和淤泥质土取 0.41；

S_c——旁压器中固有体积时测管水位下降值，其值见仪器技术参数表，cm；

S_f——p_f 对应的测管水位校正下降值，cm；

其余符号意义同上。

2) 压缩模量 E_s、变形模量 E_0

地基土的压缩模量 E_s、变形模量 E_0 以及其变形参数可由地区经验公式确定。例如铁路工程地基土旁压测试技术规程编制组通过与平板载荷试验对比，得出如下估算地基土变形模量的经验关系式。

对黄土，　$$E_0 = 3.723 + 0.00532G_m \tag{7-13}$$

对一般黏性土，　$$E_0 = 1.836 + 0.00286G_m \tag{7-14}$$

对硬黏土，　$$E_0 = 1.026 + 0.00480G_m \tag{7-15}$$

另外，通过与室内试验成果对比，建立起了估算地基土压缩模量的经验关系式。

对黄土，当深度小于等于 3.0 m 和大于 3.0 m 时，可分别采用式(7-16)和式(7-17)估

算压缩模量 E_s：

$$E_s = 1.797 + 0.00173G_m \quad (7-16)$$

$$E_s = 1.485 + 0.00143G_m \quad (7-17)$$

对黏性土，则采用

$$E_s = 2.092 + 0.00252G_m \quad (7-18)$$

式中，G_m 为旁压剪切模量。

3) 侧向基床系数 K_m

根据初始压力 p_0 和临塑压力 p_f，采用式(7-19)估算地基土的侧向基床系数 K_m：

$$K_m = \frac{\Delta p}{\Delta R} \quad (7-19)$$

式中 Δp——临塑压力与初始压力之差，$\Delta p = p_f - p_0$；

ΔR——对应于临塑压力与初始压力的旁压器径向位移之差，$\Delta R = R_f - R_0$。

4. 土的分类

根据对旁压试验成果的分析，可得到旁压模量 E_m 和净极限压力 p_l^*。利用$\frac{E_m}{p_l^*}$可进行土的分类：当 $7<\frac{E_m}{p_l^*}<12$，判为砂土；当$\frac{E_m}{p_l^*}>12$，判为黏性土。

5. 确定地基承载力

利用旁压试验成果评定浅基础地基土承载力是比较可靠的。按临塑压力法，地基承载力标准值 f_k 为

$$f_k = p_f - p_0 \quad (7-20)$$

式中，p_f，p_0 分别为临塑压力和初始压力，kPa。

或者按极限压力法，以极限压力 p_l 为依据确定地基承载力标准值：

$$f_k = \frac{p_f - p_0}{K} \quad (7-21)$$

式中 p_0——可根据地区经验，采用计算法通过式(7-22)确定；

K——安全系数，取2～3，也可根据土类和当地经验取值。

$$p_0 = K_0\gamma Z + u \quad (7-22)$$

式中 K_0——试验深度处静止土压力系数，其值按地区经验确定，对于正常固结和轻度超固结的土类可按砂土和粉土取0.5，可塑到坚硬状态黏性土取0.6，软塑黏性土、淤泥和淤泥质土取0.7；

γ——试验深度以上的重力密度，为土自然状态下的质量密度 ρ 与重力加速度 g 的乘积，$\gamma=\rho g$ 地下水位以下取有效重力密度，kN/m³；

Z——试验深度，m；

u——试验深度处的孔隙水压力，kPa。正常情况下，它极接近地下水位算得的静水压力，即在地下水以上 $u=0$，在地下水以下时，可由式(7-23)确定：

$$u=\gamma_w(Z-h_w) \tag{7-23}$$

式中，h_w 为地面距地下水位的深度，m。

作图法确定 p_0 就是从旁压曲线直线段与纵轴的交点，作平行于横轴的直线并与旁压曲线相交，其交点所对应的压力为静止土压力 p_0，如图7-6所示。

当 p-S 曲线上的临塑压力 p_f 出现后，曲线很快拐弯，出现极限破坏，其极限压力 p_l 与临塑压力 p_0 之比 $\frac{p_l}{p_0}<1.7$ 时，地基承载力标准值 f_k 应取极限压力 p_l 的一半。

6. 其他方面的应用

可以将旁压试验成果应用于浅层地基的沉降计算和桩基的承载力与沉降估算方面。但总的来讲，该方面的研究还不够成熟。

7.6 工程实例分析

7.6.1 工程概况

某拟建铁路地基土由第四纪冲积而成，地层自上而下为埋深13.5 m中密状饱和粉细砂层，埋深16.0 m密实状饱和、分选性差、磨圆度中等的砾砂层，埋深18.5 m的可塑到硬塑状粉质黏土层，以及埋深21.5 m密实状饱和、分选性较差、磨圆度差的含砾、卵石的中粗砂层。为保证勘察提供的岩土参数准确可靠，勘察中除采用取样、标准贯入试验、静力触探试验外，还在各岩土层中进行了旁压试验。

7.6.2 旁压试验方法简介

现场选取三个钻孔进行旁压试验，要求每个土层不少于1个测点，测试的频率为间隔1.5 m一个测点，且厚度大于2 m的土层不少于2个测点。以下是旁压试验的过程：

1. 旁压仪的校正

包括弹性膜约束力的校正和仪器综合变形的校正。

(1) 弹性膜约束力的校正。将旁压器竖立于地面，让弹性膜在自由膨胀情况下进行。校正前先对弹性膜进行加压，使其达到600 cm^3 膨胀量。再退压，这样反复5～6次，然后进行校正试验。压力增量为10 kPa，读出体积的变化 V，以测得压力 p 和体积 V，绘制 p-V 曲线，即为弹性膜约束力校正曲线。

(2) 仪器综合变形的校正。将旁压器放进校正试验管内，在旁压器弹性膜受到径向限制的情况下进行。压力增量为100 kPa，一般加到800 kPa以上终止试验。各级压力下的观测时间与正式试验一致，测得压力 p 与体积 V 关系曲线。其直线对 p 轴的斜率 $\frac{\Delta V}{\Delta p}$，即为仪器综合变形系数。

2. 旁压仪的准备

试验前旁压仪各部分的连接和仪表调零，准备体积测量与灌入用水。

3. 钻探成孔

钻探过程中保证钻孔质量，成孔质量是预钻式旁压试验成败的关键，成孔时做到孔壁垂直、光滑、呈规则圆形，尽可能减少对孔壁的扰动，软弱土层用泥浆护壁，钻孔孔径略大于旁压器外径。

4. 现场操作

(1) 按临塑压力或极限压力选择加载等级；

(2) 加载速率采用 3 min 快速法，加荷后按 30 s、60 s、120 s 和 180 s 的时间读数；

(3) 当成孔结束后，尽快把旁压器放到指定位置；

(4) 静水压力确定后，打开测管阀和辅管阀，把静水压力作为第一级荷载，开始试验，以后的荷载按加荷等级加载试验；

(5) 旁压试验结束后，提取旁压器。

7.6.3 旁压试验成果分析

按照式(7-1)—式(7-4)，分别对各级压力和相应的扩张体积(或径向增量)进行弹性膜约束力和体积校正，然后绘制 p-V 曲线，如图 7-7 所示。

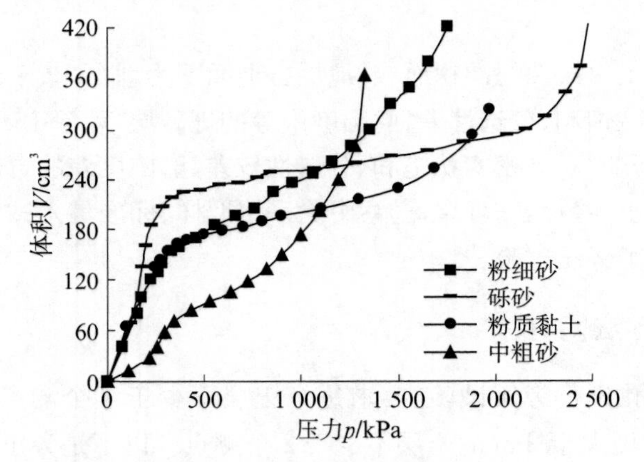

图 7-7 各土层旁压试验 p-V 曲线

从图 7-7 可知，旁压试验曲线轮廓相同，均可划分为弹性阶段、塑性阶段和破坏阶段，但由于各土层性质的差异，其曲线形状又呈现各自特殊性。由旁压试验数据和曲线可求得地基土物理力学指标见表 7-3。

表 7-3 旁压试验成果表

土类型	旁压模量/MPa	旁压剪切模量/MPa	变形模量/MPa	水平基床系数/($MPa \cdot m^{-1}$)	承载力/kPa	内摩擦角/(°)
粉细砂	13.3	5.10	25.6	32.0	440	36
砾砂	45.0	17.3	70.5	110.2	880	38.3
粉质黏土	8.50	3.20	12.5	31.7	270	—
中粗砂	29.1	11.5	63.5	84.4	450	36

复习思考题

1. 旁压试验有哪几种类型?

2. 典型的旁压曲线分哪几个阶段?各阶段与周围土体的变化有什么关系?

3. 在典型的旁压曲线上,可以确定哪些特征点?各代表什么物理意义?如何根据旁压曲线确定各特征压力?

4. 旁压试验的仪器设备由哪几部分组成?

5. 旁压试验前需要进行哪几项校定?为什么?

6. 预钻式旁压试验的成孔质量对试验结果有什么影响?有什么样的技术要求?

第 8 章　扁铲侧胀试验

8.1　概述

扁铲侧胀试验(Flat Dilatometer Test,简称 DMT)最早是 20 世纪 70 年代末由意大利人 Silvano Marchetti 提出的一种原位测试的方法,最初在北美和欧洲地区应用,现已应用到全球 40 多个国家和地区。在我国,越来越多的单位开始将扁铲侧胀试验应用到岩土工程勘察。国家标准《岩土工程勘察规范》(GB 50021—2009)和一些地方、行业标准首次将该原位测试方法列入,其中我国行业标准《铁路工程地质原位测试规程》(TB 10041—2003)还对该测试技术和成果应用作了具体规定。但扁铲侧胀试验在我国开展较晚,总的来讲目前仍处于积累工程经验阶段。

扁铲侧胀试验是利用静力或锤击动力将一扁平铲形探头压(贯)入土中,达到预定试验深度后,利用气压使扁铲探头上的钢膜片侧向膨胀,分别测得膜片中心侧向膨胀不同距离(分别为 0.05 mm 和 1.10 mm 这两个特定位置)时的气压值,根据测得的压力与变形之间的关系,获得地基土参数的一种现场试验。扁铲侧胀试验能够比较准确地反映小应变条件下土的应力应变关系,测试成果的重复性比较好。

根据扁铲侧胀试验的成果,并结合当地实践经验,可以用于以下目的:

(1) 评价土的类型;

(2) 确定黏性土的塑性状态;

(3) 计算土的静止侧压力系数和侧向基床系数等。

根据国外已有的研究成果,基于扁铲侧胀试验结果,还可以用于评价土的应力历史(超固结比 OCR)、黏性土和砂土的强度指标。如果同时进行了扁铲消散试验,也可以评价黏性土的固结系数和渗透系数。

扁铲侧胀试验适用于软土、一般黏性土、粉土、黄土和松散至中密的砂土。一般在软弱、松散土中适宜性好,而随着土的坚硬程度或密实程度的增加,适宜性较差。与其他的原位测试技术一样,将扁铲侧胀试验应用于新的土类或新的地区时,应通过对比研究,建立适合于研究对象的扁铲侧胀试验指标与岩土工程参数的经验关系式或半经验半理论关系式,不宜照搬、套用现成的公式。

8.2　试验的基本原理

根据《岩土工程勘察规范》(GB 50021—2009),扁铲侧胀试验最好使用静力均匀地将探头压入土中。扁铲探头是一个具有特定规格的不锈钢钢板,在扁铲的一侧安装了一圆形钢膜片(图 8 - 1)。扁铲探头通过一条穿过探杆的气电管路(Pneumatic-electrical Cable)与地表的测控箱连接,气电管路用以传输气压和传递电信号。测控箱通过气压管和一个气源相连接,以提供气压使膜片膨胀。测控箱起到控制气压力和提示采样的中枢作用。常规的扁铲侧胀试验仪器布置如图 8 - 2 所示。

试验由贯入扁铲探头开始,在贯入至某一深度后暂停,使用测控箱操作使膜片充气膨胀,在充气鼓胀过程中得到如下两个读数:

(1) A 读数,膜片鼓胀距离基座 0.05 mm 时的气压值;

(2) B 读数,膜片鼓胀距离基座 1.10 mm 时的气压值。

在到达 B 点之后,通过测控箱上的气压调控器释放气压,使膜片缓慢回缩到距离基座 0.05 mm 时,此时的气压值记为 C 读数。

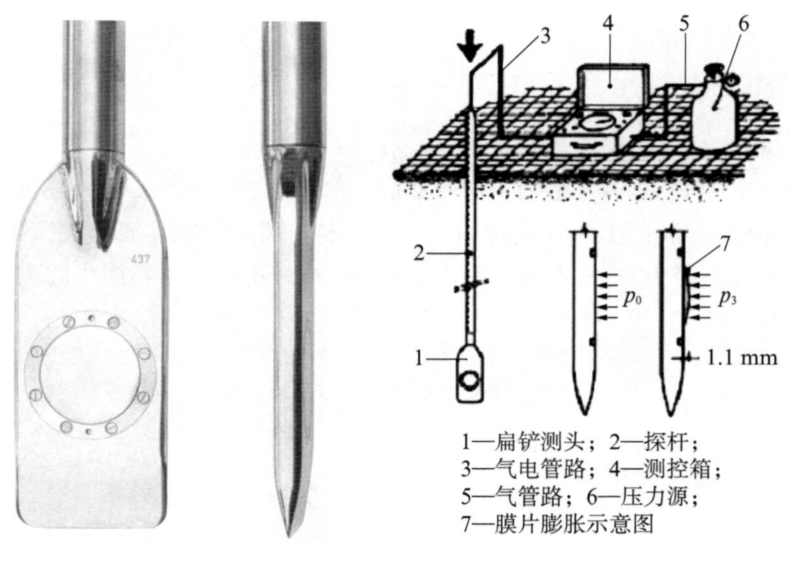

图 8 - 1　扁铲探头　　**图 8 - 2　试验仪器布置图**

然后,探头继续往下贯入至下一试验深度。在每一试验深度都重复上述试验过程,读取 A、B 读数,在需要的时候测记 C 读数。

扁铲试验时,整个膨胀过程中膜片的变形量较小,因而可将其视为弹性变形过程。膜片向外鼓胀可假设为在无限弹性介质内部,在圆形膜片面积上施加均布荷载 Δp。如果弹性介质的弹性模量为 E,泊松比为 μ,膜上任一点的位移量 s 为

$$s(r)=\frac{4R\Delta p(1-\mu^2)}{\pi E}\sqrt{1-\left(\frac{r}{R}\right)^2} \tag{8-1}$$

式中　R——钢膜片的半径;

r——膜上任一点到膜片中心点的距离,当 $r=0$ 时,由式(8 - 1)可得膜片中心点的位移量 $s(0)$ 按式(8 - 2)计算:

$$s(0)=\frac{4R\Delta p(1-\mu^2)}{\pi E} \tag{8-2}$$

将式(8-2)加以变换,得

$$\frac{E}{1-\mu^2}=\frac{4R}{\pi s(0)}\Delta p \tag{8-3}$$

式中,R 和 $s(0)$ 分别为膜片的半径(30 mm)和膜片中心的位移量(1.10 mm),为已知值;Δp 即为膜片从基座鼓胀到距基座 1.10 mm 时的压力增量(p_1-p_0)。

因此,式(8-3)表示压力增量 Δp 与被测试土的性质 $E/(1-\mu^2)$ 直接相关。

8.3 仪器设备及其工作原理

扁铲侧胀试验的仪器设备包括扁铲探头、测控箱、贯入设备和气压源。下面分别加以介绍,并说明其工作原理。

8.3.1 扁铲探头

1. *扁铲探头和弹性钢膜片*

扁铲探头如图 8-3 所示,探头长 230~240 mm,宽 94~96 mm,厚 14~16 mm;扁铲探头具有楔形底端,利于贯穿土层,探头前缘刃角 12°~16°。圆形钢膜片固定在探头一个侧面上(图 8-4)。钢膜片直径为 60 mm,正常厚度为 0.20 mm(在可能剪坏探头的土层中,常使用 0.25 mm 厚的钢膜)。

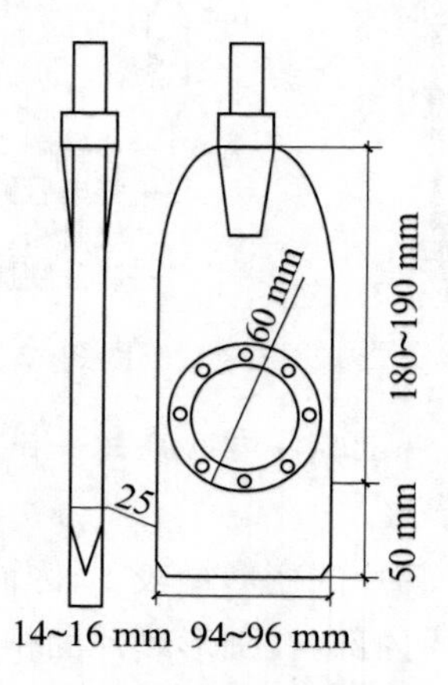

图 8-3 扁铲探头详图

图 8-4 扁铲探头与钢膜片

2. 探头的工作原理

探头的工作原理如图 8-5 所示。其工作原理就如一个电开关。绝缘垫将基座与扁铲体(包括钢膜片)隔离,图中基座与测控箱电源的正极相连,而钢膜片通过地线与测控箱的负极相连。在自然状态下,彼此之间被绝缘体分开,电路处于断开状态。而当膜片受土压力作用而向内收缩与基座接触时,或是受气压作用使膜向外鼓胀,钢柱在弹簧作用下与基座接触时,则电路形成回路,使测控箱上的蜂鸣声响起。

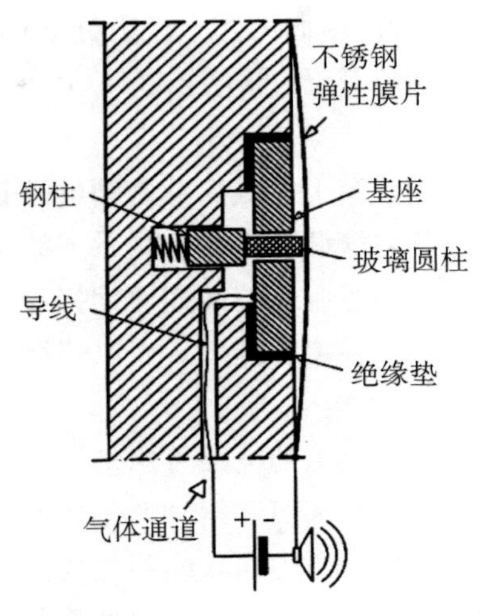

图 8-5　探头工作原理图

在进行扁铲侧胀试验中,当扁铲贯入土层后,钢膜片受土压力的作用向里收缩,膜片与基座接触,蜂鸣声响起。到达试验位置后,操作人员开始通过测控箱对膜片施加气压,在一段时间内膜片仍保持与基座接触,蜂鸣声不断。当内部气压力达到与外部压力平衡时,膜片开始向外移动并与基座脱离,蜂鸣声停止。蜂鸣声停止提醒操作者记录 A 读数。继续向内充气加压,膜片继续向外移动,膜片中心向外移动达到 1.10 mm 时,钢柱在弹簧作用下与基座底部接触,则蜂鸣声再次响起,提醒操作者记录 B 读数。在读取 B 读数后,通过排气卸除内部压力,膜片在外部土(水)压力作用下缓慢回收,当膜片回到距基座 0.05 mm 时,蜂鸣器再次响起,记录 C 读数。

8.3.2　测控箱

1. 测控箱的组成

测控箱如图 8-6 所示,一般包括两个压力计(也有采用一个压力计)、气压源(air tank)的接口、气电管路的接口、接地电缆接口、检流计和蜂鸣器。另外还有总阀和微调气流控制阀,用来控制加压时的气体流量(加压增量),以及肘节式排气阀和慢速排气阀,使测试系统能够顺利排气(释放压力),并满足记录 C 读数的要求。

图 8-6　测控箱

2. 压力计

平行连接的两个压力计,具有不同的量程:一个小量程的压力计,量程为 1 MPa,当读数达到满量程时会自动退出工作;另一个大量程的压力计,量程一般为 6 MPa。当采用人工读数时,刻度不同的两个压力计能够保证适当的测量精度,同时也能较好地适应不同的土类(从软弱到坚硬的土层)。

3. 气流控制阀

测控箱上的气流控制阀可控制从气压源传输到扁铲探头上的气流。其中,总阀用来关闭或开启气源与探头控制系统的连通;微调阀用来控制试验中气体流量,也可以用来关闭气源与探头控制系统的连通;肘节式排气阀可以使操作者迅速地排除系统内的压力;慢速排气阀则可以缓慢的释放气流以获得 C 读数。

4. 电路

测控箱上的电路可用来指示扁铲探头的开(断)-闭(合)状态。它向操作者提供可视的检流计信号和声音信号——蜂鸣声。当电路闭合的时候,蜂鸣器会发出嗡嗡的声音,即当膜片受外面土压力而收缩到与基座接触时,或是受气压作用而使钢柱与基座接触时,会有蜂鸣声响起。而膜片处于这两种情况当中的部位时,电路是断开的,此时蜂鸣器并不发出声音。蜂鸣器由响到不响,然后再由不响到响,这对于操作者来说就是两个提示,因为这两次转换分别对应的是膜片的 A、B 位置(距离基座 0.05 mm 和 1.10 mm)。

5. 气电管路

气电管路由厚壁、小直径、耐高压的尼龙管制成,内贯穿铜质导线,两端连接专用接头(图 8-7)。气电管路直径不超过 12 mm,一头接在扁铲探头上,另一头接在测控箱上。在扁铲侧胀试验中用以输送气压和传递电信号。气电管路每根长约 25 m,用于率定的气电管路长 1 m。另外,气电管路配有特制的连接接头,可将 2 根以上的气电管路连接加长,并保持气电管路的通气、通电性能(图 8-8)。

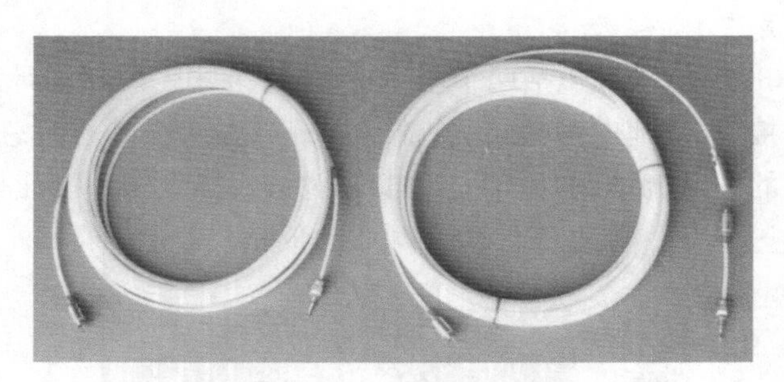

图 8-7 气电管路

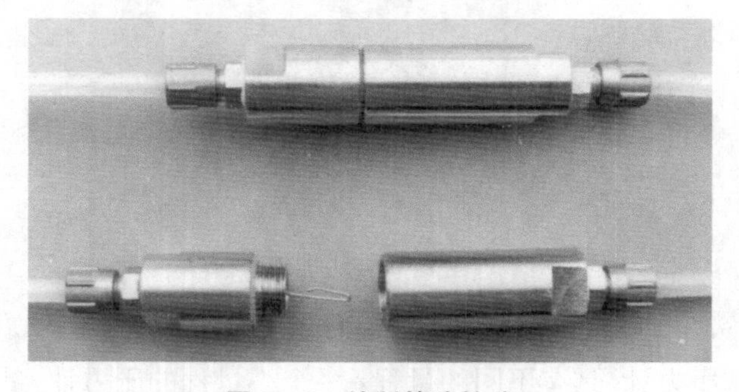

图 8-8 特制管路接头

8.3.3　气压源

扁铲侧胀试验用高压钢瓶储存的高压气体作为气压源，气体应该是干燥的空气或氮气。根据一只充气 15 MPa 的 10 L 气压瓶，在中等密实度土用 25 m 长气电管路做试验，一般可进行约 1 000 个测点。试验点间距采用 0.20 m，则试验总延米为 200 m。需要注意耗气量随土质密度和管路长度而变化。

8.3.4　贯入设备

贯入设备是将扁铲探头贯入预定土层的机具，通常采用的有静力触探(CPT)机具、标准贯入试验(SPT)锤击机具和液压钻机机具等。在一般土层中，通常采用静力触探机具，而在较坚硬的黏性土或较密实的砂土层压入困难时，可以采用标准贯入机具来替代。锤击法会影响试验精度，静力触探设备较为理想，应优先选用。若采用静力触探机具贯入时，贯入速率应控制在 20 cm/min 左右。贯入探杆与扁铲探头通过变径接头连接。

8.4　试验方法与技术要求

8.4.1　扁铲探头膜片的标定

膜片的标定就是为了克服膜片本身的刚度对试验结果的影响，通过标定可以得到膜片的标定值 ΔA 和 ΔB，可用于对 A、B、C 读数进行修正。标定应在试验前和试验后各进行一次，并检查前后两次标定值的差别，以判断试验结果的可靠性。

在大气压力下，因为膜表面本身有微小的向外的曲率，自由状态下膜片的位置处于 A、B 之间的某个位置(即介于距离基座 0.05～1.10 mm)，如图 8－9 所示。ΔA 是采用率定气压计通过对扁铲探头抽真空，使膜片从自由位置回缩到距离基座 0.05 mm(A 位置)时所需的压力(应该是吸力)；而 ΔB 是通过对扁铲探头充气，使膜片从自由位置到 B 位置时所需的气压力。

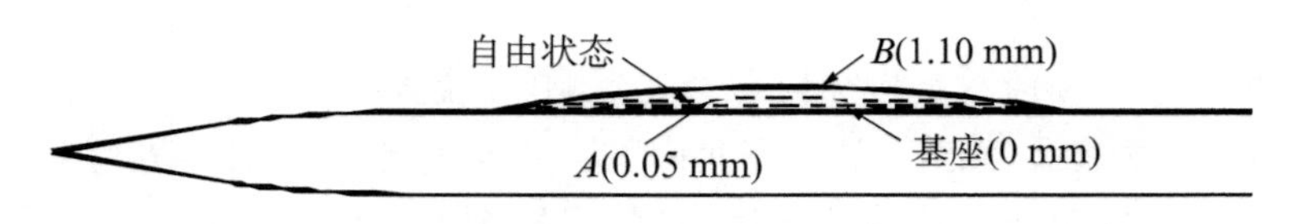

图 8－9　膜片在不同状态的位置

1. 标定过程

标定时，应先关闭排气阀，膜片标定时各部分的布置如图 8－10 所示。然后用率定气压计对扁铲探头抽气，膜片因受大气压作用，从自然位置移向基座，待蜂鸣器响(此时膜片离基座小于 0.05 mm)停止抽气；然后缓慢加压，直至蜂鸣器响声停止(膜片离基座为 0.05 mm±0.02 mm)时刻，记下测控箱上的读数，此时的读数即为 ΔA。该读数值为负值，但在记录时应记为正值，具体原因见后求解 P_0 的分析。继 ΔA 读数后，继续对扁铲探头施加气压，直至蜂鸣器再次响起(膜片离基座为 1.10 mm±0.03 mm)时的气压值即为 ΔB。

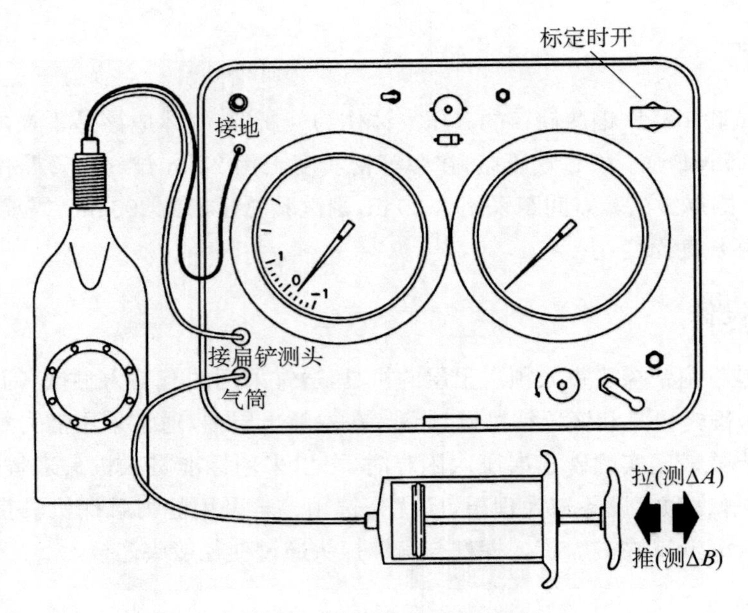

图 8－10 标定时的仪器布置图

在标定过程中，抽气和加压均应缓慢进行，以获取比较准确的 ΔA 和 ΔB 值。

2. ΔA、ΔB 的合理范围

现场试验测定的 A、B、C 读数都需经 ΔA、ΔB 修正，ΔA、ΔB 值对试验成果十分重要，所以要求 ΔA、ΔB 值应在一定范围内。一般 ΔA 在 5～25 kPa 之间，理想值为 15 kPa；ΔB 在 10～110 kPa 之间，理想值为 40 kPa。若 ΔA、ΔB 不在该范围内，则此膜片不能用于扁铲侧胀试验，需要对膜片进行老化处理。

3. 膜片的老化处理

无论什么时候采用新膜片时，都应对膜片进行老化处理。新膜片的标定值一般不在 ΔA、ΔB 的允许范围之内，通过老化处理可以得到稳定的 ΔA、ΔB 值。未经老化处理的膜片在测试中其 ΔA、ΔB 的值会出现变化，表现不稳定。一般地，膜片的老化处理采用人工时效的方法进行。

利用标定气压计对新膜片缓慢加压至蜂鸣器响(B 位置，膨胀 1.10 mm±0.03 mm)时，记下 ΔB 的数值，连续数次，倘若 ΔB 均在允许适用的范围之内，不必再进行老化处理。若不在此范围内，加压至 300 kPa，蜂鸣器响后，排气降压至零。用 300 kPa 的气压循环老化几次，每一次从零开始，若老化几次后，ΔB 的值达到允许范围，则停止老化。

假如 ΔB 的值以 300 kPa 压力老化处理后仍偏高，可以将压力增至 350 kPa 进行循环老化，倘仍不生效，可以用 50 kPa 作为一级递升重复老化，直到 ΔB 的值降到标定允许范围之内。通常施加气压小于 600 kPa，循环老化就可以使 ΔB 达到要求，在空气中标定膜片，最大压力不应超过 600 kPa。

8.4.2 试验前期准备工作

(1) 试验若采用静力触探 CPT 机具贯入扁铲探头，应先将气电管路贯穿在探杆中。在

贯穿时，要拉直管路，让探杆一根根沿管路滑行穿过，尽量减小管路的绞扭。探杆需备足，以试验最大深度再加 2～3 根为宜。倘用钻机开孔锤击贯入扁铲探头，气电管路可不贯穿钻杆中，而采用按一定的间隔直接用胶带绑在钻杆上。

(2) 气电管路贯穿探杆后，一端与扁铲探头连接。然后通过变径接头，拧上第一根探杆，待测试时一根一根连接。

(3) 检查测控箱、气压源等设备是否完好，需估算一下气压源是否满足测试的需求。然后彼此连接上，再将气电管路的另一端跟测控箱的插座连接。

(4) 地线接到测控箱的地线插座上，另一端夹到探杆或贯入机具的机座上。

(5) 检查电路是否连通。

8.4.3　测试过程

(1) 扁铲探头贯入速度应控制在 2 cm/s 左右，试验点的间距可取 20～50 cm。在贯入过程中，排气阀始终是打开的。当扁铲探头达预定深度后，进行如下测试操作：

① 关闭排气阀，缓慢打开微调阀，当蜂鸣器停止响的瞬间记下气压值，即 A 读数；

② 继续缓慢加压，直至蜂鸣器响时，记下气压值，即 B 读数；

③ 立即打开排气阀，并关闭微调阀以防止膜片过分膨胀而损坏膜片；

④ 接着将探头贯入至下个试验点，在贯入过程中，排气阀始终打开，重复下一次试验。

如在试验中需要获得 C 读数，应在步骤③中，打开微排阀而非打开排气阀，使其缓慢降压直至蜂鸣器停后再次响起(膜片离基座为 0.05 mm)时，此时记下的读数为 C 值。

(2) 加压的速率对试验的结果有一定影响，因而应将加压速率控制在一定范围内。压力从 0 到 A 值应控制在 15 s 之内测得，而 B 值应在 A 读数后的 15～20 s 之间获得，C 值在 B 读数后约 1 min 获得。这个速率是在气电管路为 25 m 长的加压速率，对于大于 25 m 的气电管路可适当延长。

(3) 试验过程中应注意校核差值 $B-A$ 是否出现 $B-A<\Delta A+\Delta B$，如果出现，应停止试验，检查原因，是否需要更换膜片。

(4) 试验结束后，应立即提升探杆，从土中取出扁铲探头，并对扁铲探头膜片进行标定，获得试验后的 ΔA、ΔB 值。ΔA、ΔB 应在允许范围内，并且试验前后 ΔA、ΔB 值相差不应超过 25 kPa，否则试验数据不能使用。

8.4.4　消散试验

在排水不畅的黏性土层中，由扁铲贯入引起的超孔压随着时间逐步消散，消散需要的时间一般远大于一个试验点的测试时间(2 min)，因此在不同时间间隔连续地测定某一个读数可以反映出超孔压的消散情况。扁铲侧胀消散试验可在需要的深度进行。根据消散试验操作过程和测试参数的不同，目前同时存在三种消散试验：DMT－A、DMT－A_2 和 DMT－C 消散试验。Marchetti 建议采用 DMT－A 消散试验，美国材料与试验协会(ASTM)的试验规程 D6635－01 将 DMT－A 和 DMT－A_2 消散试验方法并列推荐，我国国家标准《岩土工程勘察规范》(GB 50021—2009)并没有指明采用哪种消散试验方法。下面分别介绍 DMT－

A 和 DMT－A_2 消散试验方法。

1. DMT－A 消散试验

进行 DMT－A 消散试验，试验过程中只测读 A 读数，膜片并不扩张到 B 位置处。试验步骤如下：

(1) 按扁铲侧胀试验程序贯入到试验深度，缓慢加压并启动秒表，蜂鸣器不响时读取 A 读数并记下所需时间 t；立即释放压力回零，而不测 B、C 读数。

(2) 分别在时间间隔为 1 min、2 min、4 min、8 min、15 min、30 min、90 min 测读一次 A 读数，以后每 90 min 测读一次(Marchetti 建议采用的时间间隔为 0.5 min、1 min、2 min、4 min、8 min、15 min、30 min……)。

(3) 在现场绘制初步的 $A-\lg t$ 曲线，曲线的形状通常为“S”形，当曲线的第二个拐点出现(可以确定消散时间 t_{flex}，t_{flex}意义见后文)后可停止试验。

2. DMT－A_2 消散试验

DMT－A_2 消散试验方法与 DMT－A 消散试验非常相似，区别在于在连续读取 A 读数前需要进行一个完整的扁铲侧胀试验(A、B、C)测试。程序如下：

(1) 贯入到试验深度之后，按正常扁铲侧胀试验测读 A、B、C 读数一个循环，然后只读取 A 读数，此时将 A 读数记为 A_2，并同时启动秒表，记下相应经历的时间。

(2) 采取上述的时间间隔连续测读 A_2 读数。

(3) 在现场绘制初步的 $A_2-\lg t$ 曲线，消散试验持续到能够发现 t_{50}(即孔压消散为 50%的时间)，可终止试验。

8.5 试验资料整理

8.5.1 实测数据修正

现场实测 A,B,C 读数应对钢膜片和压力表零漂进行修正以求得膜片不同位置时的膜片与土之间的接触压力 p_0,p_1,p_2。

$$p_0 = 1.05(A - z_m + \Delta A) - 0.05(B - z_m - \Delta B) \tag{8-4}$$

$$p_1 = B - z_m - \Delta B \tag{8-5}$$

$$p_2 = C - z_m + \Delta A \tag{8-6}$$

式中 p_0——膜片向土中膨胀之前的接触压力，kPa；

p_1——膜片膨胀至 1.10 mm 时的压力，kPa；

p_2——膜片回到 0.05 mm 时的终止压力，kPa；

z_m——压力表零漂，kPa。

8.5.2 扁铲试验中间指数

根据 p_0,p_1,p_2，可计算扁铲侧胀试验中间指数：扁铲土性指数(Material Index) I_D、扁铲水平应力指数(Horizontal Stress Index) K_D、扁铲侧胀模量(Dilatometer Modulus) E_D 和

侧胀孔压指数 U_D，并绘制 I_D，K_D，E_D 和 U_D 与深度的关系曲线。

1. 扁铲土性指数 I_D

$$I_D = \frac{p_1 - p_0}{p_0 - u_0} \tag{8-7}$$

式中，u_0 为未贯入前试验深度处的静水压力，kPa，一般可按 $u_0 = 10\times$(试验深度－地下水位)进行计算。

2. 扁铲水平应力指数 K_D

$$K_D = \frac{p_0 - u_0}{\sigma'_{v0}} \tag{8-8}$$

式中，σ'_{v0} 是未贯入前试验深度处的竖向有效压力，kPa。

3. 扁铲侧胀模量 E_D

如将 $\frac{E}{1-\mu^2}$ 定义为扁铲模量 E_D，当 $s(0)=1.10$ mm 时，则由式(8-3)可得

$$E_D = 34.7(p_1 - p_0) \tag{8-9}$$

由于扁铲侧胀模量 E_D 缺乏关于应力历史方面的信息，一般不能作为土性参数直接使用，而需要与 K_D，I_D 相互结合使用。

4. 侧胀孔压指数 U_D

$$U_D = \frac{p_2 - u_0}{p_0 - u_0} \tag{8-10}$$

8.5.3 岩土参数评价

利用试验结果评价土性参数是扁铲侧胀试验的重要应用。但由于我国进行扁铲侧胀试验的应用和研究较晚，目前积累的成果还不多，因此本节中论述的扁铲侧胀试验经验公式和评价方法大多基于国外的研究成果。

1. 土的状态和应力历史

1) 土的分类和土的重度

从求得的压力 p_0 和 p_1 发现，在黏土中 p_0 与 p_1 的值比较接近，而在砂土中相差比较大，如图 8-11 所示。根据扁铲土性指数的定义式(8-7)，I_D 可以反映不同土类的这种差异。Marchetti(1980)根据土性指数 I_D 对土体进行分类。

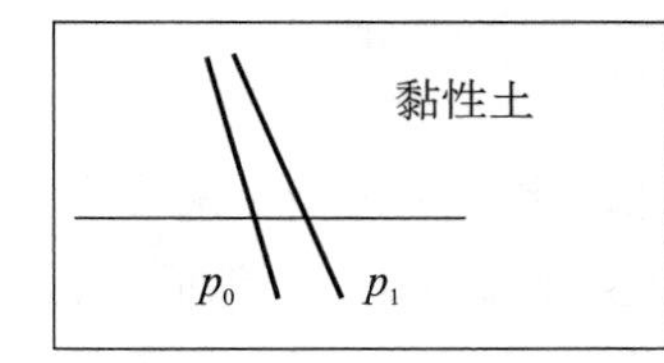

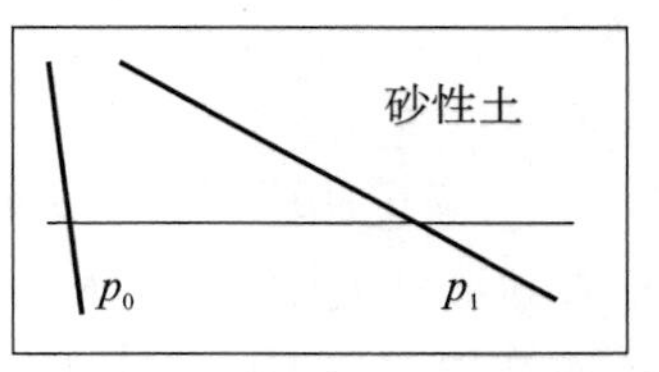

图 8-11　P_1，P_0 与土性关系

我国行业标准《铁路工程地质原位测试规程》(TB 10041—2003)建议，根据 I_D 值按表 8-1进行土类划分。表 8-1 是在 Marchetti(1980)的土质分类表 8-2 的基础上，结合我国国内的研究结果，对部分分类界限值作了调整后得出的判别土类的 I_D 值。

表 8-1　判别土类的 I_D 值

土类	泥炭或灵敏黏土	黏土	粉质黏土	粉土	砂土
I_D 值	$I_D<0.1$	$0.1\leqslant I_D<0.3$	$0.3\leqslant I_D<0.6$	$0.6\leqslant I_D<1.8$	$I_D>1.8$

表 8-2　基于 I_D 值的土的分类

泥炭或灵敏黏土	黏性土		粉土			砂土	
	黏土	粉质黏土	黏质粉土	粉土	砂质粉土	粉质砂土	砂土
I_D 值	0.10	0.35	0.6	0.9	1.2	1.8	3.3

一般来说，I_D 只是对土层大致上的分类，对处于正常固结状态下的土层来说，它可以提供一个合理的关于土类的解释。当使用 I_D 进行土类判别时，需要注意的是，它不是一个经过筛分分析而得到的参数，它只是反映土的力学性质和物理状态。如我国铁路原位测试规程提出基于土性指数 I_D 和侧胀模量 E_D 的饱和黏性土的状态分类法，见表 8-3，表中的参数 m 按式(8-11)计算：

$$m=\frac{(\lg E_D+0.748)}{(\lg I_D+7.667)} \tag{8-11}$$

式中，E_D 的单位是 kPa。

表 8-3　判别饱和黏性土塑性状态的 m 值

判别式	$m\leqslant 0.53$	$0.53<m\leqslant 0.62$	$0.62<m\leqslant 0.71$	$m>0.71$
塑性状态	流塑	软塑	硬塑	坚硬

根据扁铲试验的中间参数 E_D，I_D 还可以确定土的重度 γ，并判别土类。如 Marchetti 和 Crapps(1981)绘制了如图 8-12 所示的图表。尽管后来一些研究人员提出了这张图表的修正形式，但这张图表的最初形式对正常状态下的土依然适用。图 8-12 中所列出的土的重度范围并不是对 γ 精确估计，但由此可提供土中有效应力剖面。

2) 超固结比 OCR

(1) 黏土的 OCR

水平应力指数 K_D 是扁铲侧胀试验的关键性结果。可把 K_D 视为土层由于探头贯入放大之后的 K_0。在正常固结黏土(NC)中，K_D 的值约为 2。K_D 的剖面与 OCR 有点相似，因此 K_D 的测试结果有助于认识沉积土层的应力历史。

Marchetti 根据水平应力指数 K_D，对正常固结黏性土提出了如下关系式：

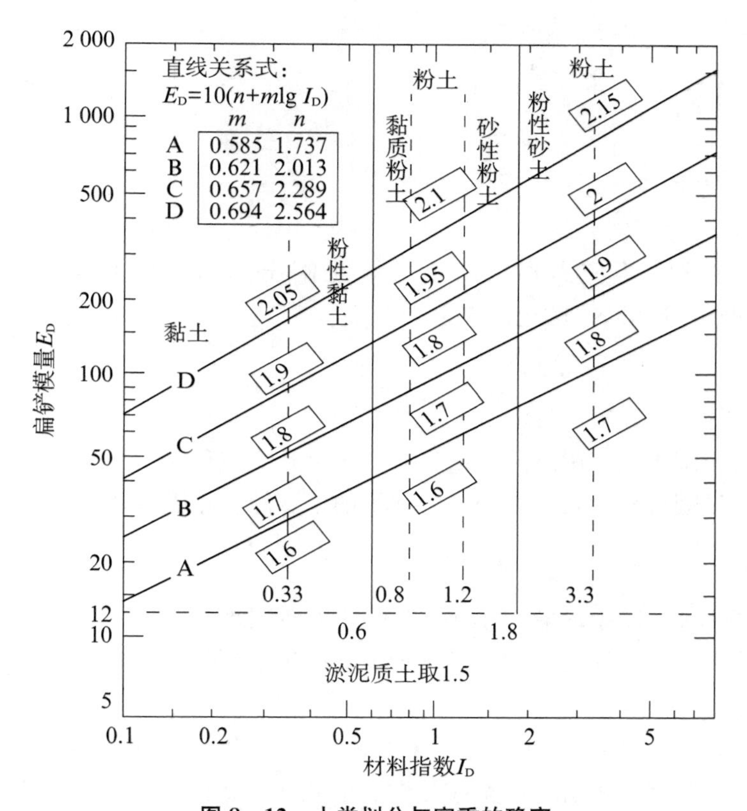

图 8-12　土类划分与容重的确定

$$OCR_{DMT}=(0.5K_D)^{1.56} \tag{8-12}$$

式(8-12)考虑了当 $K_D=2$ 时 $OCR=1$ 的情形，即对于正常固结黏土 $K_{D-NC}\approx 2$。这一点已经被大量的 NC 沉积物所证明。

在正常固结土中 K_D 约为 2，这一点最近也被对滑动面的研究发现所证实。在研究中发现如下事实：① 在所有被测斜仪证实为滑动面的土层中，K_D 均近似为 2；② 在重塑后的滑动带，土层自然不存在胶结、岩化等结构性变化的痕迹，因此重塑后的滑动带是一个很好的正常固结土的例子。

对于具有胶结的固结性土来说，关系式(8-12)是不成立的。因此，胶结土的试验数据点应单独处理，不能用唯一的关系曲线拟合所有胶结和未胶结黏土的数据点。

(2) 砂土的 OCR

确定砂土的 OCR 比黏土要复杂得多，因为砂土的 OCR 是前期压力、脱水或其他各种作用综合影响的反映。对于黏性土，可以通过固结试验确定其前期固结压力和 OCR，而对于砂土，由于土样扰动的原因不能采用固结试验的方法。获得砂土 OCR 只能采用近似的方法进行估计。

Jendeby(1992)通过扁铲试验发现，松散砂土压密前后比值 M_{DMT}/q_c(M_{DMT} 和 q_c 分别为由扁铲侧胀试验估计的土的压缩模量和静力触探试验的锥尖阻力)具有较大的差别，压密前的范围是 7～10，压密后则变为 12～24。压密对砂土的压缩模量 M 的影响

比对 q_c 的影响要大,这就是说压密作用会使 M_{DMT}/q_c 增大。因此,在砂土中可用 M_{DMT}/q_c 近似地估计 OCR,在正常固结土中,$\frac{M_{DMT}}{q_c}$ 介于 5～10,而在超固结土中,$\frac{M_{DMT}}{q_c}$ 的范围是 12～24。

3) 静止侧压力系数 K_0

(1) 黏土的 K_0

研究表明,侧胀水平应力指数与土的静止侧压力系数之间具有很好的相关性。Marchetti 于 1980 年提出 K_0 的统计表达式为

$$K_0=\left(\frac{K_D}{1.5}\right)^{0.47}-0.6 \tag{8-13}$$

后来的研究者基于在应用研究的结果对这个表达式进行了一系列的修正。我国《铁路工程地质原位测试规程》(TB 1008—2003)建议的估算静止侧压力系数的经验关系式为

$$K_0=0.30K_D^{0.54} \tag{8-14}$$

考虑到采用其他试验手段获得准确 K_0 值的内在困难,而且在大多数应用中也只需要 K_0 的近似值,式(8-14)提供的对 K_0 的估计能够满足应用的要求。

(2) 砂土的 K_0

与黏土不同,砂土的 K_0 - K_D 关系还取决于砂土的内摩擦角 φ 或相对密实度 D。Marchetti 于 1985 年综合其他研究者的成果之后,提出了一张不包括内摩擦角 φ 的 K_0 - q_c - K_D 关系图,只要给出 q_c - K_D 就可以得到 K_0。Baldi 于 1986 年根据人工制备砂样在标定腔(Calibration Chamber,简称 CC)中的试验数据,对 Marchetti 的 K_0 - q_c - K_D 关系图进行了修正,提出用代数关系式进行估算,即

$$K_0=0.376+0.095K_D-\frac{0.0017q_c}{\sigma'_{v0}} \tag{8-15}$$

式(8-15)可以很好地拟合 CC 的试验数据。但实际上,人们在使用式(8-15)估计砂土的 K_0 时,常常会根据砂土的状态,对最后一个系数进行选择。例如,Baldi 于 1986 年估计天然河砂的 K_0 时,给出了式(8-16):

$$K_0=0.376+0.095K_D-\frac{0.0046q_c}{\sigma'_{v0}} \tag{8-16}$$

一般来讲,对比较老的砂层,取−0.005,而对新堆积的砂土,则取+0.002。不过这样的选择多少有点主观。

4) 砂土的相对密度 D_r

在正常固结砂土中,相对密度 D_r 是可以由 K_D 估计,K_D - D_r 的关系如图 8-13 所示(Reyna,Chameau,1991)。这一关系曲线被后来的研究成果所证实。

在超固结砂土或可能包括在胶结土中,因为 K_D 部分地会受到超固结和土壤胶结的影响,采用图 8-13 会过高估计 D_r 的值。

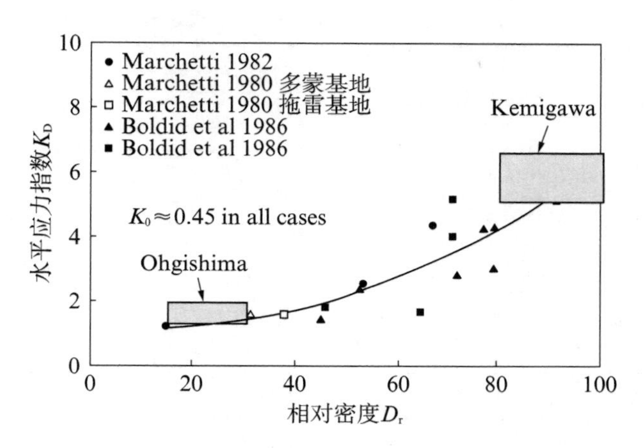

图 8－13　正常固结砂土的 $K_D－D_r$ 关系

2. 土的强度参数

1）不排水抗剪强度 c_u

Marchetti(1980)提出计算 c_u 的表达式为

$$c_u = 0.22\sigma'_{v0}(0.5K_D)^{1.25} \tag{8-17}$$

图 8－14 和图 8－15 给出了由扁铲侧胀试验得到的 c_u 和其他原位测试得到的 c_u，从中可以看出，由扁铲侧胀试验结果计算的 c_u 是比较精确可靠的。

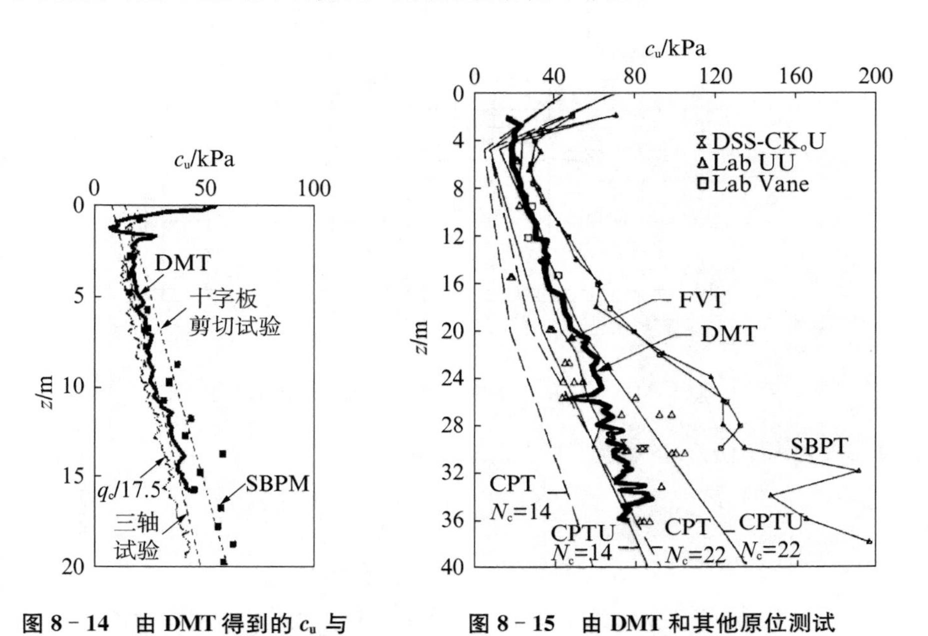

图 8－14　由 DMT 得到的 c_u 与其他原位试验比较

图 8－15　由 DMT 和其他原位测试得到的 c_u 比较

继 Marchetti(1980)提出式(8－17)以来，很多学者根据当地的土性条件和地区经验对公式进行了修正，提出了许多符合当地情况的经验和半经验公式。表 8－4 给出了部分计算公式。

表 8-4　部分估算土的不排水强度 c_u 表达式

c_u 计算公式	适用条件	学者和年代
$c_u=0.0925\sigma'_{v0}K_D^{1.25}$		Marchetti,1980
$c_u=0.0925\sigma'_{v0}K_D^{1.25}+60(I_D-0.35)$	$I_D>0.35$	Marchetti,1980
$c_u=0.35\sigma'_{v0}(0.47K_D)^{1.14}$		Iwasaki,Kamei,1995
$c_u=(0.17\sim0.21)\sigma'_{v0}(0.5K_D)^{1.25}$		Lacasse,Lunne,1988
$c_u=(P_1-\sigma_{h0})/N_c$ 其中,$\sigma_{h0}=K_0\sigma'_{v0}+u_0$	σ_{h0}是现场水平应力;N_c 是与土的刚度有关的系数,取 5~9	Roque,1988
$c_u=(P_0-u_0)/N_c=K_D\sigma'_{v0}/N_c$	N_c 取 3~9	Mayne,1987

2) 内摩擦角 φ(砂土)

根据前面介绍的计算 K_0 的公式,由 K_D 和 q_c 计算 K_0,然后用图 8-16 来估计 φ。

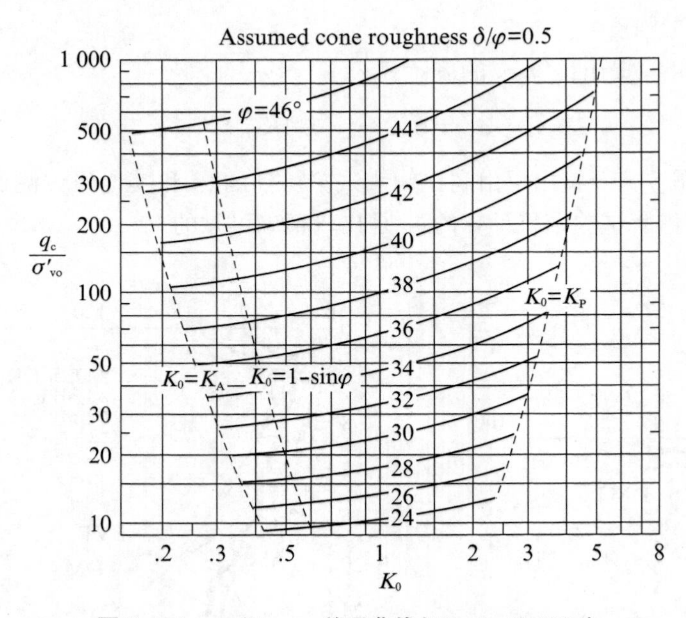

图 8-16　φ-K_0-q_c 关系曲线(Marchetti,1985)

依据图 8-16 得出的 φ 的数据,可建立近似关系式

$$\varphi_{\text{safe,DMT}}=28^\circ+14.6^\circ\lg K_D-2.1^\circ\lg^2 K_D \tag{8-18}$$

采用式(8-18)计算砂土内摩擦角的优点是可以直接套用公式,不必再对照图 8-16,大大减轻了工作量。但公式本身是建立在图 8-16 之上的,会降低计算的准确性。

3. 土的变形参数

1) 扁铲侧胀模量 M

由于 E_D 是未经修正的模量,土的变形性状一般是由 M_{DMT}来描述的。扁铲侧胀模量 M 是一维竖向排水条件下的变形对 σ'_{v0}的切线模量,在扁铲侧胀试验中记作 M_{DMT}。M_{DMT}的计算采用如下通式：

$$M_{DMT} = R_M E_D \tag{8-19}$$

式中，R_M 是 I_D 和 K_D 的函数，估计表达式见表 8-5。

表 8-5　R_M 的估计表达式

I_D 和 K_D 的范围	R_M 的计算式
$I_D \leqslant 0.6$	$R_M = 0.14 + 2.36 \lg K_D$
$I_D \geqslant 3$	$R_M = 0.5 + 2 \lg K_D$
$0.6 < I_D < 3$	$R_M = R_{M,0} + (2.5 - R_{M,0}) \lg K_D$ 其中 $R_{M,0} = 0.14 + 0.15(I_D - 0.6)$
$K_D > 10$	$R_M = 0.32 + 2.18 \lg K_D$
	当 $R_M < 0.85$ 时，令 $R_M = 0.85$

R_M 一般随着 E_D（主要影响因素）的增大而增大。但不存在唯一不变的比例系数，一般在 1～3 范围内变化。

图 8-17 和图 8-18 比较了 M_{DMT} 和固结仪测得的 M。可见，M_{DMT} 对一般的工程设计来讲是可靠的。

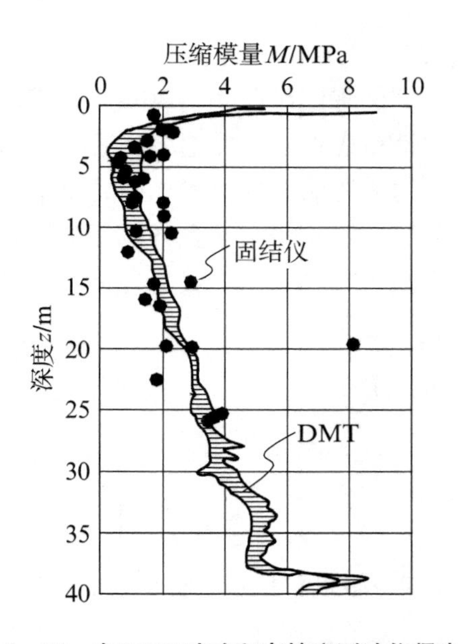

图 8-17　由 DMT 试验和高精度测试仪得出的 M 比较(Lacasse，1986)

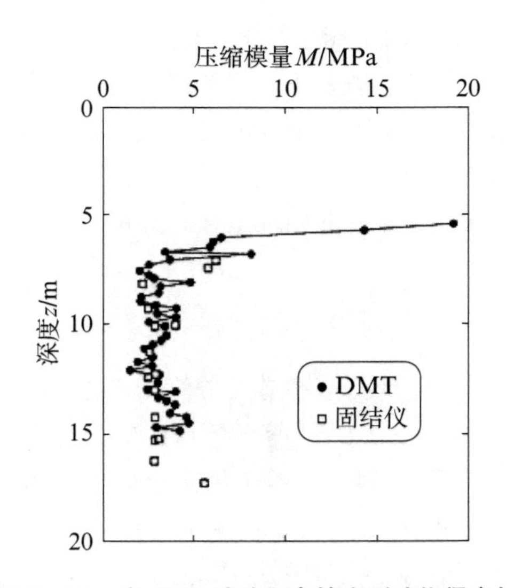

图 8-18　由 DMT 试验和高精度测试仪得出的 M 比较(Iwasaki et al，1991)

这里说明一下为什么要对 E_D 进行修正。首先在扁铲侧胀试验中土的加载方向是水平的，而压缩模量是竖向加载条件下获得的；其次 E_D 缺乏应力历史以及侧向限制应力方面的信息,而这一部分内容涉及 K_D;最后,在黏土中 E_D 是在不排水膨胀条件下获得的,而 M 是一个排水模量。

2) 杨氏模量 E

土骨架的杨氏模量 E 可以根据弹性理论由 M_{DMT} 推算出来:

$$E = \frac{(1+v)(1-2v)}{(1-v)} M_{DMT} \tag{8-20}$$

一般 $v=0.25\sim0.30$,此时,$E\approx0.8M_{DMT}$。需要注意的是杨氏模量 E 与扁铲侧胀模量 E_D 是不同的,不能混淆。

我国《铁路工程地质原位测试规程》(TB 10018—2003)建议,对于 $\Delta p\leqslant100$ kPa 的饱和黏性土,不排水杨氏模量 E 可按式(8-21)计算:

$$E = 3.5E_D \tag{8-21}$$

3) 土的侧向基床系数 K_h

陈国民(1999)曾提出根据扁铲侧胀试验的结果按式(8-22)估算地基土的侧向基床系数 K_h:

$$K_h = \frac{\Delta p}{\Delta s} \tag{8-22}$$

式中 Δp——应力增量,$\Delta p=p_1-p_0$;

Δs——位移量。

由于扁铲侧胀试验是小应变试验,最大位移量仅为 1.10 mm,土体的变形处于弹性阶段,估算的侧向基床系数 K_h 偏大,与实际受力状态不同。陈国民(2002)对采用扁铲侧胀试验结果估算 K_h 的方法进行了改进。根据室内压缩试验和载荷试验的应力应变形态,采用双曲线来拟合扁铲侧胀试验的变形曲线形态,从小应变的扁铲侧胀试验成果推导出实际工程中大应变条件下的侧向基床系数。建议采用式(8-23)和式(8-24)分别计算土的初始切线基床系数 K_{h0} 和变形曲线上任一点的割线基床系数 K_{hs}。

$$K_{h0} = 955\cdot\Delta p \tag{8-23}$$

$$K_{hs} = \alpha_t\cdot K_{h0}(1-R_s\cdot R_f) \tag{8-24}$$

式中 α_t——加荷速率有关的修正系数;

R_s——应力比,等于该点的应力与极限应力之比;

R_f——破坏比,等于极限应力与破坏应力之比。

将按式(8-24)计算的侧向基床系数与室内三轴试验结果对比,发现估算的结果与三轴试验在15%应变率时的结果相当。

由小应变的扁铲侧胀试验数据推求土体在正常工作状态下的侧向基床系数,进行一些理论假定是必然的。问题在于土的类别众多,土的应力历史和结构性的不同,仅用双曲线来拟合土的应力应变形态是否具有代表性。也许正如由水平应力指数 K_D 估计土体的 OCR 无法建立统一的表达式一样,式(8-23)和式(8-24)仅代表了其中的一种情形。

我国《铁路工程地质原位测试规程》(TB 10018—2003)提出了另外的估算基床系数的经验公式。对于饱和黏性土、饱和砂土及粉土地基的基准基床系数 K_{h1} 按式(8-25)计算：

$$K_{h1} = 0.2k_h \tag{8-25}$$

式中，k_h 为扁铲侧胀仪的抗力系数，按式(8-26)确定：

$$k_h = 1\,817(1-A)(p_1 - p_0) \tag{8-26}$$

式中　A——孔隙水压力系数，无室内试验数据时，可按表 8-6 取值；

1 817——量纲为 m^{-1} 的系数。

表 8-6　饱和土的 A 值

土类	砂类土	粉土	粉质黏土		黏土	
			$OCR=1$	$1<OCR\leqslant 4$	$OCR=1$	$1<OCR\leqslant 4$
A	0	0.10～0.20	0.15～0.25	0～0.15	0.25～0.50	0～0.25

4. 土的固结系数 c_h

计算 c_h 的方法是通过扁铲侧胀试验的消散试验。如前所述，消散试验包括将探头贯入到指定深度，然后随时间进行水平应力 σ_h(主要是孔压)消散，水平向固结系数就是根据消散的速率推断出来的。这里只介绍 DMT-A 消散试验的数据整理。

计算 c_h 的过程十分直接：

(1) 绘制 $A-\lg t$ 曲线，见图 8-19；

(2) 找出 S 形曲线的第二个转折点，并确定对应的时间 t_{flex}；

(3) 按式(8-27)计算土的水平固结系数。

$$c_h \approx \frac{7\ \mathrm{cm}^2}{t_{flex}} \tag{8-27}$$

注意：式(8-27)对应的是超固结土，对于欠固结土来说，c_h 的值会有所降低。

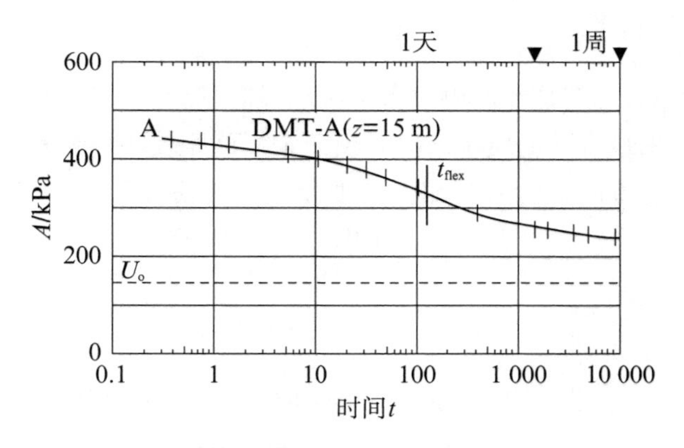

图 8-19　DMT-A 消散

最后，为了计算方便起见，把所有岩土参数的基本计算公式汇总在一起，见表 8-7。

表 8-7　　计算公式汇总表

符号	参数名称	基本计算公式	备　注
I_D	扁铲材料指数	$I_D=(p_1-p_0)/(p_0-u_0)$	u_0 为贯入前的静止孔压
K_D	水平应力指数	$K_D=(p_0-u_0)/\sigma'_{v0}$	σ'_{v0} 为竖向有效应力
E_D	扁铲模量	$E_D=34.7(p_1-p_0)$	E_D 不是杨氏模量 E
K_0	静止侧压力系数	$K_{0,DMT}=(K_D/1.5)^{0.47}-0.6$	当 $I_D<1.2$
OCR	超固结比	$OCR_{DMT}=(0.5K_D)^{1.56}$	当 $I_D<1.2$
c_u	不排水抗剪强度	$c_{u,DMT}=0.22\sigma'_{v0}(0.5K_D)^{1.25}$	当 $I_D<1.2$
φ	砂土内摩擦角	$\varphi_{safe,DMT}=28°+14.6°\lg K_D-2.1°\lg^2 K_D$	当 $I_D>1.8$
c_h	水平固结系数	$c_{h,DMTA}\approx 7\ cm^2/t_{flex}$	t_{flex} 由 A - lg$t$(DMT - A) 消散曲线而得
γ	重度	图 8-12	
M	压缩模量	$M_{DMT}=R_M E_D$ 如 $I_D\leqslant 0.6$，　$R_M=0.14+2.36\lg K_D$ 如 $I_D\geqslant 3$，　$R_M=0.5+2\lg K_D$ 如 $0.6<I_D<3$，　$R_M=R_{M,0}+(2.5-R_{M,0})\lg K_D$ 其中 $R_{M,0}=0.14+0.15(I_D-0.6)$ 如 $K_D>10$，　$R_M=0.32+2.18\lg K_D$ 如 $R_M<0.85$，　令 $R_M=0.85$	

8.6　试验成果的工程应用

应用扁铲侧胀试验成果最基本的方式是将由试验确定的土性参数直接应用于工程设计中。本节中将说明如何将扁铲侧胀试验成果应用到几个具体的工程设计中。

8.6.1　浅基础沉降计算

计算浅基础的沉降，尤其是在难以取得不扰动样和估计土层压缩性的砂土分布地区，也许是扁铲侧胀试验成果最合适的应用之一。由于采样间距较小(一般为 20 cm)，扁铲侧胀试验可以有效地察觉垂直方向上土层压缩性的变化。一般情况下，浅基础的沉降计算采用一维计算公式，如图 8-20 所示。

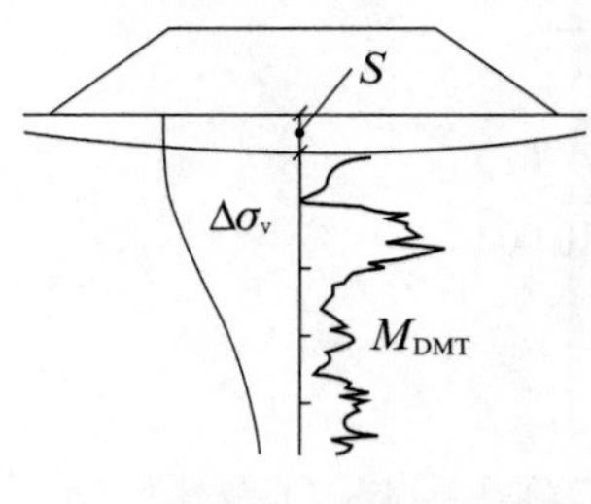

图 8-20　沉降计算

$$S_{1-DMT}=\sum\frac{\Delta\sigma_v}{M_{DMT}}\Delta Z \tag{8-28}$$

式中　$\Delta\sigma_v$——附加应力增量，根据 Boussinieq 解计算；

ΔZ——地基分层厚度。

需要注意，式(8-28)是根据线性弹性理论建立起来的，假设沉降量与荷载成正比，而不能进行沉降的非线性预测。

在砂土地基中，浅基础的沉降计算一般采用一维弹性计算公式（对于筏基），和采用三维弹性计算公式（对于小的独立基础，按三维问题处理）。

$$S_{3-\mathrm{DMT}} = \sum \frac{1}{E}[\Delta\sigma_v - \nu(\Delta\sigma_x - \Delta\sigma_y)]\Delta z \tag{8-29}$$

式中，E 可根据弹性理论从 M_{DMT} 推算而得，例如当 $v=0.25$ 时，$E\approx 0.80M_{\mathrm{DMT}}$。

在黏土中，式(8-28)也是适用的，但由此计算出来的沉降是主沉降（即瞬时沉降与固结沉降之和）。因为此时 M_{DMT} 将被看作是固结试验曲线上相应应力段 E_{oed} 的平均值。

许多研究者进行了浅基础沉降计算值与沉降观测值的对比研究。Schmertmann 于 1986 年报道了 16 个工程案例研究，分布在不同的地点，土类也不相同。通过对比发现，利用扁铲侧胀试验成果的沉降计算值与观测值的比值的平均值为 1.18，其大部分介于 0.73～1.30。Hayes 于 1990 年在更大的沉降范围内肯定了计算值与观测值的一致性，见图 8-21。沉降观测值在沉降估算值的±50%的范围之内。

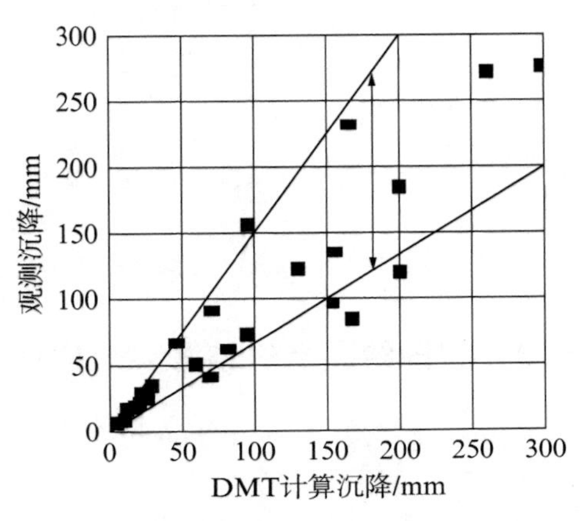

图 8-21　观测沉降与估算沉降比较

8.6.2　侧向受荷桩的设计

依据扁铲侧胀试验成果进行侧向受荷桩设计的关键，是从扁铲侧胀试验结果得出荷载与水平位移曲线（P-y 曲线）。对于单桩设计，在发展过程中存在两种方法：Robertson 法(1987)和 Marchetti 法(1991)。Robertson 是从室内试验获得 P-y 曲线的方法转变而来的。Robertson 法根据扁铲侧胀试验结果得到土性参数，然后再得到 P-y 曲线。该方法适用于砂土和黏土地基。在黏土中，Marchetti(1991)对 Robertson 法进行了改进，直接从扁铲侧胀试验结果得到 P-y 曲线。下面仅介绍 Marchetti 法。

沿桩体每一深度的 P-y 曲线均定义为无量纲的双曲正切方程

$$\frac{P}{P_{\mathrm{u}}} = \tan\left(\frac{E_{si}y}{P_{\mathrm{u}}}\right) \tag{8-30}$$

式中　P_{u}——侧向土体极限阻力，$P_{\mathrm{u}}=\alpha K_1(p_0-u_0)D$；

E_{si}——土体初始剪切模量，$E_{\mathrm{si}}=\alpha K_2 E_{\mathrm{D}}$；

α——深度折减因子（深度 $Z<7D$），$\alpha=\frac{1}{3}+\frac{2}{3}\times\frac{Z}{7D}\leqslant 1$，若 $Z=7D$，则令 $\alpha=1$，其中，D 为桩的直径；Z 为深度；

K_1——地基土阻力经验系数，$K_1=1.24$；

K_2——地基土刚度经验系数，$K_2=10\left(\frac{\mathrm{D}}{0.5m}\right)^{0.5}$。

实际观测结果表明从扁铲侧胀试验结果估算的 P-y 曲线与观测结果一致，得到了比较满意的结果。图 8－22 是 Robertson(1987)给出的扁铲侧胀试验估算和实测的 P-y 曲线。

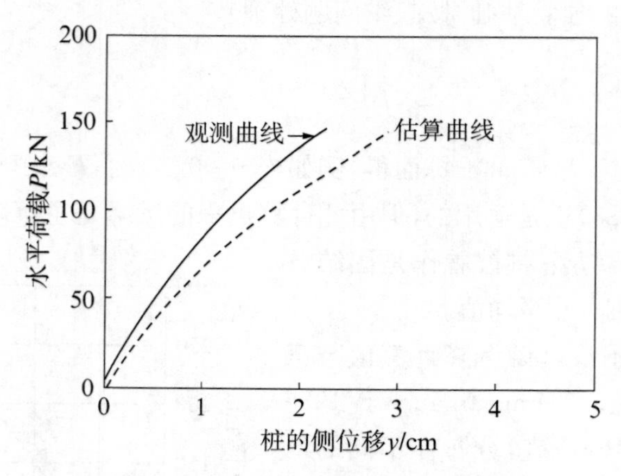

图 8－22　P－y 曲线(Robertson,1987)

8.6.3　超固结黏土边坡滑动面位置的确定

Totani 于 1997 年提出了通过对 K_D 剖面的分析，来确定超固结黏土斜坡中滑动面位置的方法，这是因为：

(1) 在超固结黏土边坡中产生滑动面，一般经过滑动—重塑—再固结的过程，因此在超固结黏土体中产生一个无胶结和无结构的类似于正常固结土的重塑带；

(2) 在正常固结黏性土中 $K_D \approx 2$，如果在超固结黏性土中，测得一些位置上 $K_D \approx 2$，那么该处应该位于滑动面上。从本质上讲，该方法就是在超固结黏土边坡中鉴别出 $K_D \approx 2$ 的正常固结黏土层，如图 8－23 所示。

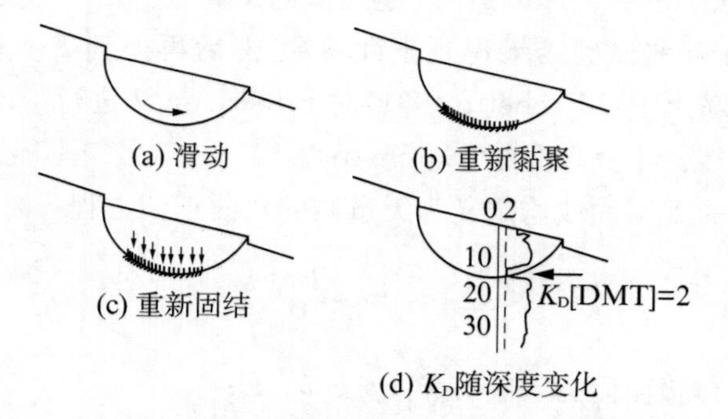

图 8－23　利用 K_D 鉴别超固结黏性土坡中滑动面的位置

该方法的有效性得到了滑坡体现场测斜仪测试结果的证明，与测斜仪相比，利用 K_D 剖面可以更快反映滑动面，而不用等待滑动发生。

8.6.4　地基处理效果检验

与其他原位测试方法一样，扁铲侧胀试验也开始被人们用来检验地基的处理效果。通过比较地基加固前后的扁铲侧胀试验结果的变化，就可以了解地基的处理效果，如图

8-24 所示。因为一般情况下地基压密后，扁铲侧胀试验的 K_D 和 M 会有较大的增长。Schmertmann(1986)在这方面做了大量的工作，分别用静力触探试验和扁铲侧胀试验检验地基处理效果，发现 q_c 和 M_{DMT} 都显著的增大了，而且 M_{DMT} 增加量大约是 q_c 增加量的 2 倍。Jendeby 于 1992 年也获得了相类似的结果，如图 8-25 所示。实践证明扁铲侧胀试验结果对土的力学性质和密度的变化非常敏感，适合作为检验地基处理效果的工具。

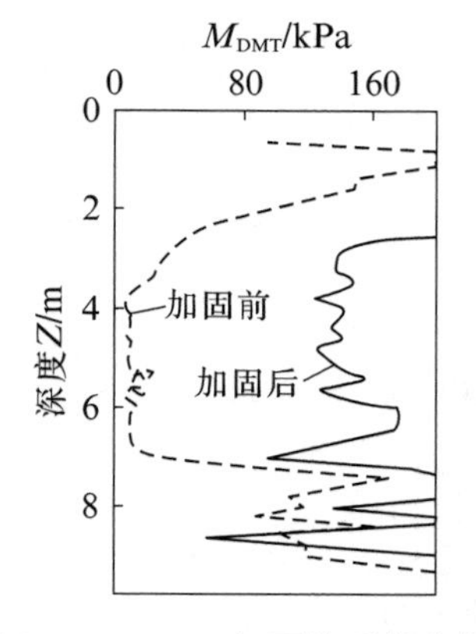

图 8-24　M_{DMT} 加固前后的变化

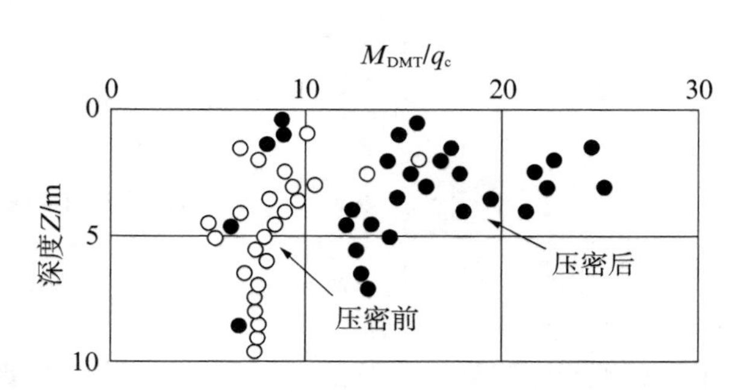

图 8-25　松散砂土中 M_{DMT}/q_c 在压密前后的变化(Jendeby，1992)

8.6.5　液化判别

目前最常用的液化判别方法是标准贯入和静力触探，二者分别为我国国家标准《建筑抗震设计规范》(GB 50011—2010)和《岩土工程勘察规范》(GB 50021—2009)推荐的地基土液化判别方法。但是这两种原位测试方法都不能定量地确定土性，需要根据钻探取样和土工试验判别土性，并利用部分土工试验资料(如采用标准贯入试验判别时，需要颗粒分析资料)进行判别，因此，使用起来十分不方便。扁铲侧胀试验具有灵敏度高、误差小、能连续测出土性细微变化等优点，其水平应力指数 K_D 与土的相对密度、原位应力、应力历史、胶结作用等有关，是一个能综合反映土的物理力学性质的指标。扁铲侧胀土性指数 I_D，能够划分土层，作为粉土/砂土的液化特征指标，能够反映出土的黏粒含量的变化。因此采用扁铲侧胀试验进行地基土的液化判别应该是可行的。

国内外学者在这方面已作了大量的研究工作，如 Marchetti(1982)、Robertson(1986)和 Reyna(1991)根据扁铲侧胀试验的水平应力指数 K_D 与砂土的相对密实度 D_r 的关系，分别建立了各自的水平应力指数 K_D 与产生液化的循环动剪应力比 τ_l/σ'_{v0} 的关系，如图 8-26 所示。

从图 8-26 可以明显看出：Reyna-Chameau 关系曲线位于中间的位置，推荐使用这条曲线进行地基土的液化判别，可以得到比较合理的结果。

Reyna-Chameau 关系曲线的表达式为

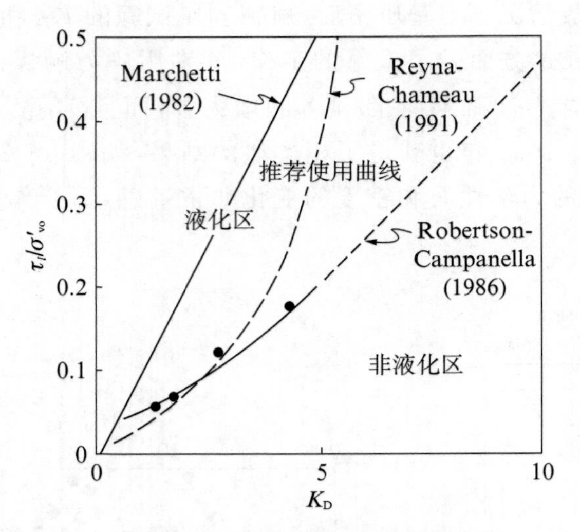

图 8-26 K_D 与动剪应力比关系图

$$\frac{\tau_l}{\sigma'_{v0}} = 0.008K_D{}^2 + 0.023K_D \tag{8-31}$$

运用扁铲侧胀试验进行地基土液化判别可采用如下步骤：

(1) 根据 Seed 简化公式计算地震作用的临界动剪应力比

$$\left(\frac{\tau_{av}}{\sigma'_{v0}}\right) = 0.65\left(\frac{a_{max}}{g}\right)\left(\frac{\sigma}{\sigma'_{v0}}\right)\gamma_d \tag{8-32}$$

式中 $\frac{\sigma}{\sigma'_{v0}}$——土的上覆应力与有效上覆应力比；

$\frac{a_{max}}{g}$——地震作用下地面最大加速度与重力加速度比；

γ_d——应力折减系数。

(2) 根据 K_D 按式(8-31)估算使土发生液化所需的最大动剪应力比 τ_l/σ'_{v0}。

(3) 若$\frac{\tau_l}{\sigma'_{v0}} < \frac{\tau_{av}}{\sigma'_{v0}}$,判为液化；反之，则不液化。

在上海地区，采用以上方法得到的结果与标准贯入、静力触探判别液化的结果比较接近，但结果一般偏大。陈国民(2003)通过对上海土层的扁铲侧胀试验成果进行分析，应用 K_D 和发生地震液化的动剪应力的关系，结合国内的使用习惯，提出了考虑砂质粉土中黏性土薄层影响的判别液化的公式：

$$K_{DCR} = K_{D0}\left[0.8 - 0.04(d_s - d_w) + \frac{d_s - d_w}{\alpha + 0.9(d_s - d_w)}\right]\sqrt{\frac{3}{15 - 5I_D}} \tag{8-33}$$

式中 K_{DCR}——液化临界水平应力指数；

K_{D0}——液化临界水平应力指数基准值，在地震烈度 7 度地区可取 2.5；

d_s——试验点所代表的深度；

d_w——地下水位埋深，可采用常年地下水位平均值，m；

α——系数，根据地下水位深度按表 8 - 8 取用。

表 8 - 8　　**α 系数表**

d_w/m	0.5	1.0	1.5	2.0
α	1.2	2.0	2.8	3.6

类似于采用标准贯入指标判别液化方法中的黏粒含量，采用扁铲侧胀试验的土性指数 I_D 作为粉土的液化特征指数，当 $I_D \leqslant 1.0$ 时，为黏质粉土和黏性土，当 7 度地震时为不液化土；当 $I_D > 2.4$ 时，取 $\sqrt{\frac{3}{15-5I_D}}=1$。

进行液化评价时，当实测扁铲水平应力指数 K_D 小于液化临界水平应力指数 K_{DCR} 时，判为液化土；当实测 K_D 大于液化临界水平应力指数 K_{DCR} 时，判为不液化土。

8.7　工程实例分析

8.7.1　工程概况

江苏省淮安至盐城高速公路试验段场地地基属于第四纪泻湖湘沉积，地基土主要由饱和黏性土、淤泥质粉质黏土、淤泥质黏土和粉土组成。整个场区为深厚饱和软弱土地基，高速公路建设中地基存在强度低，固结沉降时间长及变形量大等工程地质问题，针对该情况，采用长板短桩组合进行路基的处理和加固，即采用短水泥搅拌桩增强地基土强度和长塑料排水板加快地基土排水固结过程。为了评价该地基处理方案效果，除采用静力触探试验和现场载荷试验外，还开展了地基土处理前后的扁铲侧胀对比试验。

8.7.2　扁铲侧胀试验简介

按照技术要求对扁铲探头进行标定，并进行膜片老化处理，修订 ΔA 和 ΔB 值，使 ΔA 取值 15 kPa，ΔB 取值 42 kPa。在试验段场区内选择 6 个代表性试验点，试验时，打开气压阀，把扁铲探头以 2 cm/s 速度压入土中预定的试验深度，关闭气压阀并用控制箱加气压使膜片膨胀，用压力表测量气压，膜片回复初始位置时的位移量为 0.05 mm，测定压力 A（初始读数），然后测定使膜片移动至 1.10 mm 时的压力 B，降低气压，当膜片内缩到开始扩张的位置，测读此时气压值 C（回复初始读数）。当一个深度的试验完成后，将扁铲探头压入土中下一个试验深度，继续进行试验。试验点的间距控制在 0.2 m。

8.7.3　扁铲试验成果分析

根据现场试验数据采用式(8 - 4)—式(8 - 6)进行资料的修正和整理，求得相应的接触压力值 p_0，p_1 和 p_2，然后求得扁铲水平应力指数 K_D 和扁铲侧胀模量 E_D，最后得到土体处理前和处理后 15 d 的不排水抗剪强度 c_u 和扁铲侧胀模量 M 随测试深度变化曲线，如图 8 - 27 所示。

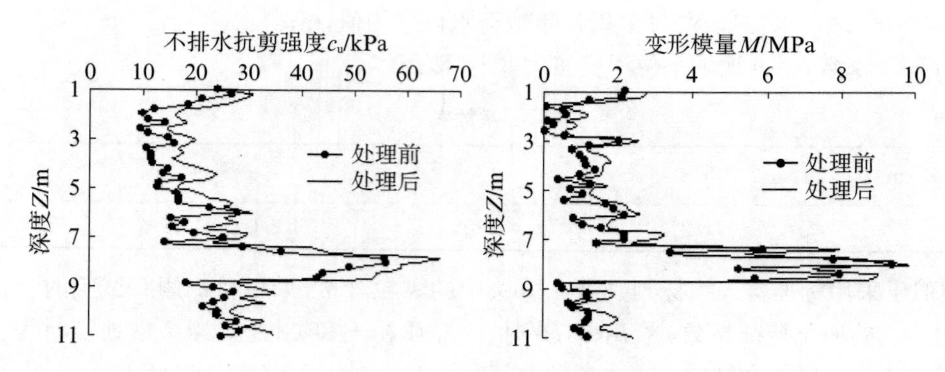

图 8-27 不排水抗剪强度 c_u 和扁铲侧胀模量 M 随深度变化曲线图

从图 8-27 对比结果可知,长板短桩处理深厚饱和软弱地基土效果是非常明显的,不仅可以通过塑料排水板加快排水固结进程,提高桩间土强度,而且由于水泥搅拌桩存在而大幅提高复合地基强度和变形模量。

复习思考题

1. 扁铲侧胀试验主要由哪些仪器设备组成?

2. 扁铲探头的工作原理是什么?

3. 为什么要在试验前和试验后对扁铲测头进行标定?

4. ΔA 和 ΔB 的合理范围是多少?

5. 什么情况下才进行膜片的老化处理?

6. 请描述一下测定 C 读数的过程。

7. 扁铲侧胀消散试验有哪几种方法?请说明 DMT-A 消散试验方法。

8. 说明材料指数 I_D 的意义,为什么可以用材料指数 I_D 进行土的分类?

9. 说明水平应力指数 K_D 的物理意义,为什么可以用水平应力指数 K_D 来鉴别超固结土坡的滑动面?

10. 说明侧胀模量 E_D 与杨氏模量 E 和压缩模量 M 的区别,为什么要对侧胀模量 E_D 进行修正才能得到土的变形模量?

11. 用扁铲侧胀试验数据推求土体的侧向基床系数的局限性是什么?您有何建议?

12. 某黏性土层水位埋深 3 m,其天然重度 $\gamma=18.0\ \text{kN/m}^3$,饱和重度 $\gamma_{sat}=18.0\ \text{kN/m}^3$,泊松比 $\mu=0.35$,其在 8 m 深处侧胀试验的 $p_0=280$ kPa,$p_1=350$ kPa。试计算静止侧压力系数 K_0、超固结比 OCR 和杨氏模量 E。

第 9 章　现场直接剪切试验

9.1　概述

岩体强度是指岩体抵抗外力破坏的能力。通常所讲的岩体强度是指岩体的抗剪强度，即岩体抵抗剪切破坏的能力。也就是说，岩体在任一法向应力作用下，剪切破坏时所能抵抗的最大剪应力值，称为该剪切面在此法向应力下的抗剪强度。

现场直接剪切试验可分为岩体本身、岩体沿软弱结构面和岩体与混凝土接触面的直剪试验三类。每类试验又可细分为试体在法向应力作用下沿剪切面剪切破坏的抗剪断试验、试体剪断后沿剪切面继续剪切的抗剪试验（也称摩擦试验）及法向应力为零时对试体进行剪切的抗切试验。

现场直接剪切试验可求得试验对象的抗剪强度和剪切刚度系数，试验结果较室内岩块试验更符合实际情况。

1. 岩体本身剪切试验

岩体本身剪切试验是为测定在外力作用下，岩体本身的抗剪强度和变形的试验。为验算坝基、坝肩、岩质边坡及地下硐室围岩等岩体本身可能发生剪切失稳时，可采用本试验方法。

目前，测定岩体的抗剪强度有多种方法，如直剪试验、三轴试验、扭转试验和拔锚试验等。国内外最为通用的是直剪试验。

2. 岩体沿结构面直剪试验

岩体沿结构面直剪试验是测定岩体沿结构面的抗剪强度和变形的试验，是为评价坝基、坝肩、岩质边坡及硐室围岩可能沿结构面产生滑动失稳时所采用的试验方法。

3. 混凝土与岩体直剪试验

混凝土与岩体直剪试验是为测定现场混凝土与岩体之间（胶结面）的抗剪强度和变形特性所进行的试验。为评价建筑物沿基岩接触面可能发生剪切破坏，校核其抗滑稳定性时可采用此类试验。

岩体抗剪强度试验在现场可以有各种不同的布置方案，但剪切荷载施加的方式只有两种。因此，按剪切荷载施加的不同方式，可分为两种试验方法：平推法试验和斜推法试验（图 9－1）。剪切荷载平行于剪切面施加为平推法，剪切荷载与剪切面成一定角度施加为斜推法。

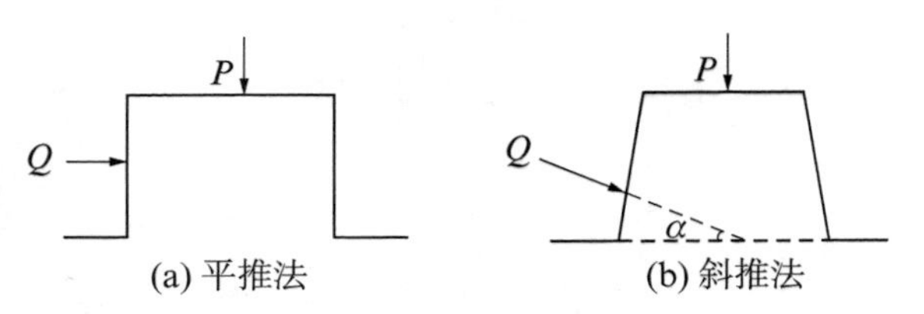

图 9－1　平推法试验与斜推法试验

关于两种试验方法的选取问题，因

两种试验方法各有其优缺点,目前尚无定论。在国外,有的采用平推法(如法国),有的采用斜推法(如葡萄牙),实验方法尚未统一。国际岩石力学学会发表的《现场岩石抗剪强度试验建议方法》中,也同时提出这两种方案。大量试验资料表明,这两种试验方法的最终成果无明显差别。在国内两种试验方法被各规范同时采用。

上述几种现场直接剪切试验,由于剪切对象不同,其试点的选取、试体的规格和制备要求、试验数据读取的时间间隔等方面存在差异。但在试验的原理、设备、步骤及试验结果的分析方法上都基本一致。

9.2 试验原理

现场直接剪切试验原理与室内直剪试验基本相同,但由于试件尺寸大且在现场进行,因此能把岩土体的非均质性及软弱面等对抗剪强度的影响更真实地反映出来。

根据库仑定律,有

$$\tau_f = c + \sigma \tan\varphi \tag{9-1}$$

式中 τ_f——剪切破坏面上的剪应力,即岩土体的抗剪强度,kPa;

σ——破坏面上的法向应力,kPa;

c——岩土体的粘聚力,kPa;

φ——岩土体的内摩擦角,(°)。

依据测得的 τ_f 就可求出相应的 c,φ 值。

在采用平推法和斜推法时,由于剪切应力的方向不一样,因此采用的计算公式也有所区别。

平推法试验(图 9-1(a))按式(9-2)和式(9-3)计算各法向荷载下的法向应力和剪切应力

$$\sigma = P/F \tag{9-2}$$

$$\tau = Q/F \tag{9-3}$$

式中 σ——作用于剪切面上的法向应力,MPa;

τ——作用于剪切面上的剪切应力,MPa;

P——作用于剪切面上的总法向荷载,N;

Q——作用于剪切面上的总剪切荷载,N;

F——剪切面面积,mm^2。

斜推法试验(图 9-1(b))按式(9-4)和式(9-5)计算法向应力和剪切应力:

$$\sigma = \frac{P}{F} + \frac{Q\sin\alpha}{F} \tag{9-4}$$

$$\tau = \frac{Q\cos\alpha}{F} \tag{9-5}$$

式中　Q——作用于剪切面上的总斜向荷载，N；

α——斜向荷载施力方向与剪切面之间的夹角。

其他符号同上文。

9.3　仪器设备构成

现场直接剪切试验的设备包括以下四部分：

(1) 试体制备设备：手风钻(或切石机)、模具、人工开挖工具各 1 套。切石机、模具应符合试体尺寸要求。

(2) 加载设备：液压千斤顶(或液压钢枕)2 套以上，出力容量根据试验要求确定，行程大于或等于 70 mm。液压泵(手动或电动)附压力表、高压油管、测力计等，与液压千斤顶(或液压钢枕)配套使用。

(3) 传力设备：传力柱(木、钢或混凝土制品)、钢垫块(板)、高压胶管、滚轴排。传力柱宜具有足够的刚度。在露天或基坑试验时还须使用岩锚、钢索、螺夹或钢梁等。

(4) 测量设备：百分表(量程≥50 mm)、千分表(量程≥2～50 mm)，每种大于 6 块、对应数量的磁性表座和万能表架、测量标点、量表支架(≥2)。支杆长度应超过试验影响范围。

试验时，在安装荷载系统之前，首先检查所有仪器设备，确认可靠后方可使用。标出垂直及剪切荷载安装位置后，先安装法向荷载系统，再安装切向荷载系统。平面剪切的平推法和斜推法直剪试验安装示意图见图 9－2。

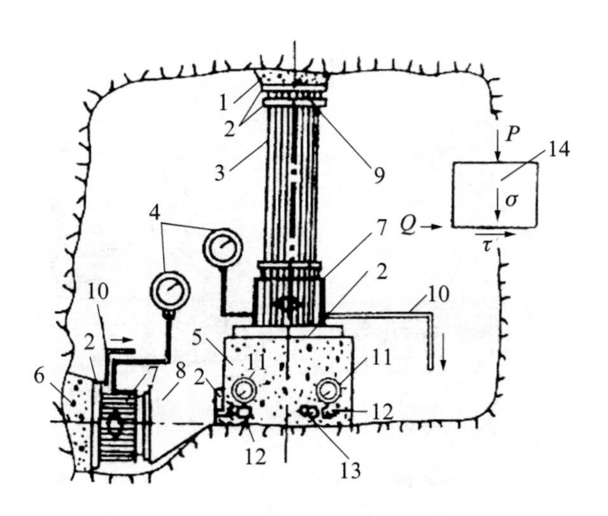

1—砂浆顶板；2—垫板；3—传力柱；4—压力表；5—混凝土试体；6—混凝土后座；7—液压千斤顶；8—传力块；9—滚轴排；10—接液压泵；11—垂直位移测表；12—测量标点；13—水平位移测表；14—试体受力简图

(a) 平推法

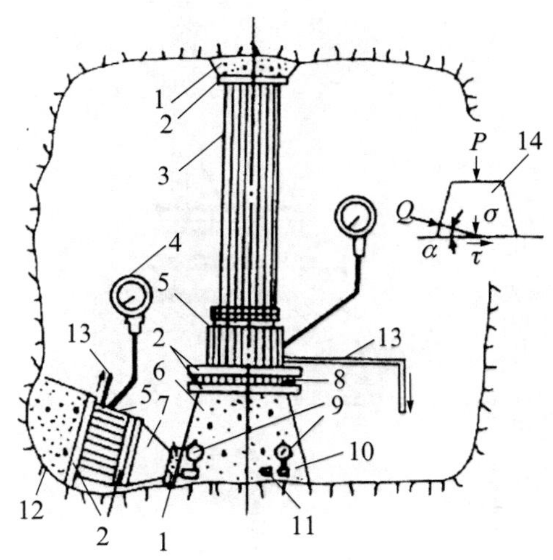

1，2，3，4，14同图(a)；5—液压千斤顶；6—混凝土试体；7—传力块；8—滚轴排；9—垂直位移测表；10—测量标点；11—水平位移测表；12—混凝土后座；13—接液压泵

(b) 斜推法

图 9－2　混凝土与岩体接触面直剪试验安装示意图

9.3.1 法向荷载系统安装

在试体顶部铺设一层水泥砂浆(也可是橡皮板或细砂),放上钢垫板,垫板应平行预定剪切面。然后,在垫板上依次安放滚轴排、垫板、千斤顶(或液压枕)、垫板、传力柱、顶部垫板。在顶部垫板和岩面之间浇筑混凝土或砂浆,或安装反力装置。法向荷载系统应具有足够的强度和刚度。当剪切面倾斜或荷载系统超过一定高度时,应对法向荷载系统进行支撑。整个法向荷载系统的所有部件,应保持在加载方向的同一轴线上,垂直预定剪切面。安装完毕后,启动千斤顶,施加接触压力使整个法向荷载系统接触紧密。千斤顶活塞应预留足够的行程。另外,在露天场地或无法利用硐室顶板作为反力支撑时,可采用地锚作为反力装置。当法向荷载较小时,也可采用压重法。

9.3.2 剪切荷载系统安装

在试体剪切荷载受力面用水泥浆粘贴一块条形垫板,垫板底部与剪切面之间应预留约 1 cm 间隙。在条形垫板后依次安放传力块、千斤顶、垫板。斜推法还应加装滚轴排(图 9-2—图 9-4)。在垫板和反力座之间浇筑混凝土或砂浆。当试体推力面与剪切面垂直且采用斜推法时,在垫板后依次安装斜垫块、千斤顶、垫板。安装剪切荷载系统时,千斤顶应严格定位。平推法推力中心线应平行预定剪切面,且与剪切面的距离不应大于剪切方向试体边长的 5%;斜推法推力中心线应通过剪切面中心,与剪切面夹角宜为 12°～17°。

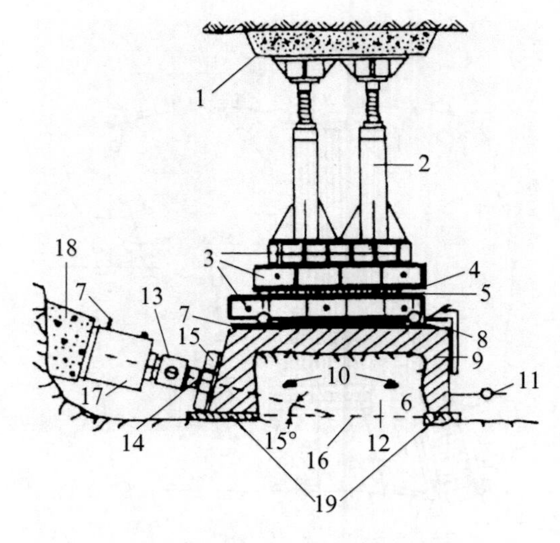

1—砂浆垫层;2—传力柱;3—传力横梁;4—钢板;
5—滚轴排;6—垂直位移量表;7—接液压泵;8—液压钢枕;
9—混凝土保护罩;10—侧向位移量表;11—水平位移测表;
12—试体;13—测力计;14—球座;15—钢板;16—剪切面;
17—液压千斤顶;18—混凝土垫块;19—垫料

图 9-3 岩体弱面直接剪切试验仪器设备安装示意图

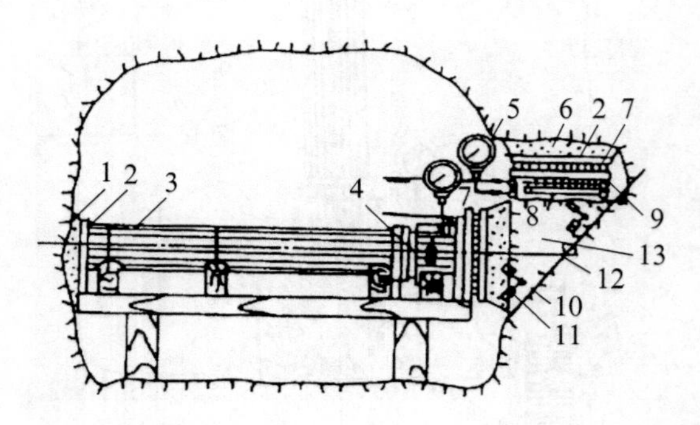

1—砂浆垫层;2—钢板;3—传力柱;4—液压千斤顶;
5—压力表;6—砂浆垫层;7—滚轴排;8—测压钢枕;
9—加力钢枕;10—测量标点;11—量表;
12—岩石弱面;13—楔形试体

图 9-4 倾斜岩石弱面直接剪切试验仪器设备安装示意图

9.3.3　测量系统安装

测量支架的支点应在基岩变形影响范围以外，支架应具有足够的刚度。在支架上依次安装测量表架和测量表。在试体两侧的对称部位分别安装测量切向和法向(绝对位移)的测量表，每侧法向、切向位移测量表均不得少于2只。根据需要可布置测量试体与基岩面之间相对位移的测量表。测量表的安装见图9-5。

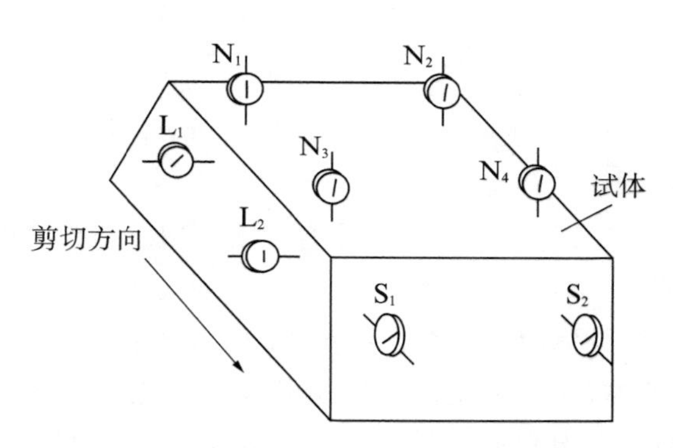

N_1，N_2，N_3，N_4—垂直位移量表；
S_1，S_2—剪切位移量表；L_1，L_2（L_3，L_4）—侧向位移量表

图9-5　直接剪切试验位移测量表布置示意图

9.4　试验方法

9.4.1　试验准备工作

现场直接剪切试验应根据工程需要，选择有代表性试验地段，确定试验位置。一般情况下，该试验是在试验平硐中进行，但也可以在井巷、露天场地的试坑或平的岩体表面进行，这时需要安装加荷系统的反力装置。试验前的准备工作包括以下内容。

1. 试验前的地质描述

地质描述是整个试验工作的重要组成部分，它将为试验成果的整理分析和计算指标的选择提供可靠的依据，并为综合评价岩体工程地质性质提供依据。具体内容包括：

(1) 试验地段开挖、试体制备方法及出现的问题；

(2) 试点编号、位置和尺寸；

(3) 试段编号、位置、高程、方位、深度、峒断面形状和尺寸；

(4) 岩石岩性、结构、构造、主要造岩矿物、颜色等；

(5) 各种结构面的产状、分布特点、结构面性质、组合关系等；

(6) 岩体的风化程度、风化特点、风化深度等；

(7) 水文地质条件(地下水类型、化学成分、活动规律、出露位置等)；

(8) 岩爆、峒室变形等与初始地应力有关的现象；

(9) 试验地段地质横纵剖面图、地质素描图、钻孔柱状图、试体展示图等。

2. 试体制备

根据中华人民共和国国家标准《岩土工程勘察规范》(GB 50021—2009)规定试体布置、制备及加工尺寸应符合一般规定:

(1) 在岩体的预定部位加工试体,试体宜加工成方形体(或楔形体);每组试体数量不宜少于 5 个,并应尽可能处在同一高程上。开挖时应尽量减少对试体的扰动和破坏。

(2) 试体剪切面积不宜小于 2 500 cm^2,边长不宜小于 50 cm,试体高度不宜小于试体边长的 2/3。试体间距应便于试体制备和仪器设备安装,宜大于试体边长,以免试验过程中相互影响。

(3) 试体的推力部位应留有安装千斤顶的足够空间,平推法应开挖千斤顶槽。剪切面周围的岩体应大致凿平,浮渣应清除干净。

(4) 平推法的推力方向宜与工程岩体的受力方向一致。斜推法的推力中心线与剪切面夹角 α 宜为 12°～17°(图 9-1)。

(5) 根据设计要求,对试体保持天然含水量或浸水饱和。

试验的布置方案一般如图 9-6 所示。当剪切面水平或近于水平时,采用(a),(b),(c),(d)方案;当剪切面较陡时(如陡倾软弱结构面),采用(e),(f)方案。图中,(a),(b),(c)为平推法,(d)为斜推法,(e),(f)为沿倾斜软弱面剪切的楔形试体。

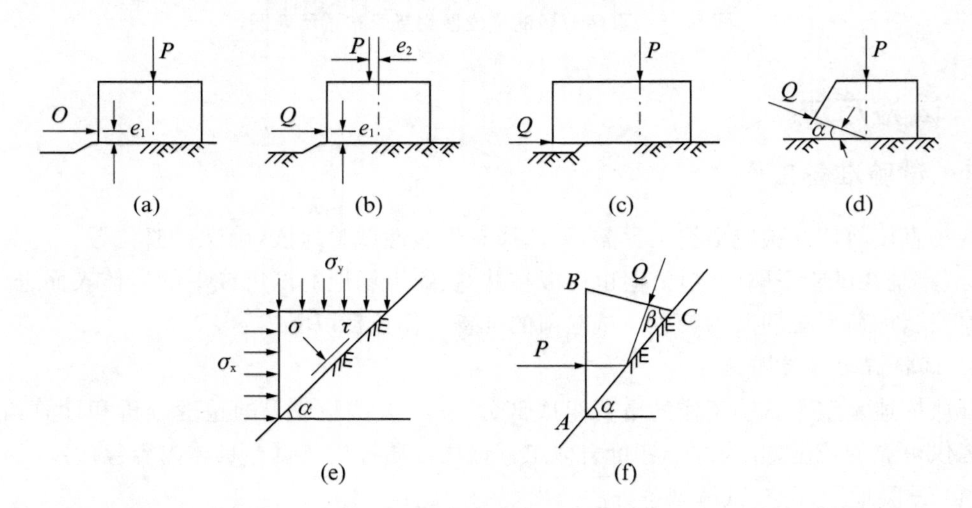

P—垂直(法向)荷载;Q—剪切荷载;σ_x,σ_y—均布应力;σ—法向应力;τ—剪应力;e_1,e_2—偏心距

图 9-6 岩体现场直剪试验布置方案

方案(a):施加剪切荷载时有一力臂 e_1 存在,使剪切面的剪应力及法向应力分布不均匀。

方案(b):使施加的法向荷载产生的偏心力矩与剪切荷载产生的力矩平衡,改善了剪切面上的应力分布,但法向荷载的偏心力矩较难控制。

方案(c):剪切面上的应力分布均匀,但试体施工有一定难度。

方案(d):法向荷载与斜向荷载均通过剪切面中心,α 角一般为 15°。试验过程中为保持剪切面上的正应力不变,需同步降低由于施加斜向荷载而增加的那一部分垂直分荷载。

方案(e):适用于剪切面上正应力较大的情况。

方案(f)：适用于剪切面上正应力较小的情况。

3. 资料准备

1) 斜推法试验

在采用斜推法进行试验时，应力计算如图9-1(b)所示，首先应对每个试体施加一定的垂直荷载，然后再加斜向剪切荷载，进行试验。由于斜向荷载可分解为平行剪切面的剪应力和垂直剪切面的正应力，故一旦加上斜向荷载，剪切面上的正应力分量随之增加，从而出现正应力的处理问题，即在剪切过程中，剪切面上的正应力是保持常数还是变数的问题。国外对这个问题各持不同看法。在国内，大致采用以下3种方法来处理：

(1) 随着斜向荷载的施加，同步减小垂直压力表读数，使剪切面上的正应力在整个剪切过程中始终保持常数。

(2) 在施加斜向荷载时，始终不调整垂直压力表读数(实际上垂直压力表读数在增加)，此时剪切面上的正应力是变数。

(3) 在施加斜向荷载时，同步调整垂直压力表读数，使压力表读数始终保持在初始读数上。此时加于试体上的正应力也是变数。

上述第(1)种方法，我们称之为常正应力法，第(2)、第(3)两种方法称为变正应力法。当正应力为变数时，剪切面上的应力条件比较复杂，而且作出的剪应力—剪位移曲线图形失真，给试验成果的整理和分析都带来困难。故现行规范规定为按常正应力法试验。为此，在试验前就要求我们设计出试体应施加多大的垂直荷载和斜向荷载，才能使试验顺利进行。

为使试验过程操作方便，一般可事先计算或绘制出同步加减时的垂直荷载 p 和斜向荷载 Q 的关系图表或曲线，并算出相应的压力表读数。然后再进行相应的试验。

由于斜向荷载的作用方向与法向荷载的作用方向应交于剪切面中心。试验前，预先按式(9-6)预估试体剪坏时的斜向总荷载：

$$Q_{max} = F\frac{(\sigma\tan\varphi + c)}{\cos\alpha} \tag{9-6}$$

式中　Q_{max}——预估的试体剪坏时的总斜向荷载，kN；

F——剪切面积，cm^2；

σ——剪切面上的法向应力，kPa；

$\tan\varphi$——预估的剪切面上的摩擦系数；

c——预估的剪切面上的黏聚力，kPa；

α——斜向荷载作用方向与剪切面交角，(°)。

试验时，按 Q_{max} 进行分级施加斜向推力直至剪断。为保持剪切面上的法向应力始终不变，应同步减少由斜向推力所引起的垂直荷载的增加量。同步加减的荷载按式(9-7)计算：

$$p = \frac{P}{F} = \sigma - \left(\frac{Q\sin\alpha}{F}\right) = \sigma - q\sin\alpha \tag{9-7}$$

式中，P，Q 分别为作用到剪切面上的垂直荷载和斜向荷载；其余符号同式(9-6)。

试验前,还应估算出剪切面上的最小正应力 σ_{min},防止因同步减少垂直荷载而发生法向应力为负数的情况出现。σ_{min} 按式(9-8)计算:

$$\sigma_{min} = \frac{c}{\cos\alpha - \tan\varphi} \tag{9-8}$$

式中符号同式(9-6)。

2) 平推法试验

在采用平推法进行试验时,应力计算如图 9-1(a)所示,在试验前,同样需对最大剪切荷载 Q_{max} 进行估算。在极限平衡状态下,剪切面上的应力条件符合摩尔—库仑公式:

$$\frac{Q_{max}}{F} = \sigma\tan\varphi + c \tag{9-9}$$

则有

$$Q_{max} = (\sigma\tan\varphi + c)F \tag{9-10}$$

如果根据岩性、构造等条件,预估出 φ,c 的值,代入式(9-10)即可估算出试体剪切破坏时最大剪切荷载 Q_{max},方便在试验过程中分级施加。

9.4.2 试验技术要求

1. *试验开始前准备*

根据对千斤顶(或液压枕)作的率定曲线和试体剪切面面积,计算施加的荷载和压力表读数。检查各测表的工作状态,测读初始读数。

2. *施加垂直荷载*

(1) 在每个试体上分别施加不同的垂直荷载,其值为最大法向荷载的等分值,最大垂直应力以不小于设计法向应力为宜。当剪切面有软弱充填物时,最大法向应力应以不挤出充填物为限。

(2) 每个试体分 4～5 级施加其垂直荷载。每隔 5 min 加一次,加荷后立即读数,5 min 后再读一次,即可施加下一级荷载。在最后一级法向荷载作用下,法向位移应相对稳定后(各测表的连续两次垂直变形读数差不超过 0.01 mm),再施加剪切荷载。

对于软弱夹层,在加到预定的垂直荷载后,低塑性软弱夹层每隔 10 min、高塑性软弱夹层每隔 15 min 读一次垂直变形,当两次变形读数差小于 0.05 mm 时,即视为已稳定,施加荷载的容许误差为±2%。

各试体的垂直荷载达到预定值后,在整个试验过程中应保持不变。

3. *施加剪切荷载*

(1) 剪切荷载按预估的最大值分 8～12 级施加,如发生后一级荷载的水平变形为前一级的 1.5 倍以上时,应减荷,按 4%～5%施加。

(2) 过程中法向应力应始终保持为常数。采用斜推法时,应同步降低因施加剪切荷载而产生的法向分量的增量,保持法向荷载不变。

(3) 施加剪切荷载采用时间控制，一般是每 5 min 加载一级，施加前后对法向和切向位移测表各测读一次。接近剪断时，应加密测读荷载和位移，峰值前不得少于 10 组读数。当剪切面为有充填的结构面时，应根据剪切位移的大小，每隔 10 min 或 15 min 加荷一次。加荷前后均须测读各测表的读数。

(4) 试体被剪断时，测读剪切荷载峰值。根据需要可继续施加剪切荷载，直到测出大致相等的剪切荷载值为止(表现为剪切荷载趋于稳定)。

(5) 当剪切荷载无法稳定或剪切位移明显增大时，应测读剪切荷载峰值。在剪切荷载缓慢退至零的过程中，法向应力应保持常数，测读试体回弹位移读数。

(6) 对于软弱夹层，低塑性夹层按 10%、高塑性夹层按 5%的最大预估荷载分级等量施加。加荷后每 10 min 读一次数，10 min 内变形小于 0.1 mm 时，即视为已稳定，施加下一级剪切荷载，直至剪断。

(7) 抗剪断试验完成后用同样方法沿剪断面进行抗剪试验(摩擦试验)。如有必要，可在不同的垂直荷载下进行重复摩擦(即单点摩擦)试验。

4. 试验记录

(1) 试验前记录好以下内容：工程名称、岩石名称、试体编号、试体位置、试验方法、混凝土强度、剪切面面积、测表布置、法向荷载、剪切荷载、法向位移、剪切位移、试验人员、试验日期。

(2) 试验过程中，对加载设备和测表使用情况、试体发出的响声、混凝土和岩体出现松动、掉块和裂缝开裂等现象，均应作详细描述和记录。

(3) 试验结束后，翻转试体，测量实际剪切面面积。详细记录剪切面的破坏情况、破坏方式，擦痕的分布、方向及长度。应描述岩体、混凝土内局部被剪断的部位和大小、剪切面上碎屑物质的性质和分布。对结构面中的充填物，应详细记述其组成成分、性质、厚度等。测定剪切面的起伏差，绘制沿剪切方向断面高度的变化曲线。绘制剪切面素描图并作剪切面等高线图。

9.5　试验资料整理与分析

9.5.1　计算法向应力和剪切应力

根据试验是平推法还是斜推法，分别采用式(9-2)和式(9-3)或者式(9-4)和式(9-5)计算各法向荷载下的法向应力和剪切应力。

9.5.2　绘制试验曲线

(1) 根据同一组直剪试验结果，以剪应力为纵轴，剪切位移为横轴，绘制每一个试验的剪应力与剪切位移关系曲线，而后从曲线上选取剪应力的峰值和残余值，如图 9-7 所示。

(2) 剪应力也可按其与剪切位移关系曲线的线性比例极限、屈服点、屈服强度或剪切过程中垂直和侧向位移定出的剪胀点和剪胀强度加以选定。需要时，可绘制垂直压应力、剪应力与垂直位移关系曲线。

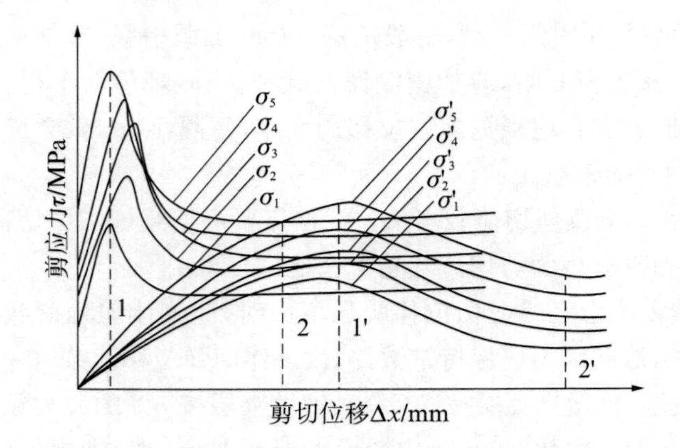

1,1′和 2,2′—相应于混凝土与岩石胶结面、岩石结构面或软弱岩石剪切面上的剪应力峰值和残余值的剪切位移；
τ—剪应力；Δx—剪切位移；σ_i—混凝土与岩石胶结面上的垂直应力；
σ_i'—岩石结构面或软弱岩石剪切面上的垂直应力

图 9－7 直剪试验剪应力—剪切位移曲线示意图

(3) 绘制法向应力与比例强度、屈服强度、峰值强度、残余强度的曲线，按库仑表达式确定相应的 c、φ 值。

9.5.3 确定抗剪强度参数

抗剪强度参数包括摩擦系数 $f=\tan\varphi$ 和黏聚力 c，大都按图解法或最小二乘法确定。这里只介绍图解法。

根据试验结果中的剪应力与相应的垂直压应力分布点，作平均直线(或曲线)，使其尽可能接近所有各点，舍弃偏离直(曲)线较远的个别点(图 9－8)。由直线(或代表曲线的直线)的斜率及其在纵轴上的截距，确定摩擦角 φ 和黏聚力 c。

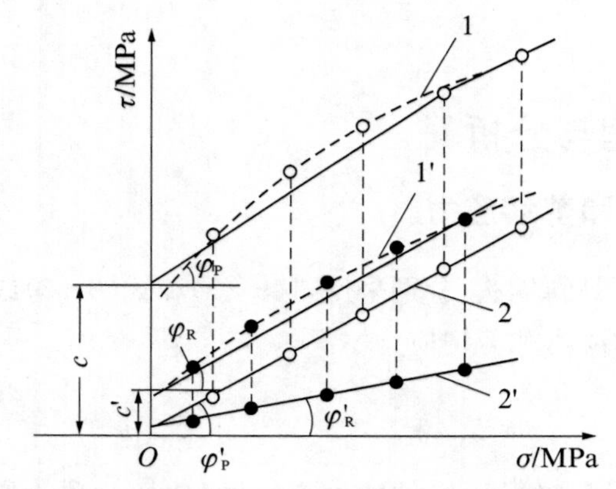

τ—剪应力；σ—垂直压应力；曲线 1、2、φ_P、φ_P'、c—混凝土与岩石胶结面和接触面的剪应力峰值、残余值与垂直压应力关系曲线、摩擦角和黏聚力；曲线 1′、2′、φ_R、φ_R'、c'—混凝土与岩石胶结面和接触面的剪应力峰值、残余值与垂直压应力关系曲线、摩擦角和黏聚力

图 9－8 直剪试验剪应力与垂直压应力关系分布和关系曲线示意图

9.5.4　对软弱结构面试验

应求出结构面的基本摩擦角与有效爬坡面(扩张角)。

9.5.5　确定剪切刚度系数

需要时,按式(9-11)确定剪切刚度系数 k_s：

$$k_s = \frac{\tau}{u_s} \tag{9-11}$$

式中,u_s 为在一定剪应力作用下的剪切位移。

在工程中,抗剪强度的取值可根据岩体性质、工程特点以及地区经验等条件对试验资料分析确定。表9-1的取值方法可供参考。验算滑动稳定性时,可取残余强度确定抗剪强度参数。

表9-1　单一岩性的抗剪强度取值

试验方法	摩擦系数($\tan\varphi$)		黏聚力(c)		应用情况
	取值标准	折减数	取值标准	折减数	
室内	峰值	0.85	摩擦试验值	不取用或0.2	狮子滩上犹江1958年
	变形为2 mm的摩擦系数	0.85			桓仁(1958年前)
	屈服强度	不折减	摩擦试验值	不取用	
室内或中型	峰值	0.85×0.93=0.8		0.2	夹泥层水平状厚度,面平整光滑
	流变试验	不折减			
现场直剪	快剪屈服值	1.09×0.93=1.0			一般适用
	快剪峰值	1.09×0.80=0.87			
	比例极限	不折减			
	流变试验值	不折减			活动性,亲水性指标较高,含蒙脱石类矿物

注:本表来源于《水利水电工程地质手册》。

9.5.6　影响试验成果的因素分析

影响试验成果的主要因素有试体(剪切面)尺寸的选定、剪切面起伏差、试体(剪切面)被扰动的程度、剪切面上垂直压应力分布、剪力施加速率等。

(1) 岩体是具有节理、裂隙、层面和断层等因素的地质体。为使现场直剪试验结果能反映其特性,试体尺寸应尽可能取大些。考虑到费用、工作量和设备等因素,试体不可能取得很大,应当选用合适的试体尺寸。一般认为,试体应具有一定数量的裂隙条数(100～200

条),或其边长大于裂隙平均间距的 5～20 倍。结合国际岩石力学建议方法和国内经验,规定如下：一般情况下,试体为 70 cm×70 cm×35 cm;对完整坚硬岩石,试体为 50 cm×50 cm×50 cm(试体受压面积大于 2 500 cm^2)。

(2) 剪切面起伏差对抗剪强度有影响。尤其对混凝土与完整坚硬岩石胶结面的抗剪强度影响较大。为统一试验条件,便于成果对比分析和减小其分散性,现结合国内实践经验,规定制备的剪切面,其起伏差不大于剪切方向边长的 1%～2%。

(3) 岩石软弱面或软弱岩石试体的制备过程中,如受扰动、结构遭破坏,将严重影响测定成果。故制备过程中应严格防止扰动试体,才能取得可信的试验结果。

(4) 试验过程中,除保持剪切面上垂直压应力为常量外,还应使其均匀分布在剪切面上,平推法的剪力作用线与剪切面间存在偏距,使剪切面上垂直压应力分布不均匀。这种不均匀性随着剪力的增大而增大,无疑将影响测定成果。为此,规定偏距应严格控制在剪切面边长的 5%以内。

(5) 直剪试验的剪力施加速率有快速、时间控制和剪切位移控制三种方法。为使试验尽可能符合工程实际,以剪切位移控制法最为理想。国内经验表明,在剪应力与剪切位移呈线性变化关系(或屈服点)以前,时间控制法与剪切位移控制法得到一致的结果,此后,沿剪切面发展持续位移,按剪切位移就很难控制剪力施加速率。而采用时间控制就便于掌握,这在国内已广泛采用。控制时间的长短,可以根据试体性状确定。

复习思考题

1. 简述现场剪切试验的方法种类。
2. 简述平推法与斜推法的区别与联系。
3. 说明现场剪切试验的试体制作要求。
4. 说明现场剪切试验的资料整理内容。

第10章　波速测试

10.1　概述

弹性波在土中传播的速度反映了土的弹性性质，这对于工程抗震、动力机器基础设计都是有实际意义的。弹性波可以分为两大类，即体波和面波。在弹性介质内部传播的波称为体波。当其传播时，如质点振动方向与波的传播方向一致，称为压缩波；如相互垂直，则称为剪切波。如弹性波在介质表面或不同弹性介质交界面上传播，除了压缩波与剪切波仍存在之外，其主要能量由一新的波——面波来传播；在弹性介质的表面，则以瑞利波的形式出现，其质点振动轨迹呈椭圆状；在介质表面附近，瑞利波按逆时针方向运动。

在自然界中，大多数的岩石可以看作弹性体。但对于土来说，只有在小应变的情况下才被视作弹性体。尤其是对于饱和土，其孔隙中充满了水。水在封闭的孔隙中承受压缩时，表现了一种不可压缩性，因此可以传播压缩波，水的压缩波波速(V_p=1 300～1 500 m/s)远大于土的骨架传递的压缩波波速(V_p=300 m/s 左右)。这种现象启示我们，在饱和土中的压缩波波速并不反映土的骨架的弹性性质，而是水的性质，并且是一常数。因此，测土中的压缩波波速 V_p 是没有意义的。对于非饱和土，随着含水量的不同，土的压缩波波速也呈现一种不确定性，因此一般也不用测算。只有岩体除外，因为岩石的压缩波波速 V_p 可达 3 500 m/s以上，远大于水的波速。但是土中的孔隙水不能承受剪切变形，不能传递剪切波。剪切波在土中传播时，只受土的骨架的剪切变形的控制。土的弹性波波速测试，主要是测试剪切波传播速度 V_s。

波速测试(wave velocity test)是利用波速确定地基土的物理力学性质或工程指标的现场测试方法。测试目的是根据弹性波在岩土体内的传播速度，间接测定岩土体在小应变条件下(10^{-4}～10^{-6} mm)动弹性模量等参数。波在地基土中的传播速度是地基土在动力荷载作用下所表现出的工程性状之一，也是建(构)筑物抗震设计的主要参数之一。波速测试可以采用单孔法、跨孔法和面波法。地基土的波速测试可以应用于以下目的：

(1) 划分场地类型，计算场地的基本周期；

(2) 提供地震反应分析所需的地基土动力参数(动剪切模量、阻尼比、动剪切刚度等)；

(3) 提供动力机器基础设计所需的地基土动力参数(抗压、抗剪、抗扭刚度及刚度系数、阻尼等)；

(4) 判断地基土液化的可能性。

另外，波速测试本身也是一种检测方法，可以用来评价地基土的类别和检验地基加固效果。本章将分别介绍钻孔波速测试法(单孔法和跨孔法)和面波法波速测试法。

10.2 单孔法波速测试

10.2.1 基本原理

单孔法波速测试可分为单孔孔下法波速测试,单孔孔上法波速测试,如图 10-1 所示。单孔孔下法波速测试是在孔口地面设置振源,在唯一的一个钻孔中,在需要探测的深度处放置拾振器,主要检测水平的剪切波(S_H 波)和压缩波(P 波)的波速。单孔孔上法波速测试则是将振源放置在孔内一定深度,将拾振器放置在地面。单孔法波速测试直接得到的是几个土层的平均波速,需要通过换算才可以得到各个土层的波速。下面以孔上法波速测试为主进行其原理的阐述。

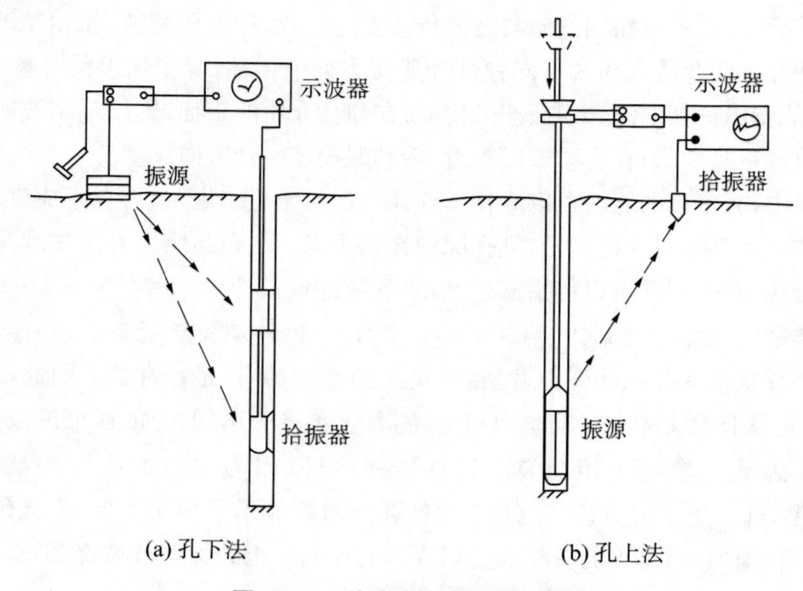

图 10-1 单孔法波速测试示意图

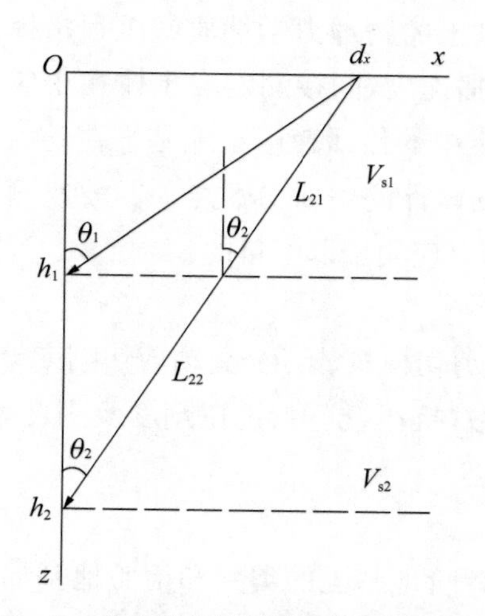

图 10-2 单孔剪切波速度测试原理示意图

1. 基本假定

(1) 地下介质采用水平层状地层模型;

(2) 剪切波速在水平方向为均匀分布,而在垂直方向随深度变化。

2. 公式推导

定义坐标系原点为钻孔口,z 轴沿钻孔向下为正,x 轴向右为正,单孔剪切波速法测试原理如图 10-2 所示。设测点深度为 h_i,激振点距钻孔口距离为 d_x。

1) 正演公式

对于第 1 个测试点 h_1,设深度 h_1 以上土层的剪切波速度为 V_{s1},剪切波射线长度为 L_1,它与钻

孔轴线夹角为 θ_1，根据三角关系，射线长度 L_1 为

$$L_1 = \frac{h_1}{\cos\theta_1} \tag{10-1}$$

则剪切波到达测点 h_1 的走时 t_1 为

$$t_1 = \frac{L_1}{V_{s1}} = \frac{h_1}{\cos\theta_1 V_{s1}} \tag{10-2}$$

对于第 2 个测试点 h_2，设深度 $h_1 \sim h_2$ 土层的剪切波速度为 V_{s2}，剪切波射线长度为 L_2，它与钻孔轴线的夹角为 θ_2。而 L_2 又可分为 L_{21} 和 L_{22} 两段，其中，L_{21} 段对应的波速为 V_{s1}，L_{22} 段对应的波速为 V_{s2}。根据三角关系，两段射线的长度 L_{21} 和 L_{22} 分别为

$$L_{21} = \frac{h_1}{\cos\theta_2} \tag{10-3}$$

$$L_{22} = \frac{h_2 - h_1}{\cos\theta_2} \tag{10-4}$$

则剪切波到达测点 h_2 的走时 t_2 为

$$t_2 = \frac{L_{21}}{V_{s1}} + \frac{L_{22}}{V_{s2}} = \frac{h_1}{\cos\theta_2 V_{s1}} + \frac{h_2 - h_1}{\cos\theta_2 V_{s2}} = \frac{1}{\cos\theta_2}\left(\frac{h_1}{V_{s1}} + \frac{h_2 - h_1}{V_{s2}}\right)$$

同理可得剪切波到达测点 h_3 的走时 t_3 为

$$t_3 = \frac{L_{31}}{V_{s1}} + \frac{L_{32}}{V_{s2}} + \frac{L_{33}}{V_{s3}} = \frac{1}{\cos\theta_3}\left(\frac{h_1}{V_{s1}} + \frac{h_2 - h_1}{V_{s2}} + \frac{h_3 - h_2}{V_{s3}}\right)$$

根据以上推导，可得剪切波到达任意测点的走时 t_i 为

$$t_i = \frac{1}{\cos\theta_i}\left(\frac{h_i - h_{i-1}}{V_{si}} + \sum_{j=1}^{i-1} \frac{h_j - h_{j-1}}{V_{sj}}\right) \tag{10-5}$$

式中，$\theta_i = \arctan\left(\frac{dx}{h_i}\right)$。 (10-6)

2）反演公式

反演公式可由正演公式变形得到：

$$V_{si} = \frac{h_i - h_{i-1}}{t_i \cos\theta_i - \sum\limits_{j=1}^{i-1} \frac{h_j - h_{j-1}}{V_{sj}}} \tag{10-7}$$

式中 V_{si}，V_{sj}——第 i 个和第 j 个测点深度处的剪切波速，m/s；

h_i，h_j——第 i 个和第 j 个测点的深度，m；

t_i——第 i 个测点深度的到时，s；

θ_i——第 i 个测点到激发点的连线与孔轴向的夹角，(°)，由式(10-7)计算，使用式(10-7)时，沿钻孔从上到下顺序计算。

10.2.2 仪器设备构成

单孔法波速测试所需的仪器设备一般包括以下两部分：

(1) 弹性波激发装置(简称振源)；

(2) 弹性波接收装置(包括检波器或拾振器、放大器及记录显示器，后者大都用电脑代替)。

通常，振源可以采用人工激发和超声波两种。人工激发是一种最简单的方法，用得也最普遍，详见图 10－3。

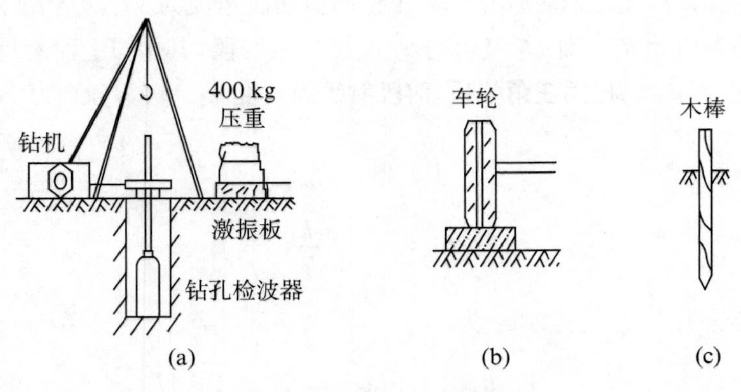

图 10－3　钻孔波速试验示意图

图 10－3 介绍了国内外常用的三种激振方法。最简单的是在地面插根短棒，如图 10－3(c) 所示。图 10－3(a)、(b)、(c)三种方法产生的剪切波是不同的。应该说，激振板越长，剪切波的频率越低；压重越重，剪切波能量越大，所以，要求测试的土层越厚，图 10－3(a)所示方法更适宜。

如果在敲击锤上已接了仪器的触发装置，那么，激振板下可以不放置触发传感器(检波)。如要设置，必须保持检波器信号接收方向与激振方向一致，但与波的传播方向垂直。弹性波接收装置如图 10－4(a)所示，孔内测点布置方式见图 10－4(b)。

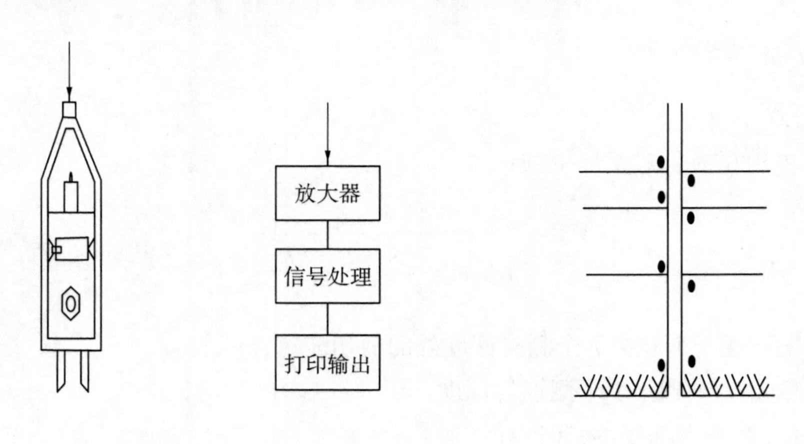

(a) 弹性波接收装置　　(b) 孔内测点布置示意图

图 10－4　弹性波接收装置及测点布置示意图

10.2.3 试验方法

1. 现场布置

在指定测试地点打钻孔，垂直度要求与一般勘探孔一样。离开孔口 1～1.5 m 布置激振装置。如要测试孔斜，钻孔内须设置 PVC 套管，内管有 4 个槽口，以备测斜仪沿槽口移动。

如果被测土层不厚、较硬或泥浆护壁后不会坍孔，测试前可将钻机移走；否则，钻机应留在孔位上备用。如孔内检波器没有在孔壁上固定的装置，则需钻机协助。

2. 孔内测点布置原则

一般应结合土层的实际情况布置测点，测点在垂直方向上的间距宜取 1～3 m，层位变化处应加密，具体按照下列原则布置：

(1) 每一土层都应有测点，每个测点宜设在接近每一土层的顶部或底部处，尤其对于薄层，更不能将测点设在土层的中点。

(2) 若土层厚度小于 1 m，可以忽略；若土层厚度超过 4 m，须增加测点。通常可以每间隔 1～2 m 设置一个测点。

(3) 测点设置须考虑土性特点。如各土层相对均匀，可以考虑等间隔布置；否则，只能根据土层条件按不等间隔布置。

3. 测试步骤

(1) 向孔内放置三分量检波器，在预定深度固定(气压固定、机械固定)于孔壁上，并紧贴孔壁。

(2) 测点布置。根据最小测试深度 h_1、测点间隔 $\mathrm{d}h$ 和测点个数 n，可确定各测点的坐标为

$$h_i = h_1 + (i-1)\mathrm{d}h \quad (i = 1,2,\cdots,n) \tag{10-8}$$

(3) 激发。一般采用地面激振，距钻孔口距离为 d_x 处埋设一厚木板，用大锤分别锤击木板的两端，产生正、反向的剪切波。

(4) 接收。采用三分量检波器，在钻孔的不同深度 h_i 处分别记录正、反向剪切波的波形，检查记录波形的完整性及可判读性。

(5) 如发现接受仪记录的波形不完整，或无法判读，则须重做，直至正常为止。

10.2.4 资料整理

资料整理的核心部分是确定由激发点至波动信号接收点之间的传播时间。除了有些数字化仪器可以直接读出传播时间之外，均须进行下列分析。

(1) 确定激发波形的起始点，即波动起始时间。

(2) 在接收波形中确定剪切波的起始点。由于弹性波在土体内(相当于弹性介质内传播)可形成压缩波和剪切波，可按以下方法进行压缩波和剪切波的甄别：

① 波速不同。压缩波速度快，剪切波速度慢，因此压缩波先到达，剪切波后到达。

② 波形特征。压缩波传递的能量小，波峰小，剪切波传递的能量大，波峰大，并且二者

的频率不一致，当剪切波到达时，波形曲线上会有个突变，以后过渡到剪切波波形。

压缩波记录的长度取决于测点深度。测点越深，离开振源越远，压缩波的记录长度就越长。图 10－5(b)中波形是在离孔口 5 m 深处记录所得，其压缩波记录长度要短得多。如在孔口记录，波形中就不会出现压缩波。当测点深度大于 20 m 或更深时，由于压缩波能量小，衰减较快，一般放大器有时候测不到压缩波波形，记录下来的波形图只有剪切波，这样就更容易鉴别了。

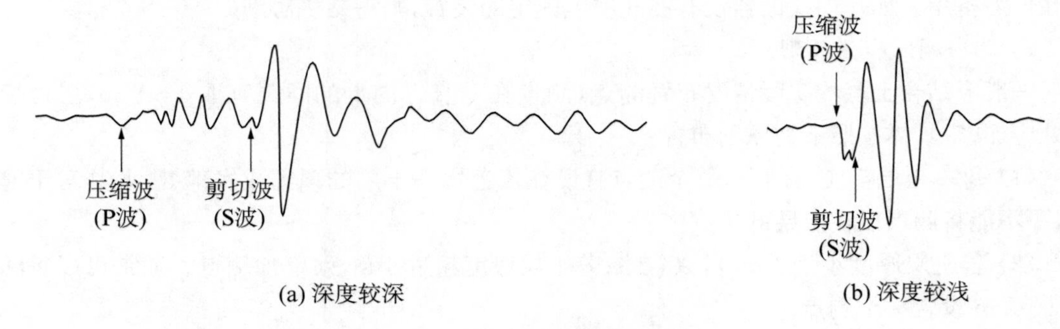

(a) 深度较深　　(b) 深度较浅

图 10－5　波形图

剪切波波速由式(10－7)计算。具体资料整理的过程，应包括以下参数的计算：

(1) 计算各地层剪切波速度平均值$\overline{V}_{sj}$。

(2) 根据各层$\overline{V}_{sj}$、ρ_j 或 γ_j 计算剪切模量 G_j(j 为土层序号)：

$$G_j = \rho_j V_{sj}^2 = \frac{\gamma_j}{g} V_{sj}^2 \tag{10-9}$$

式中，g 为重力加速度，等于 9.81 m/s^2。

(3) 计算场地土层平均剪切模量(20 m 内，但不超过覆盖层厚度 d_{oV})：

$$\overline{G} = \frac{\sum \Delta h_j G_j}{\sum \Delta h_j} \tag{10-10}$$

(4) 确定场地覆盖层厚度 d_{oV}($V_{sj} \geqslant 500$ m/s)。

(5) 计算场地土层平均剪切波速 V_{sm}(15 m 内，但不超过覆盖层厚度 d_{oV})：

$$V_{sm} = \frac{\sum \Delta h_j \, \overline{V}_{sj}}{\sum \Delta h_j} \tag{10-11}$$

(6) 计算卓越周期 T(覆盖层厚度 d_{oV}内)：

$$T = 4 \sum \frac{\Delta h_j}{\overline{V}_{sj}} \tag{10-12}$$

(7) 计算场地指数 u。

刚度指数：

当$\overline{G}>30$ MPa，　　$u_G = 1 - e^{-6.6(\overline{G}-30)\times 10^{-3}}$　　(10 - 13a)

当$\overline{G}\leqslant 30$ MPa，　　$u_G = 0$　　(10 - 13b)

厚度指数：

当 $d_{oV}\leqslant 80$ m，　　$u_d = e^{-0.8(d_{oV}-5)^2\times 10^{-3}}$　　(10 - 14a)

当 $d_{oV}>80$ m，　　$u_d = 0$　　(10 - 14b)

场地指数：

当 $G\leqslant 500$ MPa 或 $d_{oV}>5$ m，　$u = 0.7u_G + 0.3u_d$　　(10 - 15a)

当 $G>500$ MPa 或 $d_{oV}\leqslant 5$ m，　　$u = 1$　　(10 - 15b)

(8) 液化判别。

如果 15 m 内的土层中有饱和粉土或砂土，剪切波波速临界值：

砂土　　$V_{scr} = k\sqrt{d_s - 0.01d_s^2}$　　(10 - 16)

粉土　　$V_{scr} = k\sqrt{d_s - 0.0133d_s^2}$　　(10 - 17)

式中，d_s 为砂土层或粉土层中剪切波波速测试点深度，m；k 为计算系数，可按表 10 - 1 取值。

如果$\overline{V}_{sj}>V_{scr}$，则可不考虑液化；否则，土层可能液化。

表 10 - 1　　计算系数 k

抗震设防烈度	7°	8°	9°
饱和砂土	92	130	184
饱和粉土	42	60	84

波速测试最终成果见表 10 - 2，须绘成土层深度与剪切波波速关系图，见图 10 - 6。

表 10 - 2　　波速测试最终成果

土层编码	土名	层底埋深/m	波速曲线	平均波速/(m·s^{-1})
2	褐黄色粉质黏土	3.50	见图 10 - 6	111.5
3	淤泥质粉质黏土	12.00		110.5
4	淤泥质黏土	21.15		122.3
5	黏质粉土	未穿		165.7

10.3　跨孔法波速测试

所谓跨孔法波速测试，就是利用相隔一定间距的两个平行钻孔，一个孔设置激振器，作为振源，另一个孔放置检波器，接收信号，如图 10 - 7 所示。

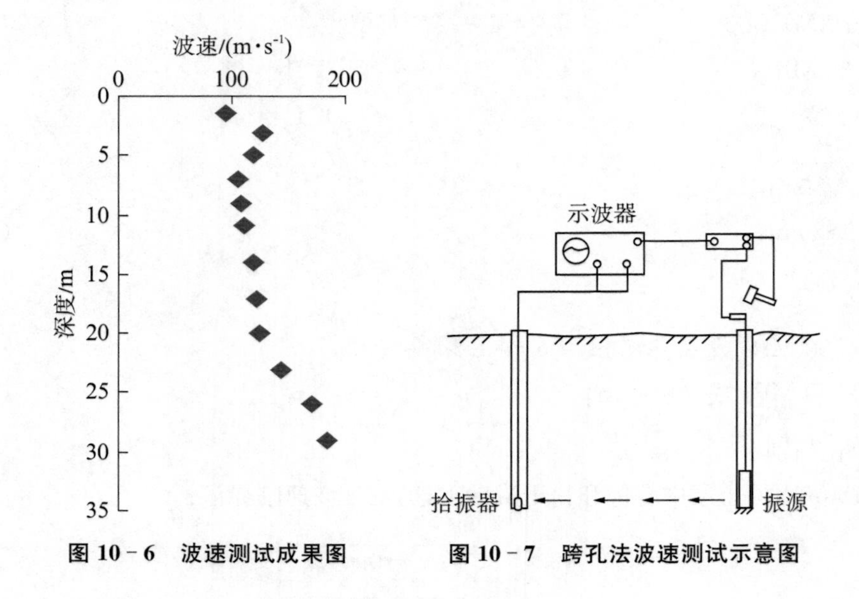

图 10-6 波速测试成果图　　图 10-7 跨孔法波速测试示意图

10.3.1 基本原理

跨孔法波速测试的原理仍然是直达波原理。但是其振源产生的剪切波质点振动方向是垂直向,波传播方向为水平向,通常称为 SV 波,不同于单孔法波速测试的 SH 波。

10.3.2 仪器设备构成

与单孔法波速测试相同,跨孔法波速测试的仪器设备主要由振源、接收器、放大器和记录仪组成。但其激发装置则是可固定于钻孔内的双头锤,如图 10-8 所示。

该锤的形式主要是两侧有固定撑,中间为锤垫,锤垫中间穿孔,将上、下两个撞击锤串连成一体。锤由绳索连接,引至孔口。向上拉绳索,产生向上撞击;放松绳索,产生向下撞击,由此产生起始振动方向不同的 SV 波。利用钻头及钻杆,也可作为激发装置,如图 10-9 所示。

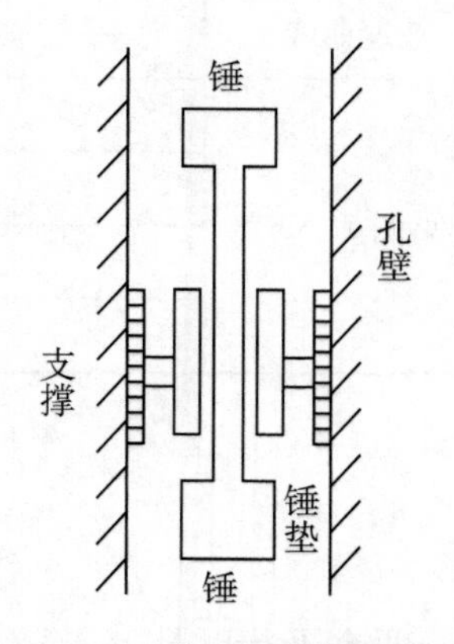

图 10-8 串心双头锤示意图

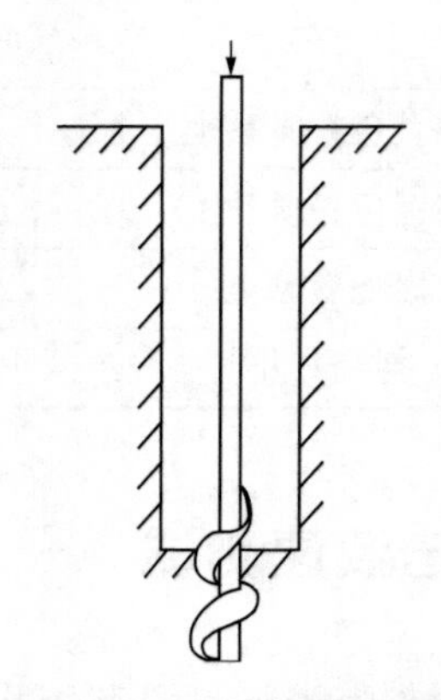

图 10-9 利用钻杆激发示意图

此时钻进深度必须配合测点位置。当钻头钻至指定位置时，只须在钻杆上绑扎一个检波器，作为起振信号的接收装置，用手锤敲击钻杆顶或把手底，即可得到起始振动方向不同的SV波。

10.3.3 试验方法

1. 测孔布置

在测试点打2～3个垂直的互相平行的钻孔，一个为激发孔，其他为接收孔，孔距在土层中宜为2～5 m，在岩层中宜为8～15 m。孔距选择与土性有关。对于松软土地区，激发孔与接收孔之间的距离不宜超过4 m，不然接收到的波形较难分析。如果激发能量大一些，孔距可适当放大。钻孔垂直度的保证，是取得真实波速值的基础，因此，对钻孔进行倾斜度的测试是必要的，一般当测试深度大于15 m时，应进行激振孔和测试孔倾斜度和倾斜方位的测量，测点间距宜取1 m。

2. 孔内测点布置

(1) 测点垂直间距宜取1～2 m，近地表测点宜布置在0.4倍孔距的深度处，振源和检波器应置于同一地层的相同之处。

(2) 由于激发孔与接收孔相距4 m左右，而且剪切波是水平传播的，因此，软、硬土层交界面的影响更为突出。不应像图10-10所示那样将测点布置在软硬层界面附近，要防止测试中剪切波在硬土层中折射，先于软土层中剪切波直达检波器，结果测到的是折射剪切波速度，而造成硬土层错位，见图10-11。

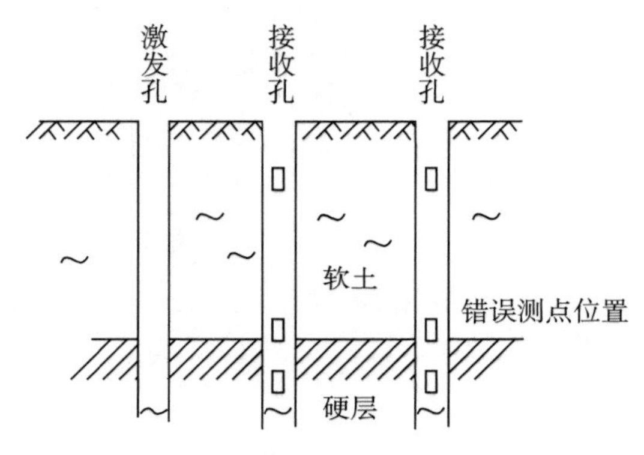

图10-10 孔位及测点示意图

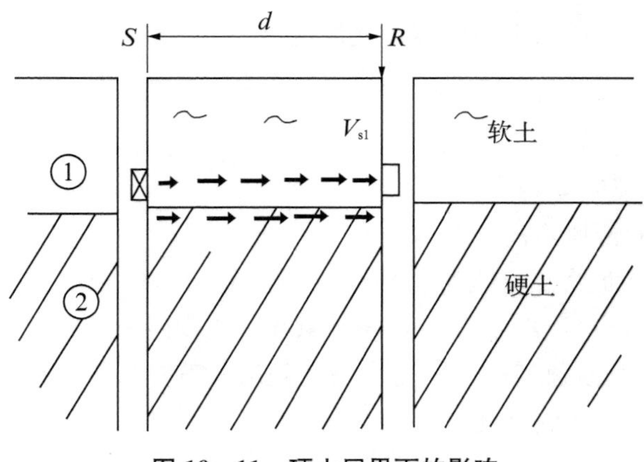

图10-11 硬土层界面的影响

3. 测试步骤

(1) 将激发器与接收器同时分别放入两个孔内至预定的测点标高，并予以固定。

(2) 调试仪器至正常状态。

(3) 驱动锤击激发器,检查接收信号是否正常,如正常即予以储存。由接收到的信号算出剪切波在土中的传播时间。

(4) 初步验算 V_s 值,检验是否在合理范围之内。如一切正常,继续进行下一点测试。

10.3.4 资料整理

(1) 根据测斜的成果,整理出各测点在测试平面上的偏移距离,计算出激发点与接收点之间的实际距离,如图 10-12 所示。

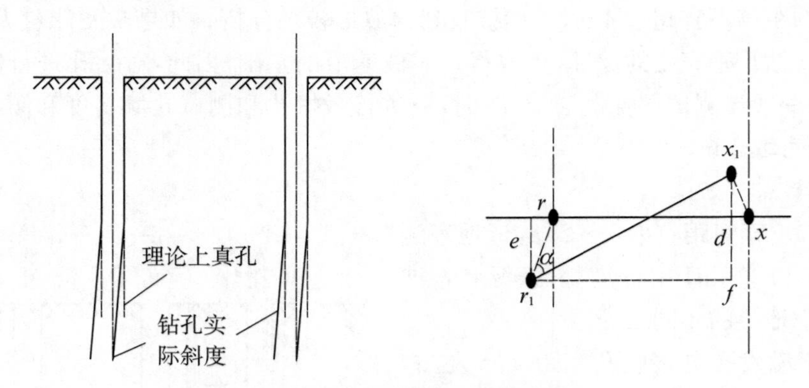

图 10-12 孔斜对传播距离的影响

由测斜可知 re,r_1e,x_1d,xd 和 xr 是理论的传播距离,实际传播距离为 x_1r_1,可由式(10-18)求得:

$$x_1r_1 = \sqrt{(r_1f)^2 + (x_1f)^2} \tag{10-18}$$

式中 $r_1f = rx + re - xd$;

$x_1f = x_1d + r_1e$。

(2) 由式(10-19)求得水平传播剪切波波速 V_s

$$V_s = \frac{x_1r_1}{t} \tag{10-19}$$

式中 t——实际的传播时间,s;

x_1r_1——实际的传播距离,m。

(3) 注意土层交界面处波速值的合理性。如该值与地质分层有矛盾,即高于或低于土层可能的波速值时,应以地质勘察报告的分层为准。测到的波速值归入相应土层内统计,不以测点位置为准,因为此波速值的异常是由波在硬层(高速层)中折射引起的。

(4) 其他计算同单孔法波速测试。

10.4 面波法波速测试

面波法波速测试又分为瞬态法和稳态法,宜采用低频检波器。

10.4.1 稳态振动法

1. 基本原理

如在地表施加一定频率 f 的稳态振动,振动能量以面波的形式向四周传播。该面波的波速 V_R 可由下式确定

$$V_R = fL \tag{10-20}$$

式中 f——稳态振动频率,即面波的波动频率,H_Z;

L——面波的波长,m。

面波的波速 V_R 与土的性质相关。相同类别土层的波速 V_R 被认为是一定的(有频散现象的除外),因此,面波波长 L 也将随着波动频率的不同而变化。由于波动频率 f 可以人为控制,只要测出面波波长 L,就可求得 V_R。

2. 仪器设备构成

通常,振源采用机械式激振器或电磁式激振器,见图 10-13(a)和图 10-13(b)。前者振动能量较大,频率较低,传播距离较远;后者频率高,衰减较快,传播距离短。

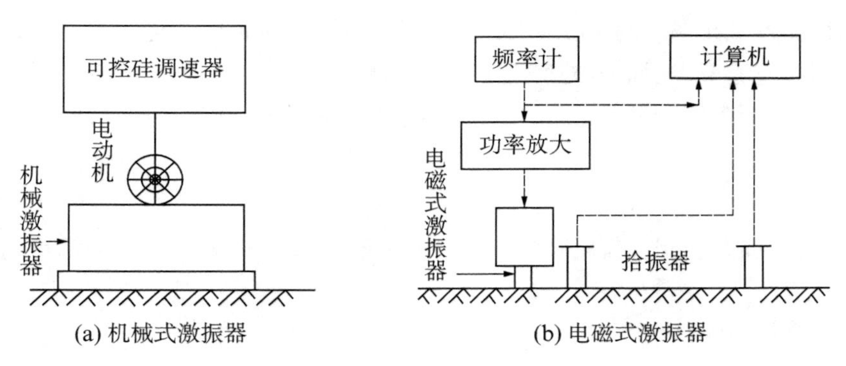

图 10-13 两种激振器

接收设备由拾振器、放大器和计算机(作为数据采集处理设备)组成。其中,拾振器必须是宽频带的,并与激振器的频率范围相一致。此处不能使用地振勘探中使用的检波器。

3. 试验方法

现场布置如图 10-13(b)所示。在选定的测点布置好激振器。由垫板边作为起点,向外延伸。布置一皮尺,测试时拾振器与垫板的间距可由皮尺读出。

如场地比较均匀又不太大时,可选择一个点,并沿三个方向做试验;否则,增加测点。具体测试步骤如下:

(1) 将拾振器紧贴垫板,开动激振器,见图 10-14(a)。

(2) 计算机屏幕显示,由拾振器测到的波动信号与频率计输入的波形在相位上是一致的,如图 10-14(b)所示。

(3) 移动拾振器一定距离,此时两个波形相差一定相位。

(4) 继续移动拾振器,如相位反向,即差 180°,如图 10-14(c)所示。此时,拾振器与垫

板之间距离即为半波长$\frac{L}{2}$，量出$\frac{L}{2}$的实际长度，并记录。

(5) 再次移动拾振器，使两个波形相位重新一致。此时，拾振器与垫板的间距为一个波长 L，见图 10-14(a)，依此类推，$2L$，$3L$ 均可测得。

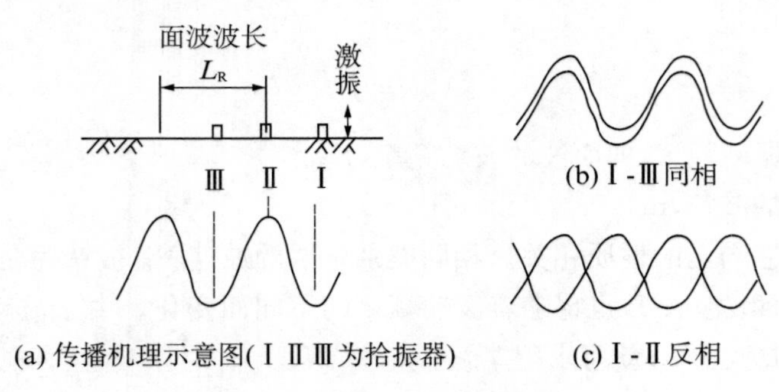

图 10-14　面波传播

4. 资料整理

(1) 将实测的波的频率 f、波数及波长 L 整理成表或图的形式。

(2) 求得在各个频率下的 V_R 值，取平均值，即为场地的面波波速。

(3) 剪切波波速 V_S 比面波波速 V_R 略大，并随泊松比 μ 由 0 增至 0.5 时，V_R 值接近 V_S 值。由于土层的泊松比一般为 0.3～0.5，尤其是饱和软黏土，其泊松比 μ 都在 0.45～0.5 之间，因此，$\frac{V_R}{V_S}=0.98$ 左右。

(4) 由于测试的是面波，其反映的土层厚度一般认为是半波长，即有效深度为 $H=\frac{L}{2}$。

10.4.2　瞬态振动法

瞬态瑞利波勘探方法是一种新的浅层地震勘探方法。它可以快速、经济地测定岩土层的瑞利波速度，由瑞利波速度可换算成横波速度，用于评价岩土体工程性质。与以往的地震勘探方法的差别在于：它应用的不是纵波和横波，而是以前视为干扰的面波。众所周知，面波具有频散的特性，即其传播的相速度随频率的改变而改变。这个频散特性可以反映地下构造的一些特性。本节只对其测试原理进行简单介绍。

瞬态瑞利波法是用锤击使地面产生一个包含所需频率范围的瞬态激励。离震源一定距离处有一观测点 A，记录到的瑞利波是 $f_1(t)$，根据傅立叶变换，其频谱为

$$F_1(\omega)=\int_{-\infty}^{\infty} f_1(t)\mathrm{e}^{-i\omega t}\mathrm{d}t \tag{10-21}$$

在波的前进方向上与 A 点相距为 Δ 的观测点 B 同样也记录到时间信号 $f_2(t)$，其频谱为

$$F_2(\omega)=\int_{-\infty}^{\infty} f_2(t)\mathrm{e}^{-i\omega t}\mathrm{d}t \tag{10-22}$$

假如波从 A 点传播到 B 点，它们之间的变化纯粹是由频散引起的，则应有下面的关系式：

$$F_2(\omega)=F_1(\omega)\mathrm{e}^{-i\omega\frac{\Delta}{V_R(\omega)}} \tag{10-23}$$

$V_R(\omega)$是圆频率为 ω 的瑞利波的相速度。式(10－23)又可写成

$$F_2(\omega)=F_1(\omega)\mathrm{e}^{-i\varphi} \tag{10-24}$$

式中，φ 是 $F_2(\omega)$和 $F_1(\omega)$之间的相位差。

比较式(10－23)和式(10－24)，可以看出，

$$\varphi=\frac{\omega\Delta}{V_R(\omega)} \tag{10-25}$$

即

$$V_R(\omega)=2\pi f\Delta/\varphi。 \tag{10-26}$$

根据式(10－26)，只要知道 A、B 两点间的距离 Δ 和每一频率的相位差 φ，就可以求出每一频率的相速度 $V_R(\omega)$，从而可以得到勘探地点的频散曲线。为此，需要对 A、B 两观测点的记录作相干函数和互功率谱的分析。

作相干函数分析的目的是对记录信号的各个频率成分的质量作出估计，并判断噪声干扰对有效信号的影响程度。根据野外现场的实际情况，可以确定一个系数(介于 0～1.0 之间)，当相干函数大于这个系数，就认为这个频率成分有效；反之，就认为这个频率成分无效。

作互功率谱分析的目的是利用互谱的相位特性来求出这两个观测点在各个不同频率时的相位差，再利用式(10－26)，求出瑞利波的速度 V_R。

当已知频率为 f 的瑞利波速度 V_R 后，其相应的波长为 $\lambda_R=V_R/f$。根据弹性波理论，瑞利波的能量主要集中在介质的自由表面附近，其深度差不多在一个波长深度范围内。由半波长理论可知，所测量的瑞利波平均速度 V_R 可以认为是$\frac{1}{2}$波长深度处介质的平均弹性性质，即勘探深度 H

$$H=\frac{\lambda_R}{2}=\frac{V_R}{2f} \tag{10-27}$$

由式(10－27)可知，频率越高，波长 λ_R 越短，勘探深度越小；反之，频率越低，λ_R 越长，勘探深度越大。因此两个观测点之间的距离 Δ 也要随着波长的改变而改变。对于勘探深度较深的低频而言，Δ 要变大，才能测到较为正确的相位。对于勘探深度较浅的高频来说，Δ 要变小。根据实际经验，Δ 取 $\lambda_R/3\sim2\lambda_R$ 间较为合适。即在一个波长内采样点数要小于在 Δ 间的采样点数的 3 倍，和大于在 Δ 间的采样点数的 0.5 倍。这个滤波准则对不同的仪器分辨率和场地的实际情况要作适当的调整。

根据瞬态法测得的瑞利波速度，通常需转化为横波速度。因为实践证明横波速度与岩土的力学性质关系最为密切。

只要知道了横波速度，可根据它与各种介质的力学参数的关系式，来计算各种动力参数，如剪切模量、泊松比等。这些岩土动力参数对于工程设计都是重要的参数。

根据统计资料表明,V_R 和 V_S 之间的关系可用下式来表示:

$$V_R=\frac{0.87+1.12\mu}{1+\mu}V_S \tag{10-28}$$

式中,μ 为泊松比。

不同泊松比的$\frac{V_S}{V_R}$比值见表 10-3。

表 10-3　　不同泊松比的$\frac{V_S}{V_R}$值

泊松比 μ	$C=\frac{V_S}{V_R}$
0.25	1.087
0.29	1.080
0.33	1.073
0.40	1.062
0.50	1.049

对于一般的土而言,泊松比 μ 介于 0.45～0.95 之间;而对于岩石,泊松比为 0.25 左右。因此可以粗略地认为,对于土可将 S 波速度和瑞利波速度看做大体相同;对于岩石,S 波速度可为瑞利波速度的 1.1 倍。

10.5　试验成果的工程应用

波速测试的成果应用主要体现在以下几方面。

10.5.1　场地土类型的划分

利用波速测试成果,可根据表 10-4 进行场地土类型的划分。

表 10-4　　土的类型表

土的类型	岩土名称和性状	土的剪切波速范围/(m·s^{-1})
岩石	坚硬、较硬且完整的岩石	$V_S>800$
坚硬土或软质岩石	稳定岩石、密实的碎石土	$800\geqslant V_S>500$
中硬土	中密、稍密的碎石土,中密的砾、粗、中砂,承载力 $f_{ak}>200$ kPa 的黏性土和粉土,坚硬黄土	$500\geqslant V_S>250$
中软土	稍密的砾、粗、中砂,除松散外的细粉砂,$f_{ak}\leqslant 200$ kPa 的黏性土和粉土,$f_{ak}>130$ kPa 的填土,可塑黄土	$250\geqslant V_S>140$
软弱土	淤泥和淤泥质土,松散的砂,新近沉积的黏性土和粉土 $f_{ak}\leqslant 130$ kPa 的填土,流塑黄土	$V_S\leqslant 140$

注:f_{ak}为由载荷试验等方法得到的地基承载力特征值,kPa;V_S 为岩土剪切波速。

10.5.2 建筑场地覆盖层厚度的确定

（1）一般情况下，应按地面至剪切波波速大于 500 m/s 的土层顶面的距离确定；

（2）当地面 5 m 以下存在剪切波速大于相邻上层土剪切波速 2.5 倍的土层，且其下卧岩土的剪切波速均不小于 400 m/s 时，可按地面至该土层顶面的距离确定；

（3）剪切波速大于 500 m/s 的孤石、透镜体，应视同周围地层；

（4）土层中的火山岩硬夹层，应视作刚体，其厚度应从覆盖土层中扣除。

10.5.3 土层等效剪切波速的计算

应按式(10－29)和式(10－30)计算：

$$V_{se}=\frac{d_o}{t} \tag{10-29}$$

$$t=\sum_{i=1}^{n}\left(\frac{d_i}{V_{si}}\right) \tag{10-30}$$

式中 V_{se}——土层等效剪切波速，m/s；

d_o——计算深度，m，取覆盖层厚度和 20 m 二者中的较小值；

t——剪切波在地面至计算深度之间的传播时间，s；

d_i——计算深度范围内第 i 土层的厚度，m；

V_{si}——计算深度范围内第 i 土层的剪切波速，m/s；

n——计算深度范围内土层的分层数。

10.5.4 建筑场地类别划分

按等效剪切波速和场地覆盖层厚度可对场地进行划分，共分四类场地，见表 10－5。当有可靠的剪切波速和覆盖层厚度且其值处于表 10－5 所列场地类别的分界线附近时，允许按插值方法确定地震作用计算所用的设计特征周期。

表 10－5　各类建筑场地的覆盖层厚度

等效剪切波波速/(m·s^{-1})	场地类别				
	Ⅰ$_0$	Ⅰ$_1$	Ⅱ	Ⅲ	Ⅳ
$V_{se}>800$	0				
$800\geqslant V_{se}>500$		0			
$500\geqslant V_{se}>250$		<5	≥5		
$250\geqslant V_{se}>150$		<3	3～50	>50	
$V_{se}\leqslant 150$		<3	3～15	15～80	>80

10.5.5 判别砂土或粉土地基的地震液化

剪切波速越大,土越密实,土层越不易液化。据此,国内外都在应用 V_S 来评价砂土或粉土地基的地震液化问题。

1. 天津市 TBT1—88 规范

$$V_{scri} = K_V(d_s - 0.0133 d_s^2)^{\frac{1}{2}} \tag{10-31}$$

式中 V_{scri}——临界波速,m/s;

K_V——地震系数,地震烈度为 7 度时,取 42;地震烈度为 8 度时,取 60;

d_s——测点在饱和砂土或粉土地层中所处深度,m。

如实测的 $V_{si} > V_{scri}$,则土层不液化;如 $V_{si} < V_{scri}$,则土层液化。

2. 国家地震局工程力学所建立的判别式

$$V_{scri} = K_V\left\{[1 + 0.125(d_s - 3)d_s^{-0.25} - 0.05(d_w - 2)]\sqrt{\frac{3}{P_c}}\right\}^{0.2} \tag{10-32}$$

式中 K_V——地震系数,地震烈度为 7 度、8 度和 9 度时,分别取 145、160、175;

d_w——地下水埋深,m;

其他符号意义同上文。

当 $V_{si} > V_{scari}$ 时,土层不会液化;反之,会液化。

3. 美国西特公式

$$V_{scri} = 292\sqrt{\frac{a_{max}}{g} Z\gamma_d} \tag{10-33}$$

式中 Z——饱和粉土或砂土埋深,m;

γ_d——土的非刚性修正系数,地表为 1,12 m 深处为 0.85;

其他符号意义及判别方法同上文。

根据国内外研究,对于大多数粉土和砂土,产生液化的临界应变量 $\gamma_{cr} = 2\times10^{-4}$,可进行室内测试。现场波速试验的剪应变量很小,一般为 10^{-6} 级。

10.5.6 其他应用

根据式(10-34)—式(10-38)可计算土层的动剪切模量 G_d、动弹性模量 E_d 和动泊松比 μ_d。另外,动泊松比可通过 V_P 或 V_S 值换算,也可按经验值取用。

$$V_S = \sqrt{\frac{G_d}{\rho}} \tag{10-34}$$

$$V_P = \sqrt{\frac{(\lambda + 2G_d)}{\rho}} \tag{10-35}$$

$$V_R = \left(\frac{0.87 + 1.12\mu}{1 + \mu}\right)V_S \tag{10-36}$$

$$G_d = \frac{E_d}{2(1+\mu)} \tag{10-37}$$

$$\lambda = \frac{uE_d}{(1+\mu)(1-2\mu)} \tag{10-38}$$

式中，V_S，V_P 和 V_R 分别为剪切波速、压缩波速和瑞利波速，其他符号意义同前文。

复习思考题

1. 波速测试的意义及测试方法有哪些？

2. 单孔法波速测试的现场测试中，应注意哪些问题？

3. 跨孔法波速测试的现场测试中，应注意哪些问题？

4. 波速测试的成果应用体现在哪几个方面？

5. 某场地的地质剖面构成如下：表土层厚 1.5 m，波速 80 m/s，粉质粉土厚 6.0 m，波速 210 m/s，粉细砂厚 11.5 m，波速 243 m/s，砾石层厚 7.0 m，波速 350 m/s，砾岩埋深 26 m，波速 750 m/s，砾岩以下岩层的剪切波波速均大于 500 m/s。试判定场地类别。

第 11 章　岩体原位应力测试

11.1　概述

岩体应力现场测量的目的是了解岩体中存在的应力大小和方向，从而为分析岩体工程的受力状态以及为岩体加固支护提供依据。岩体应力测量还是预报岩体失稳破坏以及预报岩爆的有力工具。岩体应力测量可以分为岩体初始应力测量和地下工程应力分布测量，前者是为了测定岩体初始地应力场，后者则是为了测定岩体开挖后引起的应力重分布状况。从岩体应力现场测量的技术来讲，这二者并无原则区别。

原始地应力测量就是确定存在于拟开挖岩体及其周围区域未受扰动的三维应力状态。岩体中一点的三维应力状态可由选定坐标系中的 6 个分量（$\sigma_x, \sigma_y, \sigma_z, \tau_{xy}, \tau_{xz}, \tau_{yz}$）来表示，如图 11-1 所示。这种坐标系是可以根据需要和方便任意选择的，但一般取地球坐标系作为测量坐标系。由 6 个应力分量可求得该点的三个主应力的大小和方向，这是唯一的。在实际测量中，每一测点所涉及的岩石可能从几立方厘米至几千立方米，这取决于采用何种测量方法。但无论大小，对于整个岩体而言，仍可近似视为一个点。虽然有测定大范围岩体内的平均应力的方法，如超声波等地球物理方法，但这些方法不很准确，因而远没有“点”测量方法普及。由于地应力状态的复杂性和多变性，要比较准确地测定某一地区的地应力，就必须进行足够数量的“点”测量，在此基础上，才能借助数值分析、数理统计、灰色建模和人工智能等方法，进一步描绘出整个地区的全部地应力场状态。

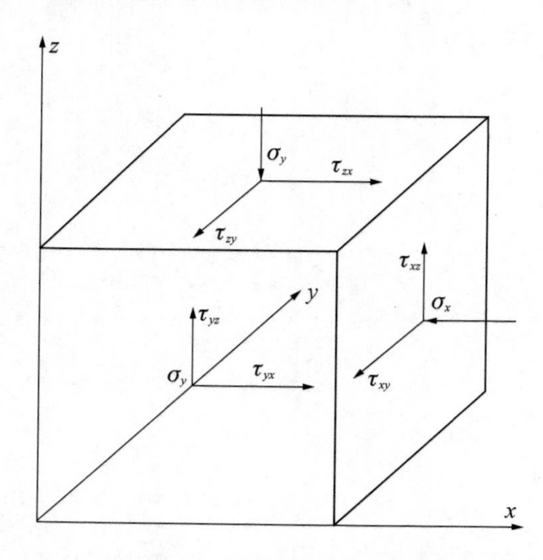

图 11-1　岩体中任一点三维应力状态示意图

为了进行地应力测量，通常需要预先开挖一些洞室以便测试人员和设备进入测点，然而，只要开挖洞室，洞室周围岩体中的应力状态就会受到了扰动。有些方法，如早期的扁千斤顶法，就是在洞室表面进行应力测量，然后在计算原始应力状态时，再把洞室开挖引起的扰动作用考虑进去。由于在通常情况下，紧靠洞室表面岩体都会受到不同程度的破坏，使它们与未受扰动的岩体的物理力学性质大不相同，同时洞室开挖对原始应力场的扰动也是十分复杂的，不可能进行精确分析和计算。所以这类方法得出的原岩应力状态往往是不准确的，甚至与实际状况相差甚远。为了克服这类方法的缺点，另一类方法是从洞室表面向岩体中打小孔，直至原岩应力区。地应力测量是在小孔中进行的，由于小孔对原岩应力状态的扰动是可以忽略不计的，这就保证了测量是在原岩应力区中进行。目前，普遍采用的应力解除法和水压致裂法均属此类方法。

近半个世纪以来，特别是近 40 年来，随着地应力测量工作的不断开展，各种测量方法和测量仪器也不断发展起来，就世界范围而言，目前各种主要测量方法有十余种之多，而测量仪器则有数百种之多。

对测量方法的分类并没有统一的标准，有人根据测量手段的不同，将在实际测量中使用过的测量方法分为 5 大类，即构造法、变形法、电磁法、地震法、放射性法；也有人根据测量原理的不同分为应力恢复法、应力解除法、应变恢复法、应变解除法、水压致裂法、声发射法、X 射线法、重力法共 8 类；但根据国内外多数人的观点，依据测量基本原理的不同，可将测量方法分为直接测量法和间接测量法两大类。

直接测量法是由测量仪器直接测量和记录各种应力的量，如补偿应力、恢复应力、平衡应力，并由这些应力量和原岩应力的相互关系，通过计算获得原岩应力值。在计算过程中并不涉及不同物理量的换算，不需要知道岩石的物理力学性质和应力应变关系。扁千斤顶法、水压致裂法、刚性包体应力计法和声发射法均属直接测量法。其中，水压致裂法目前应用最为广泛，声发射法次之。

在间接测量法中，不是直接测量岩体的应力量，而是借助传感元件或某些介质，测量和记录岩体中某些与应力有关的间接物理量的变化，如岩体中的变形或应变，岩体的密度、渗透性、吸水性、电阻、电容的变化，弹性波传播速度的变化等，然后由测得的间接物理量的变化，通过已知的公式计算岩体中的应力值。因此，在间接测量法中，为了计算应力值，首先必须确定岩体的某些物理力学性质以及所测物理量和应力的相互关系。

根据《岩土工程勘察规范》(GB 50021—2009)的有关规定，应力解除法中的孔壁应变法、孔径变形法和孔底应变法是岩体原位应力测试的推荐方法，这几种方法都适用于无水、完整或较完整的岩体应力量测。

11.2　试验的基本原理

孔壁应变法、孔径变形法和孔底应变法属于应力解除法，它的基本原理是假定岩体为均质的、连续的、各向同性的弹性介质，利用试验方法求得其弹性模量 E 和泊松比 μ。当需要测定岩体中某一点的应力状态时，人为地将该点的岩体单元与其基岩分离，此时岩体单元上所受的应力将被解除,同时该单元体的几何尺寸将产生弹性恢复。应用一定的仪器(测试元件)测得这种弹性恢复的数值,最后根据弹性理论公式计算出该点的原始应力值。下面就以测定硐室边墙岩体深部的应力为例(图 11-2(a)),说明应力解除法的基本原理。

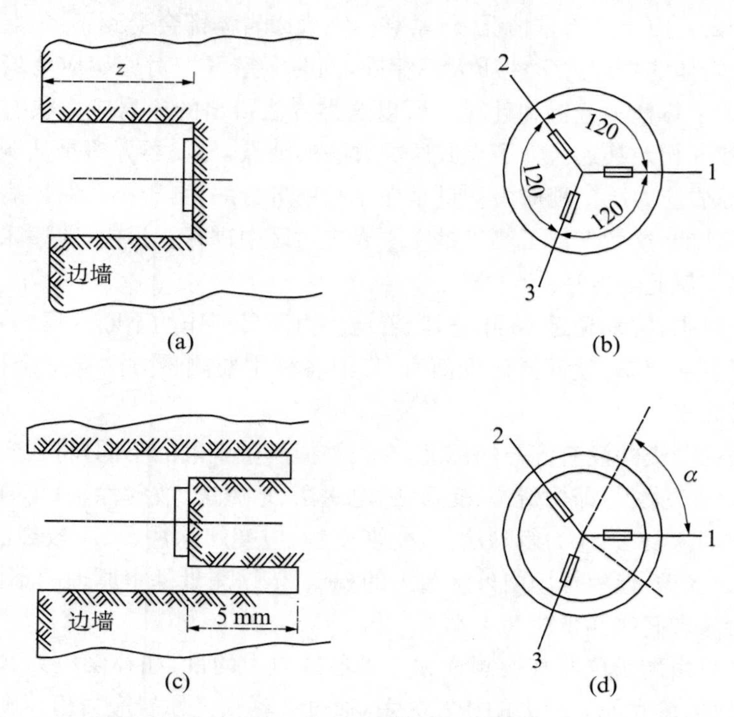

图 11-2 应力解除法示意图

为了测定距边墙表面深度为 Z 处的应力,这时利用钻头自边墙钻一深度为 Z 的钻孔,然后再用嵌有细粒金刚石的钻头将孔底磨平、磨光。为了简化问题,现假定钻孔方向与该处岩体的某一主应力方向重合(譬如与第三主应力重合),这时钻孔底面即为应力的主平面。因此,确定钻孔底部的主应力也就十分方便。为了确定这个主应力,在钻孔底面贴上 3 个互成 120°夹角(或为 0°,45°,90°)的电阻应变片,如图 11-2(b)所示。这时通过电阻应变仪读出相应的 3 个初始读数。然后再用与钻孔直径相同的“套钻钻头”在钻孔底部的四周进行“套钻”掏槽,如图 11-2(c)所示,掏槽的结果就在钻孔底部形成一个与周围岩体相脱离的孤立岩柱——岩芯。这样一来,掏槽前周围岩体作用于岩芯上的应力就被解除,岩芯也就产生相应的变形。因此,根据所测的岩芯变形,就可以换算出掏槽前岩芯所承受的应力。应力解除后,在应变仪上可读出 3 个读数。它们与掏槽前所读的 3 个相应初始读数之差,就分别表示图 11-2(d)中岩芯分别沿 1,2,3 三个不同方向的应变值,现在分别以 ε_1,ε_2,ε_3 表示。

根据材料力学的原理,互成 120°夹角的电阻应变从所测得的最大最小主应变可按式(11-1)计算:

$$\left.\begin{matrix}\varepsilon_{max}\\ \varepsilon_{min}\end{matrix}\right\}=\frac{1}{3}(\varepsilon_1+\varepsilon_2+\varepsilon_3)\pm\frac{\sqrt{2}}{3}\sqrt{(\varepsilon_1-\varepsilon_2)^2+(\varepsilon_2-\varepsilon_3)^2+(\varepsilon_1-\varepsilon_3)^2} \tag{11-1}$$

最大主应变与 ε_1 之间的夹角 α 由式(11 - 2)确定：

$$\tan\alpha=\frac{\sqrt{3}(\varepsilon_2-\varepsilon_3)}{2\varepsilon_1-\varepsilon_2-\varepsilon_3} \tag{11-2}$$

互成 0°,45°,90°的电阻应变从所测得的最大最小主应变可按式(11 - 3)计算：

$$\left.\begin{matrix}\varepsilon_{max}\\ \varepsilon_{min}\end{matrix}\right\}=\frac{1}{3}(\varepsilon_0-\varepsilon_{90})\pm\frac{\sqrt{2}}{2}\sqrt{(\varepsilon_0-\varepsilon_{45})^2+(\varepsilon_{45}-\varepsilon_{90})^2} \tag{11-3}$$

最大主应变与 ε_0 之间的夹角 α 由式(11 - 4)确定：

$$\tan\alpha=\frac{2\varepsilon_{45}-\varepsilon_0-\varepsilon_{90}}{\varepsilon_0-\varepsilon_{90}} \tag{11-4}$$

求得主应变 ε_{max},ε_{min}之后，可按式(11 - 5)和式(11 - 6)计算相应于这两个方向的主应力

$$\sigma_{max}=\frac{E}{1-\mu^2}(\varepsilon_{max}+\mu\varepsilon_{min}) \tag{11-5}$$

$$\sigma_{min}=\frac{E}{1-\mu^2}(\varepsilon_{min}+\mu\varepsilon_{max}) \tag{11-6}$$

我们知道，岩体中任一点的应力状态应由 6 个应力分量 σ_x,σ_y,σ_z,τ_{xy},τ_{xz},τ_{yz}表示。为了便于计算，这里以压应力为正，如图 11 - 3 所示。由上述论述可知，每一钻孔仅能提供与钻孔轴线相垂直的面的两个正应变与一个剪应变的值。因此确定岩体中 6 个应力分量时，一般情况下需要通过 3 个钻孔的测量资料才能确定。在钻孔的应力测量中，有各种不同的方法，有的通过孔底处岩体的应变来测定孔底平面中的 3 个应力分量，有的通过钻中孔径的变化来测定与孔轴正交平面中的 3 个应力分量，前者称为孔底应变法，后者称为孔径变形法。但是，这些方法只能确定与孔轴正交的平面中的平面应力状态。为了确定岩体的空间应力状态，不论是采用孔底应变法还是孔径变形法，都必须首先利用这些方法在岩体中测定 3 个钻孔中的平面应力分量，然后根据所得实测数据确定岩体的空间应力。实际测试中为方便计算，往往把 3 个钻孔布置在同一个平面上(即共面三钻孔法)。除此之外，还有一种十分简便、只须在一个钻孔内、通过测量孔壁不同 3 点的三向应变就可完全确定岩体的 6 个空间应力分量的测试方法，即孔壁应变测试法。下面对这两种测试方法的测试原理分别作以介绍。

11.2.1　共面三钻孔法

为了测定图 11 - 3(a)所示的三向应力，可在 XZ 平面中分别打 3 个钻孔①、②、③，如图 11 - 3(b)所示。为方便起见，使钻孔①与 Z 轴重合，其余两钻孔与 Z 轴的夹角分别为 δ_2 和 δ_3。各钻孔底面的平面应力状态如图 11 - 3(c)所示。各钻孔底面中的坐标分别以 x_i、y_i 表示($i=1,2,3$)，其中 y_i 与 Y 轴平行。由弹性理论可知，图 11 - 3(c)中坐标系为 x_i,y_i 的平面应力分量σ_{x_i},σ_{y_i},$\sigma_{x_iy_i}$与 6 个待求的空间应力分量之间具有以下关系：

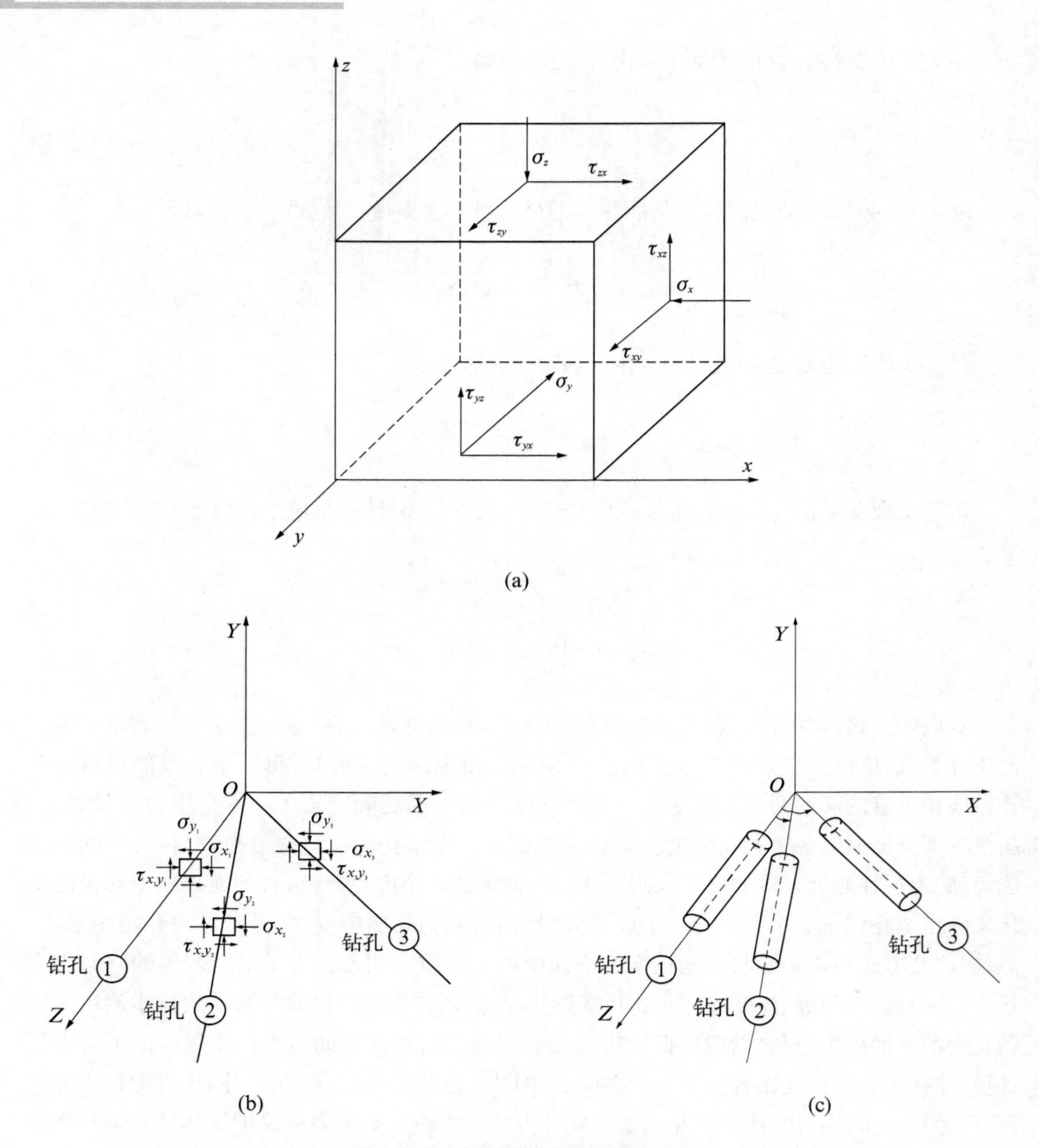

图 11-3 岩体空间应力状态的测量

$$\left.\begin{aligned}
\sigma_{xi} &= \sigma_x l_x{}^2 + \sigma_y m_x{}^2 + \sigma_z n_x{}^2 + 2\tau_{xy} l_x m_x + 2\tau_{yz} m_x n_x + 2\tau_{zx} n_x l_x \\
\sigma_{yi} &= \sigma_x l_y{}^2 + \sigma_y m_x{}^2 + \sigma_z n_y{}^2 + 2\tau_{xy} l_y m_y + 2\tau_{yz} m_y n_y + 2\tau_{zx} n_y l_y \\
\tau_{x_i y_i} &= \sigma_x l_x l_y + \sigma_y m_x m_y + \sigma_z n_x n_x + \tau_{zx}(n_x l_y + n_y l_x) + \\
&\quad \tau_{xy}(l_x m_y + l_y m_x) + \tau_{yz}(m_x n_y + m_y n_x)
\end{aligned}\right\} \quad (11-7)$$

式中，l_x, m_x, n_x 以及 l_y, m_y, n_y 分别表示 x_i 与 y_i 轴对于 X, Y, Z 轴的方向余弦。

表 11-1 第(3)栏列出各钻孔 i 中相应坐标系 x_i 与 y_i 对于轴 X, Y, Z 的方向余弦的具体数值，该表第(4)栏根据式(11-1)列出相应的平面应力分量 $\sigma_{x_i}, \sigma_{y_i}$ 以及 $\tau_{x_i y_i}$ 的表达式。由

于各钻孔中的这些平面应力分量可通过相应的方法进行测定，因此，利用表 11－1 中所列的有关公式即可确定待求的 6 个空间的应力分量。值得指出的是，这里是对共面三钻孔①、②、③进行讨论的。如果这些钻孔相互正交，在此情况下，上面所介绍的方法也同样完全适用。

表 11－1　　**参数表**

钻孔编号	各钻孔底面坐标轴	x_i, y_i 对于轴 Z 的方向余弦			根据本表第 3 栏的方向余弦列出各钻孔的平面应力分量
		l	m	n	
钻孔①	x_1	1	0	0	$\sigma_{xl}=\sigma_{xs}\quad\sigma_{yl}=\sigma_y$
	y_1	0	1	0	$\tau_{x_ly_l}=\tau_{xy}$
钻孔②	x_2	$\cos\delta_2$	0	$\sin\delta_2$	$\sigma_{x_2}=\sigma_x\cos^2\delta_2+\sigma_y\sin^2\delta_2+\tau_{zx}\sin2\delta_2$
	y_2	0	1	0	$\sigma_{y_2}=\sigma_y\tau_{x_2y_2}=\tau_{xy}\cos\delta_2+\tau_{yz}\sin\delta_2$
钻孔③	x_3	$\cos\delta_3$	0	$\sin\delta_3$	$\sigma_{x_3}=\sigma_x\cos^2\delta_3+\sigma_z\sin^2\delta_3+\tau_{zx}\sin2\delta_3$
	y_3	0	1		$\sigma_{y_3}=\sigma_y,\tau_{x_3y_3}=\tau_{xy}\cos\delta_3+\tau_{yz}\sin\delta_3$

11.2.2　孔壁应变测试法

现假定在弹性岩体中圆形钻孔以 r_0 为半径，如图 11－4(a)所示。钻孔前岩体中的应力分量是 $\sigma_x^0,\sigma_y^0,\sigma_z^0$ 和 $\tau_{xy}^0,\tau_{yz}^0,\tau_{zx}^0$。钻孔后由于钻孔附近的应力发生变化，因此钻孔附近的应力不再保持岩体中原有的均匀应力场。为了方便起见，这里采用圆柱坐标系 $r-\theta-z$ 来表示钻孔孔壁各点的应力分量，如图 11－4(b)所示。孔壁上坐标为 r_θ,θ,z 的任意一点，其应力分量是 $\sigma_z,\sigma_\theta,\tau_{\theta z}$孔壁上的这些应力可以通过钻孔前岩体中的 6 个应力分量式表示如下：

$$\left.\begin{aligned}\sigma_z&=-\mu[2(\sigma_x^0-\sigma_y^0)\cos2\theta+4\tau_{xy}^0\sin2\theta]+\sigma_z^0\\\sigma_\theta&=(\sigma_x^0+\sigma_y^0)-2(\sigma_x^0-\sigma_y^0)\cos2\theta+4\tau_{xy}^0\sin2\theta\\\tau_{\theta z}&=2\tau_{yz}^0\cos\theta-2\tau_{zx}^0\sin\theta\end{aligned}\right\}\tag{11-8}$$

式(11－8)左边的三个应力 σ_z,σ_θ 以及 $\tau_{\theta z}$ 可在孔壁上直接测出，因此是已知的。式(11－8)右边的 6 个应力分量 $\sigma_x^0,\sigma_y^0,\sigma_z^0,\tau_{xy}^0,\tau_{yz}^0,\tau_{zx}^0$ 正是所要求的应力。要确定这 6 个应力分量必须建立 6 个关系式。因此，可在孔壁上任选 3 个测点进行应力测量。这样就可建立 9 个关系式，然后再在其中挑选 6 个关系式，由此即可确定所求的 6 个未知应力(若采用最小二乘法确定这 6 个应力分量，则更为合理)。上述 3 个测点位置是任选的，为方便起见，这 3 个测点可选在同一圆周上，它们的角度分别为 $\theta_1=\pi,\theta_2=\pi/2,\theta_3=7\pi/4$，如图 11－4(d)所示。其中第 i 测点的应力分量用 $\sigma_{z_i},\sigma_{\theta_i},\tau_{\theta z_i}$ 表示，该测点的相应角度为 $\theta_i(i=1,2,3)$。利用
第一测点 $\theta_1=\pi$，可得

$$\left.\begin{aligned}\sigma_{z_1}&=-2\mu(\sigma_x^0-\sigma_y^0)+\sigma_z^0\\\sigma_{\theta_1}&=-\sigma_x^0+3\sigma_y^0\\\tau_{\theta z_1}&=-2\tau_{yz}^0\end{aligned}\right\}\tag{11-9}$$

第二测点 $\theta_2=\pi/2$,可得

$$\left.\begin{aligned}\sigma_{z_2}&=-2\mu(\sigma_x^0-\sigma_y^0)+\sigma_z^0\\\sigma_{\theta_2}&=3\sigma_x^0-\sigma_y^0\\\tau_{\theta z_2}&=-2\tau_{zx}^0\end{aligned}\right\}\tag{11-10}$$

第三测点 $\theta_3=7\pi/4$,可得

$$\left.\begin{aligned}\sigma_{z_3}&=4\mu\tau_{xy}^0+\sigma_Z^0\\\sigma_{\theta_3}&=(\sigma_x^0+\sigma_y^0)+4\tau_{xy}^0\\\tau_{\theta z3}&=\sqrt{2}(\tau_{yz}^0+\tau_{zx}^0)\end{aligned}\right\}\tag{11-11}$$

以上各式左边的应力分量都是由应力测量来确定的。因此,下面就以其中第 i 测点为例,介绍测点的应力测量原理和方法。为了测定第 i 测点的 3 个应力分量,必须在第 i 测点上布置 3 个应变元件(譬如是测量应变的应变计),分别以 A_i,B_i,C_i 表示,如图 11 - 4(c)所示。这些应变计的具体方位是:A_i 和 B_i 应分别与第 i 测点的 Z 和 θ 方向平行,而且 A_i 与 B_i 之间的夹角为$\dfrac{\pi}{2}$;元件 C_i 应放置在 A_i 与 B_i 之间的角平分线上,如图 11 - 4(c)和图 11 - 4(d)所示。沿 A_i,B_i 以及 C_i 三方面所测的应变值分别以 ε_{A_i},ε_{B_i},ε_{C_i} 表示,由这 3 个应变值(以拉为正,以压为负)可直接通过下面的过程计算出测点 i 的 3 个应力分量。通过应力测量按照式(11 - 12)可确定孔壁上所选定的 3 个测点的 9 个应力分量。

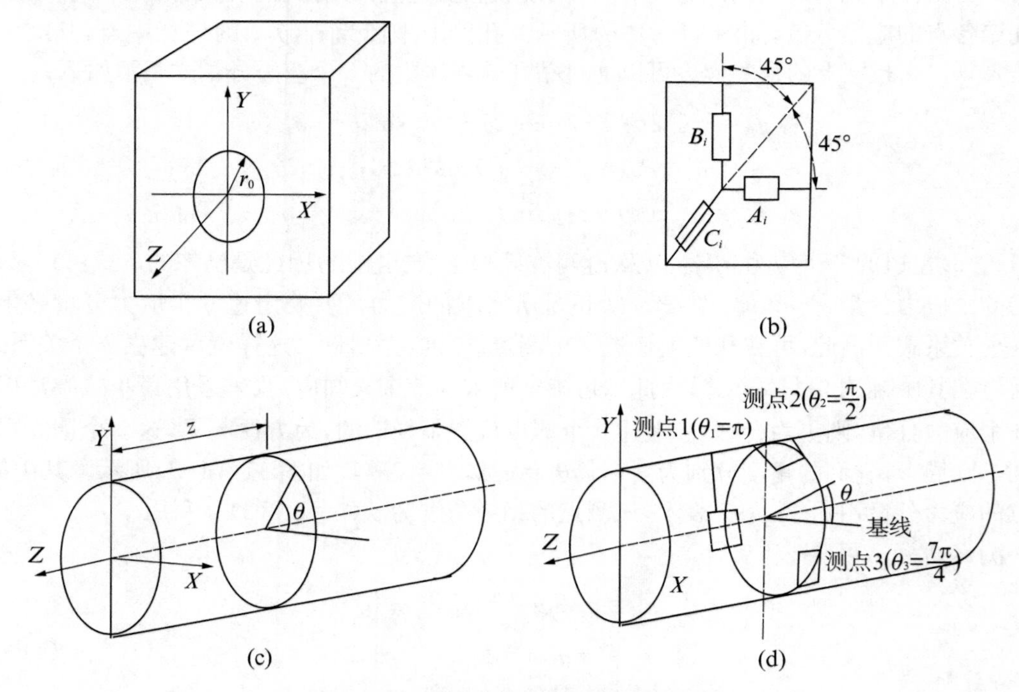

图 11 - 4　孔壁应变测试法原理示意图

$$\left.\begin{aligned}\sigma_{z_i}&=\frac{E}{2}\left(\frac{\varepsilon_{Ai}+\varepsilon_{Bi}}{1-\mu}+\frac{\varepsilon_{Ai}-\varepsilon_{Bi}}{1+\mu}\right)\\\sigma_{\theta_i}&=\frac{E}{2}\left(\frac{\varepsilon_{Ai}+\varepsilon_{Bi}}{1-\mu}+\frac{\varepsilon_{Bi}-\varepsilon_{Ai}}{1+\mu}\right)\\\tau_{\theta z_i}&=\frac{E}{2}\left[\frac{2\varepsilon_{Ci}-(\varepsilon_{Ai}+\varepsilon_{Bi})}{1+\mu}\right]\end{aligned}\right\}\tag{11-12}$$

因此，式(11-9)—式(11-11)中所有左边的应力分量都是已知的。现在可利用式(11-9)中的 3 个关系式，式(11-10)中的第二式和第三式、式(11-11)中的第二式，直接解出所求的 6 个应力分量如下：

$$\left.\begin{aligned}\sigma_x^0&=\frac{1}{8}(3\sigma_{\theta_2}+\sigma_{\theta_1})\\\sigma_y^0&=\frac{1}{8}(3\sigma_{\theta_1}+\sigma_{\theta_2})\\\sigma_z^0&=\sigma_{z_1}+\frac{\mu}{2}(\sigma_{\theta_2}-\sigma_{\theta_1})\\\tau_{xy}^0&=-\frac{1}{8}(\sigma_{\theta_1}+\sigma_{\theta_2}-2\sigma_{\theta_3})\\\tau_{yz}^0&=-\frac{1}{2}T_{\theta z_1}\\\tau_{zx}^0&=-\frac{1}{2}T_{\theta z_2}\end{aligned}\right\}\tag{11-13}$$

11.3　仪器设备构成

3 种方法的主要仪器设备都包括测量仪表和钻孔设备(包括安装设备)两大类，其中相同的设备包括：

(1) 测量仪表和安装设备：电阻应变仪(附预调平衡箱)，安装杆及安装器，孔壁孔端清洗器及烘干器，水平及垂直定向装置，围岩率定器，稳压电源设备。

(2) 钻孔设备：坑道钻机及配套的岩心管、钻杆等器材，与应变计型号配套的金刚石钻头、合金钻头、扩孔器、孔底磨平钻头和锥形钻头等。

所不同的是，每种方法的应变测量仪器不同，具体差异见表 11-2。下面分别对不同的应变测试元件进行简单介绍。

表 11-2　各种测试方法所需的应变测量仪器

方　法	仪　器
钻孔孔壁应变测试法	孔壁应变计(钻孔三叉应变计、空心包体式三向应变计)
孔径变形法	孔径变形计(压磁应力计、孔径变形计)
孔底应变法	孔底应变计

11.3.1 孔壁应变计

孔壁应变计应根据工程要求、使用环境及测试方法选用,目前国内广泛使用的应变计有浅孔孔壁应变计(钻孔三叉应变计)和空心包体式三向应变计。

1. 钻孔三叉应变计

三叉应变计的前部有3个张开的橡皮叉(图11-5),每个橡皮叉上有一组应变丛。每个应变丛由3~4个电阻应变片组成(图11-6)。测试时,将它放入孔内,然后推动楔头,橡皮叉便均匀张开,使带有胶水的应变丛粘贴在孔壁上。当套孔解除时,应变片便随着孔壁岩石变形而变形,应变片的应变可由应变仪测出。

钻孔三叉应变计因直接在孔壁上贴应变片,要求孔壁干燥,故适用于地下水位以上完整、较完整细粒结构的岩体,孔深不宜超过20 m,为排除孔内积水,钻孔宜向上倾斜3°~5°。

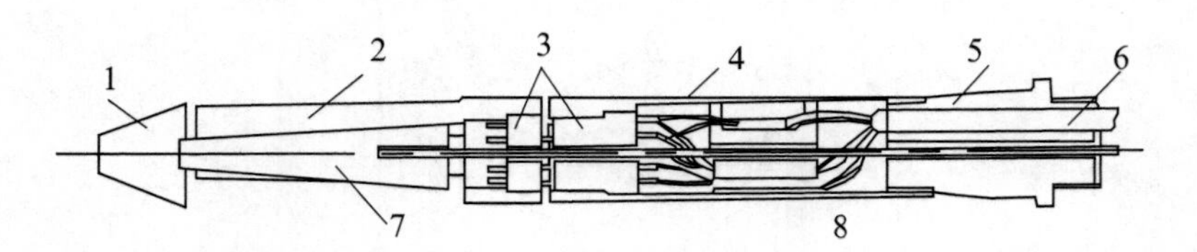

1—导向块;2—橡皮叉;3—16芯插头与插座;4—金属壳;5—橡皮塞;6—电缆;7—楔头;8—补偿

图11-5　三叉式应变计结构示意图

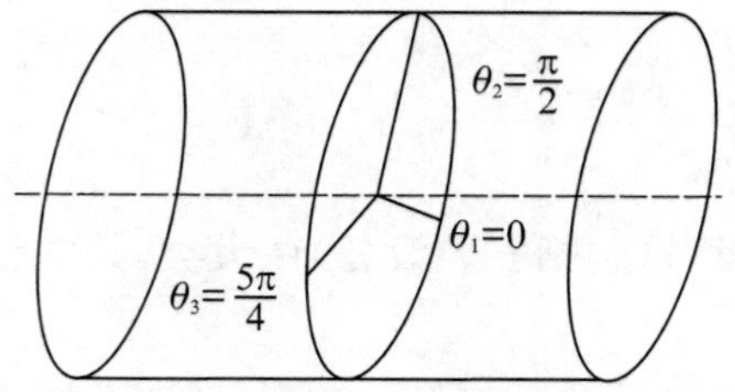

(a) 应变丛位置

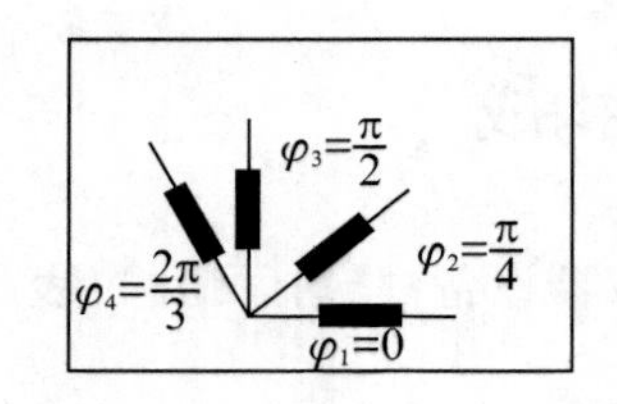

B
C
A
120°
120°
120°

(b) 电阻片位置

图11-6　三叉式应变计应变丛布置示意图

2. 空心包体式三向应变计

空心包体式三向应变计是由嵌入环氧树脂筒中的3组应变丛组成。每个应变丛有4个应变片,其布置见图11-7。应变计有一个环氧树脂浇筑的外层,它使电阻应变片嵌在筒壁内,其外层厚约0.5 mm(图11-8)。环氧树脂圆筒内有一足够大的内腔,用来装粘结剂。另有一个环氧树脂栓塞,使用时将筒内灌满粘结剂,然后将栓塞插入内腔约15 mm深处,用铅丝将其固定。栓塞的另一端有一木质导向定位棒,以使应变计顺利地安装在所需要的位置上。将应变计送入钻孔中预定位置后,用力推动安装杆,可使铅丝切断,继续推进可使粘结剂经栓塞孔流出,进入应变计和钻孔孔壁之间的间隙。经过一定时间,粘结剂固化,即可进行套钻解除。这种应变计适用于完整、较完整的岩体。

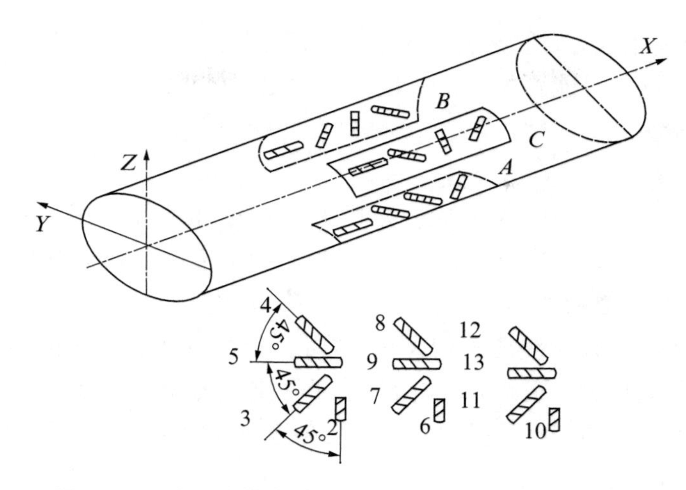

图 11－7　空心包体式三向应变计应变丛位置分布示意图

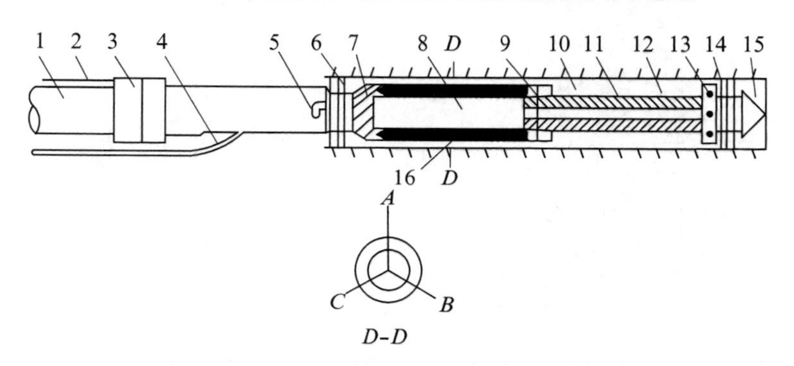

图 11－8　空心包体式三向应变计结构示意图

11.3.2　孔径变形法应力测试元件

1. 孔径变形计

四分向环式钻孔变形计是孔径变形测试的一种元件。孔径变形的测量元件可以归纳为电阻片、钢弦、电感元件三类。目前，国内以电阻片作为测量元件应用较为广泛，它是在元件内部安装 4 个预先粘贴好电阻片的弹性钢环(图 11－9)，每个钢环外有一对触头顶着。当触头受力后钢环变形，通过电阻应变仪测量钢环的应变，并将它换算成钻孔的直径变化；然后根据钻孔孔径的变化与岩体弹性模量，计算垂直孔轴平面上的岩体应力。

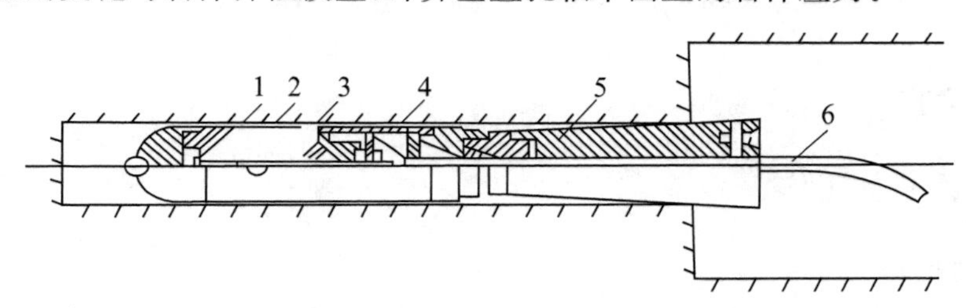

1—钢环架；2—钢环；3—触头；4—外壳；5—定位计；6—测量电缆

图 11－9　四分向环式钻孔变形计示意图

这种元件具有防水性好,适应性强,操作简便,能测量解除应变的全过程,并能重复使用等优点;缺点是在单孔内只能测求平面应力,若须测量岩体三向应力时则必须布置交会于某点的 3 个钻孔(一般为共面三钻孔)。

2. 压磁应力计

压磁应力计由 3 个互成 60°的元件组成(图 11-10)。元件是根据压磁原理设计的,其感应部位是一个铁镍合金轴的自感线圈(图 11-11)。如果沿着心轴施加的压力发生变化,则心轴的磁导率和自感线圈的电感量(或阻抗、电压降)也随之改变。通过压磁应力计测量元件产生的信号,反映了元件承受压力的大小。在使用时,将互成 120°的三个应力计送入孔内,通过加力装置拉紧应力计滑楔,使应力计承受一定应力。通过套孔解除,测孔的孔径会发生变化,从而使孔内的应力计承受的压力随之变化,变化值可由应力仪测出。

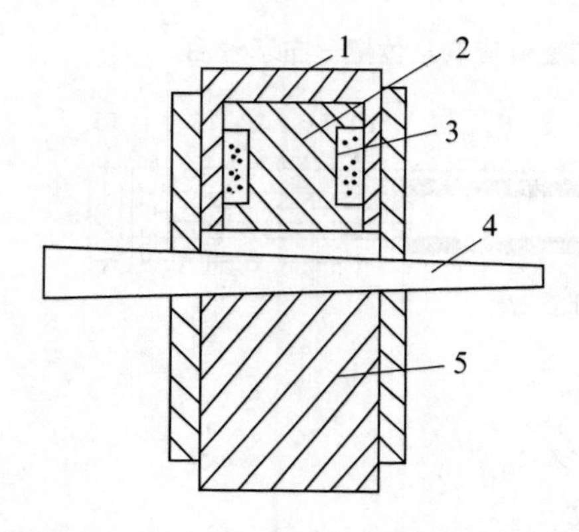

1—铁心盒;2—铁镍合金心轴;3—线圈;4—滑楔;5—支撑

图 11-10 压磁应力计示意图

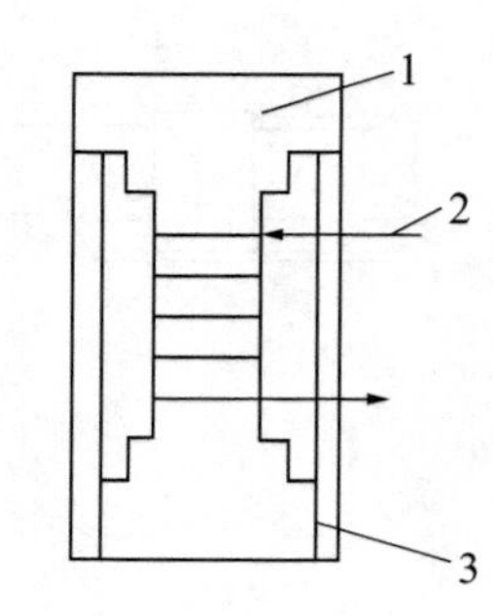

1—铁镍合金心轴;2—线圈;3—屏蔽套

图 11-11 铁镍合金轴示意图

11.3.3 孔底应变法应力测试元件——孔底应变计

孔底应变计有一个硬塑料外壳,在其端面借助于厚 0.5 mm 的有机玻璃片或赛璐路片(或薄橡皮)上贴有一组电阻应变丛。外壳另一端用粘结剂(环氧树脂)粘贴在孔底表面中央 $\frac{1}{3}$ 面积内(图 11-12),这样,当孔底岩面由于套钻解除发生变形时,应变计也将随之变化。孔底应变法借助于粘贴在钻孔底面上的电阻应变片测量套钻解除前后孔底岩体的应变变化,利用弹性理论的经验公式和岩石的弹性模量进行应力计算。

11.4 试验方法与步骤

11.4.1 现场准备工作

1. 测点的选取

为了测量岩体的初始应力,应把测点所在测段设在岩性均一、完整的岩体内。测点的深度应超过开挖硐室所形成的重分布应力区。从理论上讲,在地应力为静水压力状态下的岩

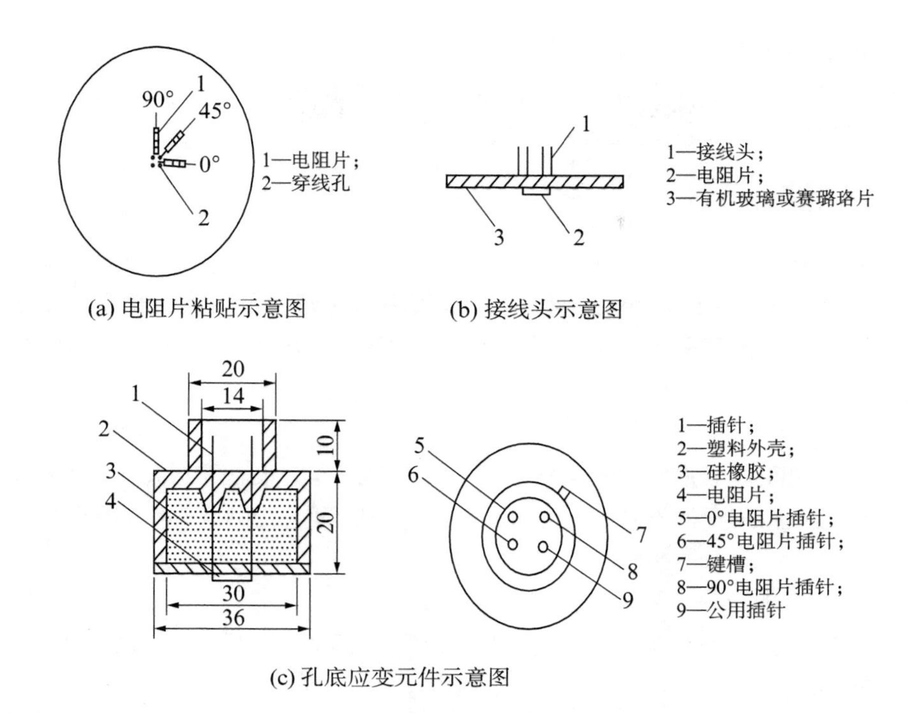

(a) 电阻片粘贴示意图　(b) 接线头示意图

(c) 孔底应变元件示意图

图 11-12　孔底应变计示意图

体中开挖圆形硐室，重分布应力区的范围应是硐室直径的 3 倍。但实践证明，由于岩体内存在着各种裂隙、结构面，影响了应力在其中的传递。所以测试范围一般超出硐室直径 2 倍的范围即可。

2. 地质描述

岩体现场应力测试的地质描述是整个试验工作的一个重要组成部分，它将为试验成果的整理分析和计算指标的选择提供可靠的依据。因此，地质人员及试验人员必须给予足够的重视。地质描述一般包括下列内容：

(1) 试验硐的编号、位置，硐底高程，硐深，断面形状和尺寸。

(2) 测点的编号及位置。

(3) 岩石的名称、结构、主要矿物成分、颗粒大小及颜色等，尤其是对解除前后的岩心，要仔细观察，详细描述。

(4) 岩石的风化程度和风化特点。

(5) 各类结构面的发育情况。

(6) 地下水的类型、出露位置、渗水量的大小等。

(7) 应提供区域地质图、测区工程地质图、试验段工程地质纵横剖面图、测点地质素描图和测点中心钻孔柱状图。

(8) 测点的地应力现象。测点区地应力现象是指岩体中因地应力集中产生的钻孔岩心饼化，巷道变形、剥落、岩爆及基坑开挖产生的位错等。

3. 钻孔前的准备工作

(1) 坑道钻机的安装应平稳，便于操作，钻杆仰角以 3°～5°为宜；

(2) 接通电源,布置照明。为使电压稳定,仪器须配备稳压设备;

(3) 接通水源,若用循环水钻进,在钻机附近应设备水箱或水池;

(4) 设置工作台,应尽量避免外界电磁场的干扰。

11.4.2 试验过程

1. 试验孔钻进

用大孔径合金钻头开孔。若孔口表面不平,可用水泥浆填平或人工凿平。钻至预定深度,取出岩芯,仔细观察节理、裂隙发育情况,进行地质描述。钻孔一般要求上倾 2°～5°,以便排水排渣。

2. 孔底磨平

检查孔底有无残留岩芯,如有且长度在 10 cm 以上,应设法取出。用针状合金平钻头,对孔底进行粗磨,用金刚石或砂轮磨平钻头,对孔底再进行细磨,随后用锥形钻头打喇叭口。

3. 中心测孔钻进

测孔用小孔径钻头钻进,要求测孔与解除孔同心,同心度(大小孔圆心的差距)宜小于 2 mm,深度 50 cm 左右。用卡簧或管卡人工扭断岩心,取出后进行详细地质描述。测孔孔壁要平滑,无明显的螺纹状痕迹。钻进时应均匀施力,全孔要求一个钻头连续钻进至终孔。如孔壁达不到要求,须采用金刚石扩孔器扩孔。当岩芯破碎时,应重复操作,直至找到完整岩芯。

4. 清洗测孔

先用清水冲洗测孔孔壁和大孔孔底岩面,随后用高压风吹干(或用电阻丝式烘烤器烘干,注意温度不宜太高)。用纱布包扎脱脂棉,缠绕在安装杆上,浸以丙酮,往返擦洗,直到脱脂棉上看不出有污垢物为止。

5. 测试元件安装及读数

1) 孔壁应变计法

(1) 安装前必须做好各项准备工作,并检查应变计是否合格。在测孔孔壁表面,应变计表面均匀涂一层粘结剂(环氧树脂),厚度适宜。将应变计装配在安装器上,准确地送进测孔内,就位定向。如果是三叉式应变计,则推进安装杆,使楔形块前进,此时橡皮叉张开,使贴有环氧树脂胶的应变丛紧贴在孔壁上。如果是空心包体式应变计,则推动安装杆,使空腔内粘结剂从栓塞小孔流出,进入应变计和孔壁之间的间隙,从而使应变计粘结在测孔里。待胶液固化后,测量元件的绝缘值,要求不小于 100 MΩ。取出安装器,测出测点方位角和孔深并作好记录。

(2) 初始读数。仪器进硐后应用箱子或塑料布密封,防止泥水浸入。在仪器周围,可用灯泡或红外线灯烘烤。检查仪器的工作状态和钻机运行情况,将电缆从钻头钻杆中引出,拉紧电缆,拧紧止水螺帽。分点接通电阻应变仪,调平仪器,各档调零。

向钻孔内冲水,每隔 10 min 读数一次,连续三次读数差不超过 ±5 $\mu\varepsilon$,即认为稳定,并将此读数作为初始值。

(3) 钻孔解除及应变测量。用大孔径钻头进行解除时，开钻后使钻头离开孔底 1～2 cm，使钻机低速缓慢推进；然后再换高速挡，以免钻头受损，也利于保持岩芯的完整性。

在解除过程中，按预定的分级深度停钻读数，每级连续读数两次。如发现两次读数有突变现象，可加测读数一次。同时应随时注意监视读数的变化。测试人员与钻机操作人员密切配合，当出现突变或指针跳动等异常现象时，应立即停钻，查明原因。

解除深度达到 35 cm(即从粘贴应变丛部位到解除深度的距离为套钻钻孔直径的 0.8 倍)后，一般读数趋于稳定，此后连续两级读数不超过±5 $\mu\varepsilon$ 时，可认为已达到解除深度的要求。但最小解除深度不得小于 38 cm(即粘贴应变丛部位到解除深度的距离为套钻钻孔直径的 1 倍)，最大解除深度达 45 cm 即可。

随后继续往解除孔冲水。最后一级每隔 5～10 min 读数一次，连续三次读数不超过±5 $\mu\varepsilon$，可认为稳定，测试结束。

测量系统的绝缘值，将所有观测值记入表中，并将试验过程中的异常现象详细记录在备注栏内。

最后退出钻具，提取岩芯，仔细检查岩芯节理、裂隙发育情况，并进行描述和记录。

2) 孔径变形法(孔径变形计的安装)

钻好并冲洗测试孔，直至回水不含岩粉为止。随后将孔径变形计与应变仪(或压磁应力计和太磁应力仪)连接，装上定位器，用安装杆送入测试孔内。孔径变形计应变钢环的预压缩量宜为 0.2～0.44 mm。在将孔径变形计送入测试孔的过程中，应观测仪器读数变化情况。将孔径变形计送至预定位置后，适当锤击安装杆端部，使孔径变形计锥体楔入测试孔内，与孔口牢固接触。退出安装杆，从仪器端卸下孔径变形计电缆，从钻具中引出，重新接通电阻应变仪，进行调试并读数。记录定向器读数，测出测点方位角及深度。

应力解除及应变测量同孔壁应变计法。

3) 孔底应变法(孔底应变计的安装测试)

(1) 仪器的安装。用绷带包脱脂棉，蘸上环氧树脂胶，并将其送入孔底涂抹，使孔涂上一层树脂。然后，将底面涂有树胶的应变计用带有安装器的安装杆送到孔底。应注意，当接近孔底时，必须调整到水平位置，然后用力将应变计压贴在孔底平面$\frac{1}{3}$直径范围内。待粘贴应变计的环氧树脂凝固后，即可测记应变计的初始值。

(2) 套钻解除与应变测试。将安装器取出并安装钻头，开机钻进解除。当钻进 10～20 cm时，停止钻进，取出装有应变计的岩芯。测记解除后的应变计读数，并把岩芯编号，进行弹性模量试验。

(3) 记录测试段孔深、钻孔方位及其倾角。

6. 岩芯围压试验

利用围压加载器在现场对套钻解除的岩芯进行围压试验。一方面进一步检验实测值的准确性，另一方面在现场测定岩石的弹性模量和泊松比。

为保证测试成果的可靠性，须在同一钻孔中同一测段附近连续进行数次测试，并保证至少有两个有效测点。

11.5 试验资料的整理与分析

由于每种测试方法的原理略有不同,因此,试验资料整理上也存在区别,现分述如下。

11.5.1 孔壁应变法资料整理

要获得高精度的测试成果,首先要严肃认真地按照试验步骤进行测试,准确无误地测读数据;其次就是要采用合理的资料整理方法。在资料整理时,我国国家标准推荐采用最小二乘法,该方法可区分并舍弃测量残差较大的测定值,以使计算更加可靠。

1. 各电阻片解除应变测定值计算

各电阻片解除后,每级应变测定值的计算公式为

$$\varepsilon_k=\varepsilon_{nk}-\varepsilon_{0k} \tag{11-14}$$

式中 ε_k——第 k 级电阻片解除应变测定值,$\mu\varepsilon$;

ε_{nk}——解除后第 k 级电阻片应变仪读数,$\mu\varepsilon$;

ε_{0k}——解除前第 k 级电阻片应变仪读数,$\mu\varepsilon$。

2. 解除应变全过程曲线绘制

绘制应变与解除深度关系曲线。

3. 解除应变测定值选取

根据解除全过程应变曲线,结合地质条件及试验情况,研究分析并选取各测量片的解除应变测定值。

4. 岩体三向应力场计算

详细计算过程如下。

1) 应力分量计算

孔壁应变法大地坐标系下空间应力分量应按式(11-15)—式(11-21)计算:

$$E_{\varepsilon ij}=A_{xx}\sigma_x+A_{yy}\sigma_y+A_{xy}\tau_{xy}+A_{yz}\tau_{yz}+A_{zx}\tau_{zx} \tag{11-15}$$

$$\begin{aligned}A_{xx}=&\sin^2\varphi_j(l_x{}^2+l_y{}^2-\mu l_z{}^2)-\cos^2\varphi_j[\mu(l_x{}^2+l_y{}^2)-l_z{}^2]-\\&2(1-\mu^2)\sin^2\varphi_j[\cos2\theta_i(l_x{}^2-l_y{}^2)+2\sin2\theta_i l_x l_y]+\\&2(1+\mu)\sin2\varphi_j(\cos\theta_i l_y l_z-\sin\theta_i l_x l_z)\end{aligned} \tag{11-16}$$

$$\begin{aligned}A_{yy}=&\sin^2\varphi_j(m_x{}^2+m_y{}^2-\mu m_z{}^2)-\cos^2\varphi_j[\mu(m_x{}^2+m_y{}^2)-m_z{}^2]-\\&2(1-\mu^2)\sin^2\varphi_j[\cos2\theta_i(m_x{}^2-m_y{}^2)+2\sin2\theta_i m_x m_y]+\\&2(1+\mu)\sin2\varphi_j(\cos\theta_i m_y m_z-\sin\theta_i m_x m_z)\end{aligned} \tag{11-17}$$

$$\begin{aligned}A_{zz}=&\sin^2\varphi_j(n_x{}^2+n_y{}^2-\mu n_z{}^2)-\cos^2\varphi_j[\mu(n_x{}^2+n_y{}^2)-n_z{}^2]-\\&2(1-\mu^2)\sin^2\varphi_j[\cos2\theta_i(n_x{}^2-n_y{}^2)+2\sin2\theta_i n_x n_y]+\\&2(1+\mu)\sin2\varphi_j(\cos\theta_i n_y n_z-\sin\theta_i n_x n_z)\end{aligned} \tag{11-18}$$

$$A_{xy}=2\{\sin^2\varphi_j[l_x m_x+l_y m_y-\mu l_z m_z]-\cos^2\varphi_j[\mu(l_x m_x+l_y m_y)-l_z m_z]+$$

$$2(1-\mu^2)\sin^2\varphi_j[\cos2\theta_i l_y m_y-\sin2\theta_i(l_x m_x-l_y m_y)]+$$
$$(1+\mu)\sin2\varphi_j[\cos\theta_i(l_y m_y+l_z m_z)-\sin\theta_i(l_x m_z+l_z m_x)]\} \tag{11-19}$$
$$A_{yz}=2\{\sin^2\varphi_j[m_x n_x+m_y n_y-\mu m_z n_z]-\cos^2\varphi_j[\mu(m_x n_x+m_y n_y)-m_z n_z]+$$
$$2(1-\mu^2)\sin^2\varphi_j[\cos2\theta_i m_y n_y-\sin2\theta_i(m_x n_y-m_y n_x)]+ \tag{11-20}$$
$$(1+\mu)\sin2\varphi_j[\cos\theta_i(m_y n_z+m_z n_y)-\sin\theta_i(m_x n_z+m_z n_x)]\}$$
$$A_{zx}=2\{\sin^2\varphi_j[n_x l_x+n_y l_y-\mu n_z l_z]-\cos^2\varphi_j[\mu(n_x l_x+n_y l_y)-n_z l_z]+$$
$$2(1-\mu^2)\sin^2\varphi_j[\cos2\theta_i n_y l_y-\sin2\theta_i(n_x l_x-n_y l_y)]+ \tag{11-21}$$
$$(1+\mu)\sin2\varphi_j[\cos\theta_i(n_z l_y+n_y l_z)-\sin\theta_i(n_z l_x+n_x l_z)]\}$$

式中　E——岩石弹性模量，MPa；

ε_{ij}——实测岩芯应变；

μ——岩石泊松比；

φ_j——应变片与钻孔轴向即 Z 轴的夹角，°；

$\sigma_x,\sigma_y,\sigma_z;\tau_{xy},\tau_{yz},\tau_{zx}$——应力张量分量，MPa；

$l_x,m_x,n_x;l_y,m_y,n_y;l_z,m_z,n_z$——钻孔坐标系各轴对于大地坐标的方向余弦。

2）主应力计算

空间应力大小及其方向的计算应符合下列要求。

(1) 按式(11-22)—式(11-30)计算主应力

$$\sigma_1=2\sqrt{-\frac{P}{3}}\cos\frac{\omega}{3}+\frac{1}{3}J_1 \tag{11-22}$$

$$\sigma_2=2\sqrt{-\frac{P}{3}}\cos\frac{\omega+2\pi}{3}+\frac{1}{3}J_1 \tag{11-23}$$

$$\sigma_3=2\sqrt{-\frac{P}{3}}\cos\frac{\omega+4\pi}{3}+\frac{1}{3}J_1 \tag{11-24}$$

$$\omega=\arccos\left[-\frac{Q}{2\sqrt{-\left(\frac{P}{3}\right)^3}}\right] \tag{11-25}$$

$$P=-\frac{1}{3}J_1{}^2+J_2 \tag{11-26}$$

$$Q=-\frac{2}{27}J_1{}^3+\frac{1}{3}J_1J_2-J_3 \tag{11-27}$$

$$J_1=\sigma_x+\sigma_y+\sigma_z \tag{11-28}$$

$$J_2=\sigma_x\sigma_y+\sigma_y\sigma_z+\sigma_z\sigma_x-\tau_{xy}{}^2-\tau_{yz}{}^2-\tau_{zx}{}^2 \tag{11-29}$$

$$J_3=\sigma_x\sigma_y\sigma_z-\sigma_x\tau_{yz}{}^2-\sigma_y\tau_{zx}{}^2-\sigma_z\tau_{xy}{}^2-2\tau_{xy}\tau_{yz}\tau_{zx} \tag{11-30}$$

(2) 按式(11-31)—式(11-35)计算主应力与大地坐标系各轴夹角的方向余弦

$$L_i=\left\{\frac{1}{1+\left[\frac{(\sigma_i+\sigma_x)\tau_{yz}+\tau_{xy}\tau_{zx}}{(\sigma_i-\sigma_y)\tau_{zx}+\tau_{xy}\tau_{yz}}\right]^2+\left[\frac{(\sigma_i-\sigma_x)(\sigma_i-\sigma_y)-\tau_{xy}{}^2}{(\sigma_i-\sigma_y)\tau_{zx}+\tau_{xy}\tau_{yz}}\right]^2}\right\}^{\frac{1}{2}} \tag{11-31}$$

$$m_i=l_i\frac{(\sigma_i+\sigma_x)\tau_{yz}+\tau_{xy}\tau_{zx}}{(\sigma_i-\sigma_y)\tau_{zx}+\tau_{xy}\tau_{yz}} \tag{11-32}$$

$$n_i=l_i\frac{(\sigma_i+\sigma_x)(\sigma_i-\sigma_y)-{\tau_{xy}}^2}{(\sigma_i-\sigma_y)\tau_{zx}+\tau_{xy}\tau_{yz}} \tag{11-33}$$

式中，$i=1,2,3$。

(3) 按式(11－34)和式(11－35)计算主应力的倾角 α_i 和方位角 β_i

$$\alpha_i=\arcsin m_i \tag{11-34}$$

$$\beta_i=\beta_0-\arcsin\frac{l_i}{\sqrt{1-{m_i}^2}}=\beta_0-\arctan\frac{l_i}{n_i} \tag{11-35}$$

式中，β_0 为钻孔方位角。

11.5.2 孔径变形法资料整理

根据套钻解除时的仪器读数和解除深度，绘制解除过程曲线。根据围压试验资料，绘制压力与孔径变形关系曲线，计算出岩石弹性模量和泊松比，并按式(11－36)—式(11－51)计算应力分量。

1. 实测孔径应变 ε_i

$$\delta_i=\frac{\varepsilon_{in}-\varepsilon_{i0}}{k_i} \tag{11-36}$$

$$\varepsilon_i=\frac{\delta_i}{D} \tag{11-37}$$

式中 ε_i——实测孔径应变；

δ_i——岩芯测量孔不同方向的孔径变形，mm；

ε_{i0}——初始应变值；

ε_{in}——稳定应变值；

k_i——钢环率定系数，mm^{-1}；

D——测直孔直径，mm。

2. 大地坐标系下的空间应力分量

$$E\varepsilon_i={A_{xx}}^k\sigma_x+{A_{yy}}^k\sigma_y+{A_{zz}}^k\sigma_z+{A_{xy}}^k\tau_{xy}+{A_{yz}}^k\tau_{yz}+{A_{zx}}^k\tau_{zx} \tag{11-38}$$

$$\begin{aligned}{A_{xx}}^k=&{l_{xk}}^2+{l_{yk}}^2-\mu{l_{zk}}^2+2(1-\mu^2)\cos2\theta_i({l_{xk}}^2-{l_{yk}}^2)+\\&4(1-\mu^2)\sin2\theta_i l_{xk}l_{yk}\end{aligned} \tag{11-39}$$

$$\begin{aligned}{A_{yy}}^k=&{m_{xk}}^2+{m_{yk}}^2-\mu{m_{zk}}^2+2(1-\mu^2)\cos2\theta_i({m_{xk}}^2-{m_{yk}}^2)+\\&4(1-\mu^2)\sin2\theta_i m_{xk}m_{yk}\end{aligned} \tag{11-40}$$

$$\begin{aligned}{A_{zz}}^k=&{n_{xk}}^2+{n_{yk}}^2-\mu{n_{zk}}^2+2(1-\mu^2)\cos2\theta_i({n_{xk}}^2-{n_{yk}}^2)+\\&4(1-\mu^2)\sin2\theta_i n_{xk}n_{yk}\end{aligned} \tag{11-41}$$

$$\begin{aligned}{A_{xy}}^k=&2(l_{xk}m_{xk}+l_{yk}m_{yk}-\mu l_{zk}m_{zk})+4(1-\mu^2)\cos2\theta_i(l_{xk}m_{xk}-l_{yk}m_{yj})+\\&4(1-\mu^2)\sin2\theta_i(l_{xk}m_{yk}+m_{xk}l_{yk})\end{aligned} \tag{11-42}$$

$$A_{yz}{}^{k}=2(m_{xk}n_{xk}+m_{yk}n_{yk}-\mu m_{zk}n_{zk})+4(1-\mu^2)\cos2\theta_i(m_{xk}n_{xk}-m_{yk}n_{yk})+4(1-\mu^2)\sin2\theta_i(m_{xk}n_{yk}+n_{xk}m_{yk}) \tag{11-43}$$

$$A_{zx}{}^{k}=2(n_{xk}l_{xk}+n_{yk}l_{yk}-\mu n_{zk}l_{zk})+4(1-\mu^2)\cos2\theta_i(n_{xk}l_{xk}-n_{yk}l_{yk})+4(1-\mu^2)\sin2\theta_i(n_{xk}l_{yk}+l_{xk}n_{yk}) \tag{11-44}$$

式中　E——岩石弹性模量，MPa；

θ_i——钻孔变形计触头测试方式与该钻孔坐标 X 轴的夹角，(°)；

$\sigma_x,\sigma_y,\sigma_z;\tau_{xy},\tau_{yz},\tau_{zx}$——应力张量分量，MPa；

$l_{xk},m_{xk},n_{xk};l_{yk},m_{yk},n_{yk};l_{zk},m_{zk},n_{zk}$——第 k 钻孔坐标系各轴对于大地坐标系的方向余弦，(°)。

3. 平面应力分量

$$E\varepsilon_i=A_{xx}\sigma_x+A_{yy}\sigma_y+A_{xy}\tau_{xy}-\mu\sigma_z \tag{11-45}$$

$$A_{xx}=1+2(1-\mu^2)\cos2\theta_i \tag{11-46}$$

$$A_{yy}=1-2(1-\mu^2)\cos2\theta_i \tag{11-47}$$

$$A_{yy}=4(1-\mu^2)\sin2\theta_i \tag{11-48}$$

式中　$\sigma_x,\sigma_y,,\tau_{xy}$——垂直于钻孔轴向的平面内的应力分量；

σ_z——沿钻孔轴向的空间应力分量，在特殊情况下忽略不计。

4. 空间主应力计算

同“孔壁应变测试法”。

5. 平面主应力大小及其方向的计算

应符合下列要求。

(1) 按下列公式计算主应力：

$$\sigma_1=\frac{1}{2}[(\sigma_x+\sigma_y)+\sqrt{(\sigma_x-\sigma_y)^2+(\tau_{xy})^2}] \tag{11-49}$$

$$\sigma_2=\frac{1}{2}[(\sigma_x+\sigma_y)-\sqrt{(\sigma_x-\sigma_y)^2+(\tau_{xy}{}^2)}] \tag{11-50}$$

式中，σ_x,σ_y 和 τ_{xy} 由式(11－45)确定。

(2) 主应力方向

$$\tan2\alpha=\frac{2\tau_{xy}}{\sigma_x-\sigma_y} \tag{11-51}$$

式中，α 为最大主应力与 X 轴的夹角，以逆时针方向为正。

11.5.3　孔底应变法资料整理

1. 计算实测孔底应变 ε

同“孔径应变法”。

2. 孔底应变法大地坐标系下的空间应力分量

应按式(11－52)—式(11－62)计算：

$$E\varepsilon_i = A_{xx}{}^k\sigma_x + A_{yy}{}^k\sigma_y + A_{zz}{}^k\sigma_z + A_{xy}{}^k\tau_{xy} + A_{yz}{}^k\tau_{yz} + A_{zx}{}^k\tau_{zx} \tag{11-52}$$

$$A_{xx}{}^k = \lambda_1 l_{xk}{}^2 + \lambda_2 l_{yk}{}^2 + \lambda_3 l_{zk}{}^2 + \lambda_4 l_{xk} l_{yk} \tag{11-53}$$

$$A_{yy}{}^k = \lambda_1 m_{xk}{}^2 + \lambda_2 m_{yk}{}^2 + \lambda_3 m_{zk}{}^2 + \lambda_4 m_{xk} m_{yk} \tag{11-54}$$

$$A_{zz}{}^k = \lambda_1 n_{xk}{}^2 + \lambda_2 n_{yk}{}^2 + \lambda_3 n_{zk}{}^2 + \lambda_4 n_{xk} n_{yk} \tag{11-55}$$

$$A_{xy}{}^k = 2(\lambda_1 l_{xk} m_{xk} + \lambda_2 l_{yk} m_{yk} + \lambda_3 l_{zk} m_{zk}) + \lambda_4 (l_{xk} m_{yk} + m_{xk} l_{yk}) \tag{11-56}$$

$$A_{yz}{}^k = 2(\lambda_1 m_{xk} n_{xk} + \lambda_2 m_{yk} n_{yk} + \lambda_3 m_{zk} n_{zk}) + \lambda_4 (m_{xk} n_{yk} + n_{xk} m_{yk}) \tag{11-57}$$

$$A_{zx}{}^k = 2(\lambda_1 n_{xk} l_{xk} + \lambda_2 n_{yk} l_{yk} + \lambda_3 n_{zk} l_{zk}) + \lambda_4 (n_{xk} l_{yk} + l_{xk} n_{yk}) \tag{11-58}$$

$$\lambda_1 = 1.25(\cos^2\theta_i - \mu\sin^2\theta_i) \tag{11-59}$$

$$\lambda_2 = 1.25(\sin^2\theta_i - \mu\cos^2\theta_i) \tag{11-60}$$

$$\lambda_3 = -0.75(0.645 + \mu)(1 - \mu) \tag{11-61}$$

$$\lambda_4 = 1.25(1 + \mu)\sin 2\theta_i \tag{11-62}$$

式中 E——岩芯弹性模量,MPa;

ε_i——实测岩芯应变;

θ_i——第 i 片电阻片与钻孔坐标系 X 轴夹角,以逆时针方向为正,(°);

μ——岩石泊松比;

$\sigma_x, \sigma_y, \sigma_z; \tau_{xy}, \tau_{yz}, \tau_{zx}$——应力张量分量,MPa;

$l_{xk}, m_{xk}, n_{xk}; l_{yk}, m_{yk}, n_{yk}; l_{zk}, m_{zk}, n_{zk}$——第 k 钻孔的钻孔坐标系轴对于大地坐标系的方向余弦,(°)。

3. 空间主应力计算

同“孔壁应变测试法”。

复习思考题

1. 简述应力解除法的基本测量原理。
2. 简述孔壁应变计的基本工作原理。
3. 说明为什么使用孔壁应变计可通过一孔的测量能够确定该点的三维应力状态。
4. 说明应力量测的方法种类。
5. 说明采用孔壁应变计法的测试过程。

第 12 章　激振法测试

12.1　概述

激振法测试适用于测试天然地基和人工地基的动力特性，为机器基础的振动和隔振设计提供地基刚度、阻尼比和参振质量等动力参数。根据激振方式的不同可以分为块体基础自由振动试验和块体基础强迫振动试验。属于周期性振动的机器基础，应采用强迫振动测试。根据基础振动类型的不同，试验可以分为竖向试验、水平回转向试验和扭转向试验，如图 12 - 1 所示。按照基础的埋置方式的不同，试验可以分为明置和埋置两种。应当根据不同的试验目的来选用不同的方法。

对于天然地基和其他人工地基的测试，块体基础激振法测试可以提供以下动力参数：

(1) 地基抗压、抗剪、抗弯和抗扭刚度系数；

(2) 地基竖向和水平回转向第一振型以及扭转向的阻尼比；

(3) 地基竖向和水平回转向以及扭转向的参振质量。

本章内容涉及许多土动力学的相关知识，如集总质量法的概念、无阻尼转动方程、有阻尼振动方程等，请读者参阅《土动力学》教材中的相关部分。

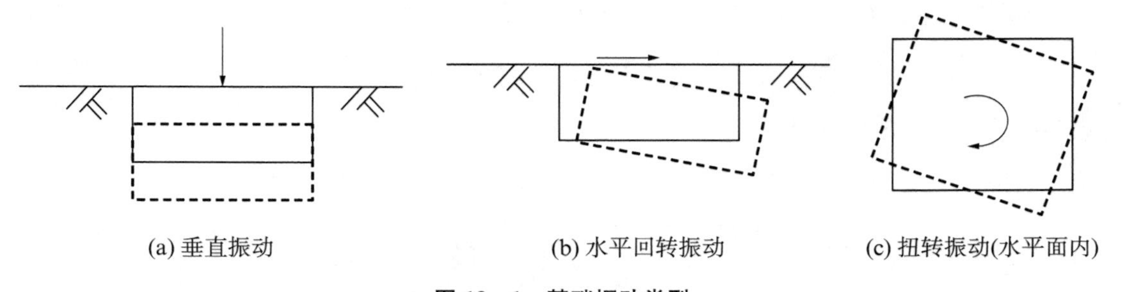

图 12 - 1　基础振动类型

12.2　块体基础与仪器设备

12.2.1　块体基础

块体基础的尺寸一般为 2.0 m×1.5 m×1.0 m，块体基础的混凝土强度等级不宜低于 C15，块体测试基础的制作尺寸应准确，其顶面应随捣随抹平。块体基础应置于设计基础工程的邻近处，其土层结构宜与设计基础的土层结构相类似。

块体基础的数量不宜少于 2 个。根据工程需要，块体数量超过 2 个时，超过部分的基础，可改变其面积或高度。桩基础应采用 2 根桩，桩间距应取设计桩基础的间距。桩台边缘至桩轴的距离可取桩间距的 1/2;桩台的长宽比应为 2∶1,其高度不宜小于 1.6 m;当需做不同桩数的对比测试时,应增加桩数及相应桩台的面积。

明置基础基坑坑壁至测试基础侧面的距离应大于 500 mm;坑底应保持测试土层的原状结构,坑底面应保持水平;对埋置基础,其四周的回填土应分层夯实。

当采用机械式激振设备时,地脚螺栓的埋置深度应大于 400 mm;地脚螺栓或预留孔在测试基础平面上的位置应符合下列要求:

(1) 当做竖向振动测试时,激振设备的竖向扰力应与基础的重心在同一竖直线上。

(2) 当做水平振动测试时,水平扰力宜在基础沿长度方向的轴线上。

12.2.2 激振设备

自由振动测试时,竖向激振可采用铁球,其质量宜为基础质量的$\frac{1}{150}\sim\frac{1}{100}$。

强迫振动测试的激振器有机械式和电磁式两种。机械式激振器是靠马达带动偏心块转动来提供一定频率的激振力。当机械式激振器水平放置时(图 12-2(a)),可以提供竖向扰力:

$$p_z(\omega)=n\omega^2 rm\sin(\omega t) \tag{12-1}$$

式中 $p_z(\omega)$——竖向激振力,kN;

ω——偏心块转动圆频率,rad/s;

m——偏心块质量,kg;

r——偏心块偏心距,m;

n——偏心块数量,个。

当机械式激振器垂直放置时(图 12-2(b)),可以提供水平向扰力

$$p_x(\omega)=n\omega^2 rm\cos(\omega t) \tag{12-2}$$

式中,各符号的意义同式(12-1)。

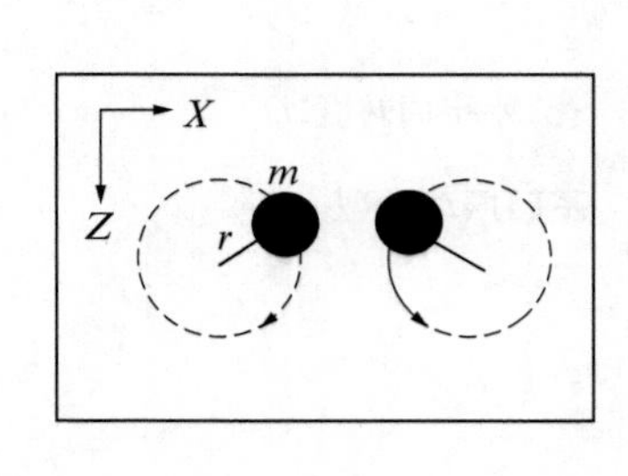

(a) 水平放置

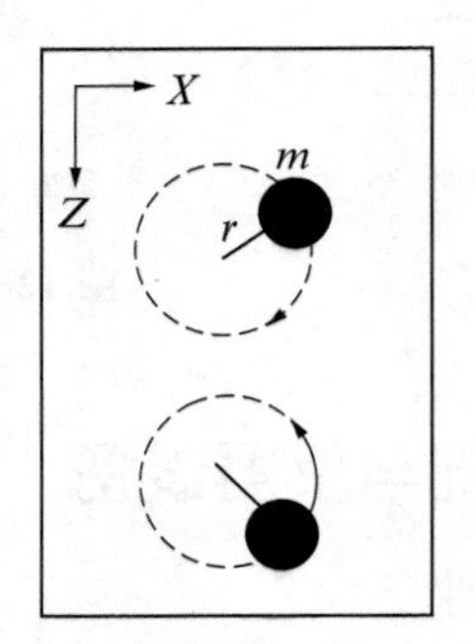

(b) 垂直放置

图 12-2 机械式激振器

从式(12-1)和式(12-2)可以看出,机械式激振器产生的激振力随着旋转频率的增大而增大,也就是提供的扰力属于动扰力。电磁式激振器则不同,提供的激振力不随旋转频率的变化而变化,属于常扰力。

激振器的扰力大小和转速范围选择由模型基础的质量、底面积和地基土刚度而定。扰力大小应能激起基础—地基系统的整体振动，其振幅值与实际基础振幅值大体相当，转速范围应能将基础—地基系统的频率包含在内。一般情况下，当采用机械式激振设备时，工作频率宜为 3～60 Hz；当采用电磁式激振设备时，其扰力不宜小于 600 N。

12.2.3　传感器、放大器、数据采集与记录装置

传感器宜采用竖直和水平方向的速度型传感器，其通频带应为 2～80 Hz，阻尼系数应为 0.65～0.70，电压灵敏度不应小于 30(V · s/m)，最大可测位移不应小于 0.5 mm。

放大器应采用带低通滤波功能的多通道放大器，其振幅一致性偏差应小于 3%，相位一致性偏差应小于 0.1 ms，折合输入端的噪声水平应低于 2 μV，电压增益应大于 80 dB。

采集与记录装置宜采用多通道数字采集和存储系统，其模/数转换器(A/D)位数不宜小于 12 位，幅度畸变宜小于 1.0 dB，电压增益不宜小于 60 dB。

数据分析装置应具有频谱分析及专用分析软件功能，其内存不应小于 4.0 MB，硬盘内存不应小于 100 MB，并应具有抗混淆滤波、加窗及分段平滑等功能。

仪器应具有防尘、防潮性能，其工作温度应在－10℃～50℃范围内。测试仪器应每年在标准振动台上进行系统灵敏度系数的标定，以确定灵敏度系数随频率变化的曲线。

12.3　块体基础自由振动试验

用锤夯或铁球等重物撞击模型基础或者用钢索拉紧模型基础之后突然卸载都能激起自由振动。在通过基础重心的竖向轴方向加力，将激起竖向振动，其频率和振幅可用来推算地基抗压刚度和相应的阻尼系数；在测试基础水平向加力，将激起水平回转耦合振动，其频率和振幅可用来推算出地基抗剪刚度和抗弯刚度，以及相应的阻尼系数；在基础水平面内偏心加力或者施加力偶，将激起扭转振动，其频率和振幅可用来推算抗扭刚度和相应阻尼系数。

12.3.1　基础竖向自由振动试验

1. 测试方法

(1) 在基础顶面对称放两个传感器，也可接近中心放一个传感器，用来测基础的竖向振动；

(2) 检查各测试仪器工作是否正常，接线是否正确；

(3) 用具有一定质量的自由下落的铁球敲击模型基础顶面的中心位置，记录每次敲击时铁球的下落高度(图 12－3)；

(4) 敲击同时启动记录仪，记录下振动波型，重复三次。

2. 资料整理与分析

通过试验，可以得到一条振动曲线(图 12－4)，该曲线的每个峰反映了振动的振幅，振幅逐渐衰减，越来越小，到最后消失。振动的衰减反映了该振动系统是一个有阻尼的振动系统，振动能量消耗在阻尼里了。对于“质量—弹簧-阻尼系统”(图 12－5)理论来说，能量消耗

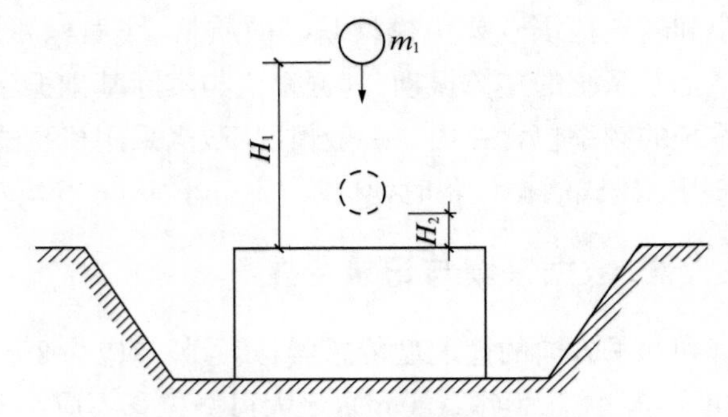

图 12-3　球击法垂直向自由振动试验

是由于地基土中土颗粒摩擦位移引起,称为黏滞阻尼。其次,每个峰之间相隔的时间即为振动周期,其倒数即为振动频率。再次,可看到振动曲线上的第一个峰很尖,这反映的是锤的冲击不能算作自由振动的开始,真正自由振动在这之后,在没有外动力作用的时候,计算振幅衰减或频率时,第一尖峰应排除。

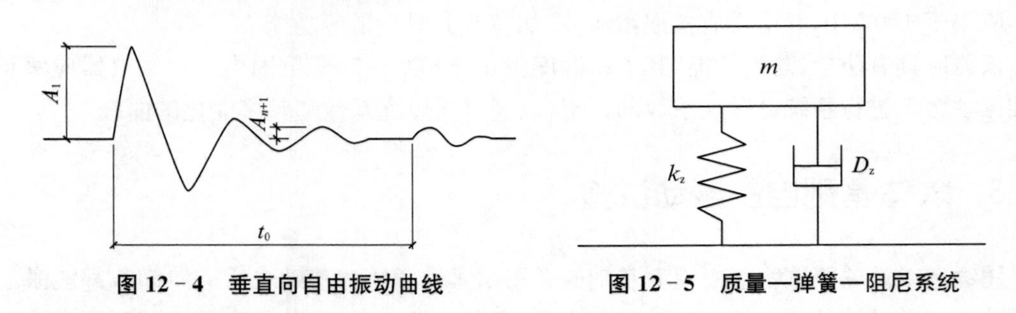

图 12-4　垂直向自由振动曲线　　图 12-5　质量—弹簧—阻尼系统

1) 确定地基竖向阻尼比 D_z

根据垂直向有阻尼自由振动方程式(12-3),可以得到振动曲线上相邻峰或谷的幅值(即 A_i 和 A_{i+1})之间的关系式(12-4)。

$$Z(t)=Ae^{-nt}\sin(\omega_d t) \tag{12-3}$$

$$\frac{A_i}{A_{i+1}}=e^{nT} \tag{12-4}$$

式中　n——阻尼特征系数;

ω_d——有阻尼自由振动圆频率;

T——有阻尼自由振动周期。

根据式(12-4),量出相邻的峰或谷的高度,即各个振幅的高度,算出相邻峰与峰之间的周期 T,就可计算得到阻尼特征系数 n 以及竖向阻尼比 D_z。

$$n=\frac{1}{T}=\ln\frac{A_i}{A_{i+1}} \tag{12-5}$$

$$D_z=\frac{n}{\omega_d}=\frac{nT}{2\pi}=\frac{1}{2\pi}\ln\frac{A_i}{A_{i+1}} \tag{12-6}$$

2) 确定有阻尼自振频率 f_{dz}、无阻尼自振频率 f_{nz} 和参振质量 m_z

$$f_{dz}=\frac{1}{T} \tag{12-7}$$

$$f_{nz}=\frac{f_{dz}}{\sqrt{1-D_z^{\ 2}}} \tag{12-8}$$

参振质量 m_z 可以由能量守恒的公式求得：

$$m_z=\frac{(1+e_1)m_1V}{A_{max}2\pi f_{nz}}e^{-\Phi} \tag{12-9}$$

式中　A_{max}——基础最大振幅，m；

m_1——铁球的质量，kg；

V——铁球自由下落时的速度，m/s，$V=\sqrt{2G_1H_1}$，H_1 为铁球下落高度，m；G_1 为铁球重力，$G_1=m_1g$，g 为重力加速度；

e_1——回弹系数，$e_1=\sqrt{\frac{H_2}{H_1}}$，$H_2$ 为铁球回弹高度，m，$H_2=\frac{1}{2}g\left(\frac{t_0}{2}\right)^2$，$t_0$ 为两次撞击的时间间隔，s；

Φ——衰减系数，$\Phi=\frac{\tan^{-1}\frac{\sqrt{1-D_z^{\ 2}}}{D_z}}{\frac{\sqrt{1-D_z^{\ 2}}}{D_z}}$。

3）确定地基竖向抗压刚度 k_z

$$k_z=(2\pi f_{nz})^2m_z \tag{12-10}$$

$$c_z=\frac{k_z}{A} \tag{12-11}$$

式中　A——基础底面积，m^2。

c_z——抗压刚度系数。

12.3.2　基础水平回转自由振动试验

1. 测试方法

参照图 12-6，基础水平回转自由振动试验按如下方法和步骤进行：

(1) 在基础顶面两边对称各放一个传感器用来测竖向振动，中心放一个传感器用来测水平向振动；

(2) 检查各测试仪器工作是否正常，接线是否正确；

(3) 水平向敲(撞)击模型基础边中心位置(顶面)；

(4) 敲(撞)击同时启动记录仪，记录下振动波形，重复三次。

2. 资料整理与分析

水平回转自由振动的资料整理主要是根据水平回转耦合自振频率和振型，获求水平回转向第一振型阻尼比 $D_{x\varphi1}$、抗剪刚度 k_x 和抗弯刚度 k_φ。单自由度体系的刚度公式为 $k=$

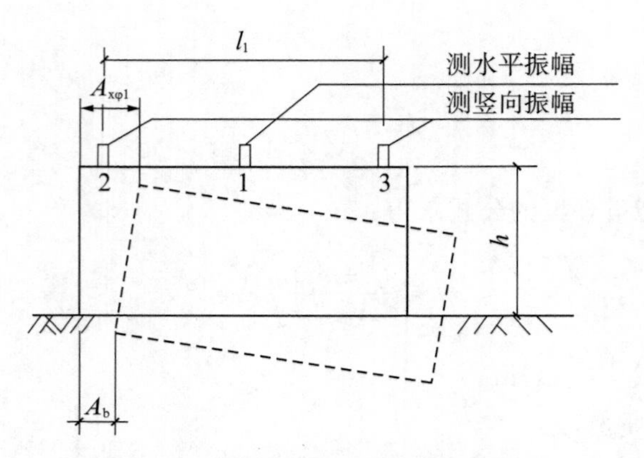

图 12-6　基础水平回转自由振动试验

$m\omega^2$,水平回转耦合的自由振动中也存在着类似的关系。当然,须把基础各点振幅间比值的因素,或者说,把振型的因素考虑进去,这样可以得到以下表达式:

$$D_{x\varphi 1}=\frac{1}{2\pi}\ln\frac{A_{x\varphi i}}{A_{x\varphi(i+1)}} \tag{12-12}$$

$$k_x=m_f\omega_{n1}^2\left[1+\frac{h_0}{h}\left(\frac{A_{x\varphi 1}}{A_{xb}}-1\right)\right] \tag{12-13}$$

$$k_\varphi=I_b\omega_{n1}^2\left[1+\frac{h_0 h}{i_b^2\left(\frac{A_{x\varphi 1}}{A_{xb}}-1\right)}\right] \tag{12-14}$$

式中　$A_{x\varphi i}$——第 i 周的水平振幅,m;

$A_{x\varphi(i+1)}$——第 $i+1$ 周的水平振幅,m;

$A_{x\varphi 1}$——t 时刻基础顶面中心水平位移,m;

A_{xb}——t 时刻基础底面中心水平位移,$A_{xb}=A_{x\varphi 1}-\frac{|A_{z\varphi 1}|+|A_{z\varphi 2}|}{l_1}h$;

$A_{z\varphi 1}$,$A_{z\varphi 2}$——t 时刻基础顶面两边垂直位移,m;

m_f——基础质量,kg;

h_0——基础重心高度,m;

h——基础高度,m;

ω_{n1}——水平回转耦合自振圆频率,$\omega_{n1}=2\pi f_{n1}$,$f_{n1}=\frac{f_{d1}}{\sqrt{1-D_{x\varphi 1}^2}}$;

I_b——基础质量对通过底面形心主轴的质量惯性矩,$I_b=I+m_f h_0^2$;

i_b——基础回转半径,$i_b^2=\frac{I_b}{m_f}$。

根据抗剪刚度 k_x 和抗弯刚度 k_φ 可以求得抗剪刚度系数 c_x 和抗弯刚度系数 c_φ:

$$c_x=\frac{k_x}{A} \tag{12-15}$$

$$c_\varphi=\frac{k_\varphi}{I_b} \tag{12-16}$$

12.3.3 基础扭转自由振动试验

1. 测试方法

(1) 在基础顶面对称放两个传感器用来测基础水平扭转向振动；

(2) 检查各测试仪器工作是否正常，接线是否正确；

(3) 用锤敲(撞)击模型基础重心平面的边角位或使基础受扭矩后突然释放；

(4) 敲击(释放)同时，启动记录仪，记录下振动波形，重复3次。

2. 资料整理与分析

基础的扭转自由振动基本原理与基础竖向振动的基本原理相同。只是施加扭转力矩 M_ψ，使基础产生了扭转角 ψ，计算抗扭刚度 k_ψ 以及扭转阻尼比 D_ψ 的公式如下：

$$k_\psi=\omega_{n\psi}{}^2 J=(2\pi f_{n\psi})^2 J \tag{12-17}$$

$$D_\psi=\frac{1}{2\pi}\ln\frac{A_i}{A_{i+1}} \tag{12-18}$$

式中，J 为基础对通过其重心轴的极转动惯量，$kg\cdot m^2$，圆形 $J=\frac{mr^2}{2}$，r 为半径；矩形 $J=m\frac{a^2+b^2}{12}$，a 和 b 为基础边长，m 为基础质量，kg。

地基抗扭刚度系数 C_ψ 可以采用式(12-18)求得：

$$C_\psi=\frac{k_\psi}{J} \tag{12-19}$$

以上分析方法属于一种简化分析方法，在振动质量中未考虑土的参振质量。

12.4 块体基础强迫振动试验

强迫振动试验一般是使用机械式激振器或电磁激振器起振，力的作用方向与自由振动试验一样，连续、缓慢、平稳地改变激振器转速，同时连续记录基础的振动波形，据此整理频率-振幅曲线，然后进行地基刚度和阻尼系数的计算。

12.4.1 竖向强迫振动试验

1. 测试方法

(1) 将激振器安装在块体模型基础顶面，并使其激振力通过块体模型基础重心垂直激振；安装机械式激振设备时，应将地脚螺栓拧紧，在测试过程中螺栓不应松动；安装电磁式激振设备时，其竖向扰力作用点应与测试基础的重心在同一竖直线上。

(2) 应在基础顶面沿长度方向轴线的两端各布置一台竖向传感器。

(3) 将传感器、放大器、记录仪根据标定槽路联结，检查安装线是否有误，工作是否正常。

(4) 启动激振器。

(5) 调节可控电压，由小到大改变转速，调节稳定分段记录，同时用转速表测量激振器转速。幅频响应测试时,激振设备的扰力频率间隔,在共振区外不宜大于 2 Hz,在共振区内应小于 1 Hz;共振时的振幅不宜大于 150 μm。

2. 资料整理与分析

(1) 绘制基础竖向振幅随频率变化的幅频响应曲线(A_z-f 曲线)。

(2) 求地基竖向阻尼比 D_z。应在 A_z-f 幅频响应曲线上,选取共振峰峰点和 0.85f 以下不少于 3 点的频率和振幅(图 12-7 和图 12-8),按式(12-20)—式(12-23)计算:

$$D_z=\frac{\sum_{i=1}^{n}D_{zi}}{n} \tag{12-20}$$

$$D_{zi}=\sqrt{\frac{1}{2}\left(1-\sqrt{\frac{\beta_i^{\,2}-1}{\alpha_i^{\,4}-2\,\alpha_i^{\,2}+\beta_i^{\,2}}}\right)} \tag{12-21}$$

$$\alpha_i=\frac{f_m}{f_i} \tag{12-22}$$

$$\beta_i=\frac{A_m}{A_i} \tag{12-23}$$

式中 D_z——地基竖向阻尼比;

D_{zi}——由第 i 点计算的地基竖向阻尼比;

f_m——基础竖向振动的共振频率,Hz;

A_m——基础竖向振动的共振振幅,m;

f_i——在幅频响应曲线上选取的第 i 点的频率,Hz;

A_i——在幅频响应曲线上选取的第 i 点的频率所对应的振幅,m。

上述公式适用于变扰力。对于常扰力,地基竖向阻尼比的计算公式与之相同,只需将公式(12-22)改为 $\alpha_i=\frac{f_i}{f_m}$ 即可。

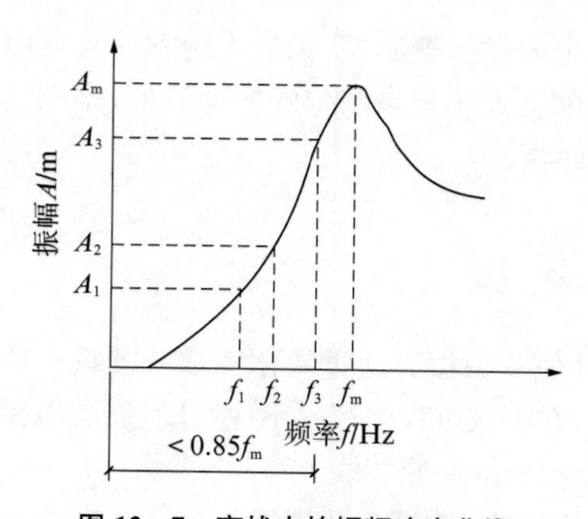

图 12-7 变扰力的幅频响应曲线

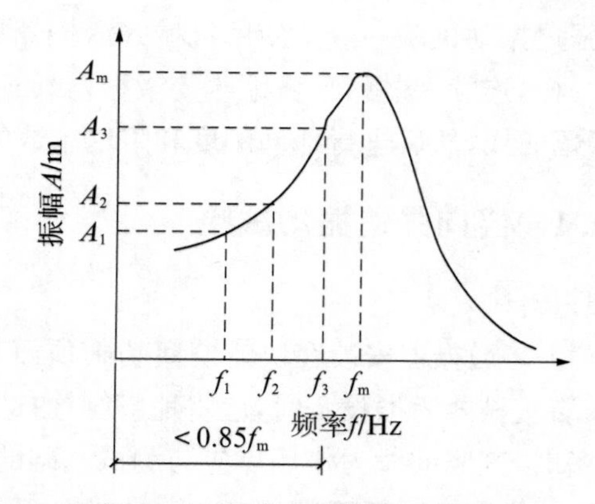

图 12-8 常扰力的幅频响应曲线

(3) 求基础竖向无阻尼固有频率 f_{n_z}:

当为变扰力时

$$f_{n_z}=f_m\sqrt{1-2D_z^{\,2}} \tag{12-24}$$

当为常扰力时
$$f_{n_z}=\frac{f_m}{\sqrt{1-2D_z^2}} \tag{12-25}$$

（4）求基础竖向振动的参振总质量 m_z：

当为变扰力时
$$m_z=\frac{e_0 m_0}{A_m}\frac{1}{2D_z\sqrt{1-D_z^2}} \tag{12-26}$$

当为常扰力时
$$m_z=\frac{P}{A_m(2\pi f_{nz})^2}\frac{1}{2D_z\sqrt{1-D_z^2}} \tag{12-27}$$

式中　m_z——基础竖向振动的参振总质量，t，包括基础、激振设备和地基参加振动的当量质量，当 m_z 大于基础质量的 2 倍时，应取 m_z 等于基础质量的 2 倍；

m_0——激振设备旋转部分的质量，t；

e_0——激振设备旋转部分质量的偏心距，m；

P——电磁式激振设备的扰力，kN。

（5）地基的抗压刚度 k_z 和抗压刚度系数 c_z：

当为变扰力时
$$k_z=m_z(2\pi f_{nz})^2 \tag{12-28}$$

当为常扰力时
$$k_z=\frac{p}{A_m}\frac{1}{2D_z\sqrt{1-D_z^2}} \tag{12-29}$$

$$c_z=\frac{k_z}{A_0} \tag{12-30}$$

12.4.2　水平回转向强迫振动试验

1. 测试方法

（1）将激振器安装在块体模型基础顶面，并使其激振力水平激振；安装机械式激振设备时，应将地脚螺栓拧紧，在测试过程中螺栓不应松动；安装电磁式激振设备时，水平扰力作用点宜在基础水平轴线侧面的顶部。

（2）在基础顶面沿长度方向轴线的两端各布置一台竖向传感器，在中间布置一台水平向传感器。

（3）传感器、放大器、记录仪根据标定槽路连接，检查安线是否有误，工作是否正常。

（4）启动激振器。

（5）调节可控电压，由小到大改变转速，调节稳定后用转速表测量激振器转速，同时记录振动信号。

2. 资料整理与分析——用强迫振动曲线特征求解刚度和阻尼

（1）绘制基础竖向振幅随频率变化的幅频响应曲线（$A_{x\varphi}$- f 曲线）。

（2）地基水平回转向第一振型阻尼比 $D_{x\varphi 1}$。在 $A_{x\varphi}$- f 曲线上选取第一振型的共振频率 f_{m1} 和频率为 $0.707f_{m1}$ 所对应的水平振幅（图 12 - 9 和图 12 - 10），按式（12 - 31）和式（12 - 32）计算。

当为变扰力时
$$D_{x\varphi 1}=\left\{\frac{1}{2}\left[1-\sqrt{1-\left(\frac{A}{A_{m1}}\right)^2}\right]\right\}^{\frac{1}{2}} \tag{12-31}$$

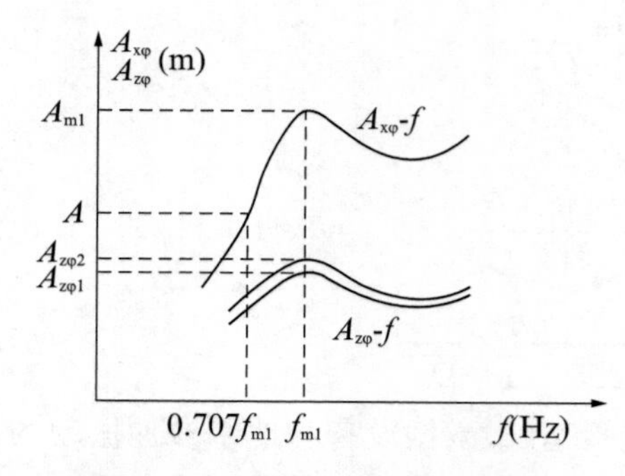

图 12-9 变扰力的幅频响应曲线

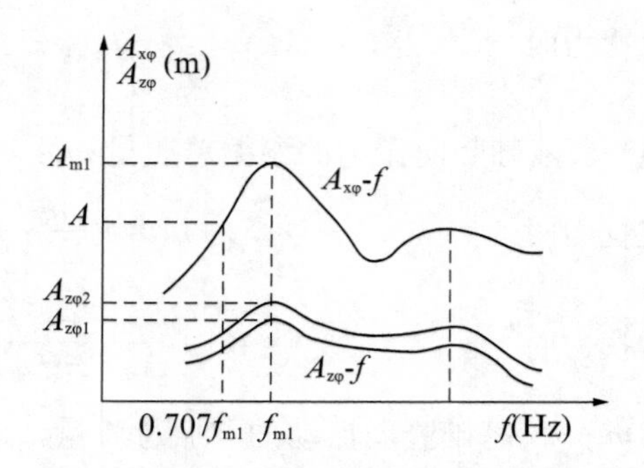

图 12-10 常扰力的幅频响应曲线

当为常扰力时

$$D_{x\varphi1}=\left\{\frac{1}{2}\left[1-\sqrt{1+\frac{1}{3-4\left(\frac{A_{m1}}{A}\right)^{2}}}\right]\right\}^{\frac{1}{2}} \tag{12-32}$$

式中 $D_{x\varphi1}$——地基水平回转向第一振型阻尼比；

A_{m1}——基础水平回转耦合振动第一振型共振峰点水平振幅，m；

A——频率为 $0.707f_{m1}$ 所对应的水平振幅，m。

(3) 基础水平回转耦合振动第一振型无阻尼固有频率 f_{n1}：

当为常扰力时

$$f_{n1}=\frac{f_{m1}}{\sqrt{1-2\zeta_{x\varphi1}^{2}}} \tag{12-33}$$

当为变扰力时

$$f_{nx}=\frac{f_{n1}}{\sqrt{1-\frac{h_2}{\rho_1}}} \tag{12-34}$$

(4) 基础水平回转耦合振动的参振总质量，按式(12-35)—式(12-39)计算：

当为变扰力时

$$m_{x\varphi}=\frac{m_0e_0(\rho_1+h_3)(\rho_1+h_1)}{A_{m1}}\frac{1}{2D_{x\varphi1}\sqrt{1-D_{x\varphi1}^{2}}}\frac{1}{i^2+\rho_1^{2}} \tag{12-35}$$

$$\rho_1=\frac{A_x}{\Phi_{m1}} \tag{12-36}$$

$$\Phi_{m1}=\frac{|A_{z\varphi1}|+|A_{z\varphi2}|}{l_1} \tag{12-37}$$

$$A_x=A_{m1}-h_2\Phi_{m1} \tag{12-38}$$

$$i=\left[\frac{1}{12}(l^2+h^2)\right]^{\frac{1}{2}} \tag{12-39}$$

式中 $m_{x\varphi}$——基础水平回转耦合振动的参振总质量，t，包括基础、激振设备和地基参加振动的当量质量，当 $m_{x\varphi}$ 大于基础质量的 1.4 倍时，应取 $m_{x\varphi}$ 等于基础质量的 1.4 倍；

ρ_1——基础第一振型转动中心至基础重心的距离，m；

$D_{x\varphi1}$——地基水平四转向第一振型阻尼比；

A_x——基础重心处的水平振幅，m；

Φ_{m1}——基础第一振型共振峰点的回转角位移，rad；

l_1——两台竖向传感器的间距，m；

l——基础长度，m；

h——基础高度，m；

h_1——基础重心至基础顶面的距离，m；

h_2——基础重心至基础底面的距离，m；

h_3——基础重心至激振器水平扰力的距离，m；

f_{n1}——基础水平回转耦合振动第一振型无阻尼固有频率，Hz；

$A_{z\varphi1}$——第 1 台传感器测试的基础水平回转耦合振动第一振型共振峰点竖向振幅，m；

$A_{z\varphi2}$——第 2 台传感器测试的基础水平回转耦合振动第一振型共振峰点竖向振幅，m；

i——基础回转半径，m。

当为常扰力时，基础第一振型转动中心至基础重心的距离应按式(12－36)—式(12－39)计算，参振总质量应按式(12－40)计算：

$$m_{x\varphi}=\frac{P(\rho_1+h_3)(\rho_1+h_1)}{A_{m1}(2\pi f_{n1})^2}\frac{1}{2D_{x\varphi1}\sqrt{1-D_{x\varphi1}{}^2}}\frac{1}{i^2+\rho_1{}^2} \tag{12-40}$$

$$f_{n1}=\frac{f_{m1}}{\sqrt{1-2D_{x\varphi1}{}^2}} \tag{12-41}$$

(5) 求地基的抗剪刚度 k_x 和抗剪刚度系数 c_x：

$$k_x=m_{x\varphi}(2\pi f_{nx})^2 \tag{12-42}$$

$$c_x=\frac{k_x}{A_0} \tag{12-43}$$

(6) 地基的抗弯刚度 K_φ 和抗弯刚度系数 c_φ，按式(12－44)—式(12－46)计算：

$$K_\varphi=J(2\pi f_{n\varphi})^2-k_x h_2{}^2 \tag{12-44}$$

$$c_\varphi=\frac{k_x}{I} \tag{12-45}$$

$$f_{n\varphi}=\sqrt{\rho_1\frac{h_2}{i^2}f_{nx}{}^2+f_{n1}{}^2} \tag{12-46}$$

式中 K_φ——地基抗弯刚度，kN·m；

c_φ——地基抗弯刚度系数，kN/m；

$f_{n\varphi}$——基础回转无阻尼固有频率，Hz；

J——基础对通过其重心轴的转动惯量，t·m^2；

I——基础底面对通过其形心轴的惯性矩，m^4。

复习思考题

1. 动力基础设计所需要的地基土的动力特性参数有哪些?

2. 在地基土动力特性参数测试中,激振力的方向和位置是如何确定的?

3. 在地基土动力特性参数测试中,传感器如何布置?

4. 强迫振动的激振力有几种? 各有什么特点?

5. 根据振动方程,分析振动系统中质量、阻尼和刚度对系统自振频率和外界扰力下位移的影响。

6. 垂直向强迫振动的试验方法和数据处理方法是什么?

7. 垂直向自由振动的试验方法和数据处理方法是什么?

参 考 文 献

蔡美峰. 2002. 岩石力学与工程[M]. 北京：科学出版社.

陈国民. 1999. 扁铲侧胀仪试验及其应用[J]. 岩土工程学报，21(2)：177－183.

陈国民. 1999. 扁铲侧胀仪试验及其应用[J]. 岩土工程学报，21(2)：42－48.

陈国民，钟建东，汤智青. 2002. 采用扁铲侧胀试验估算土的侧向基床系数的探讨[J]. 上海地质，(82)：40－42.

《工程地质手册》编委会. 2007. 工程地质手册[M]. 4版. 北京：中国建筑工业出版社.

李锦飞. 1998. TRES－Ⅰ型多分量瑞利波勘探仪的研究及应用[J]. 物探与化探，22(2)：129－132.

孟高头. 1997. 土体原位测试机理、方法及其工程应用[M]. 北京：地质出版社.

钱家欢，殷宗泽. 2009. 土工原理与计算[M]. 2版. 北京：中国水利水电出版社.

石林珂，孙文怀，郝小红，等. 2003. 岩土工程原位测试[M]. 郑州：郑州大学出版社.

唐贤强，谢瑛，等. 1996. 地基工程原位测试技术[M]. 北京：中国铁道出版社，1996.

《岩土工程手册》编委会. 1996. 岩土工程手册[M]. 北京：中国建筑工业出版社.

杨成林. 1993. 瑞雷波勘探[M]. 北京：地质出版社.

张诚厚. 1999. 孔压静力触探应用[M]. 北京：中国建筑工业出版社.

中华人民共和国建设部. 1990. JGJ 69—90　PY型预钻式旁压试验规程[S]. 北京：中国建筑工业出版社.

中华人民共和国建设部. 2003. JGJ 106—2003　建筑基桩检测技术规范[S]. 北京：中国建筑工业出版社.

中华人民共和国建设部，中华人民共和国国家质量监督检验检疫总局. 2009. GB 50021—2009　岩土工程勘察规范[S]. 北京：中国建筑工业出版社.

中华人民共和国水利部. 2003. Sl 264—2001　水利水电工程岩石试验规程[S]. 北京：中国水利水电出版社.

中华人民共和国住房和城市建设部，中华人民共和国国家质量监督检验检疫总局. 2010. GB 50011—2010　建筑抗震设计规范[S]. 北京：中国建筑工业出版社.

朱小林，杨桂林. 1996. 土体工程[M]. 上海：同济大学出版社.

祝龙根，刘利民，耿乃兴. 2003. 地基基础测试新技术[M]. 北京：机械工业出版社.

Balih M M, Vivatrat V, Ladd C C. 1980. Cone penetration in soil profiling[J]. Journal of Geotechnical Engineering, ASCE, 106(4): 447－461.

Braja M. Das. 2011. Fundamentals of geotechnical Engineering [M]. 2nd Edition. Cengage Learning, USA.

Campanella R G, Robertson P K, Gillespie D G, et al. 1985. Recent developments in in-situ testing of soils [C]. Proc. of the 11th ICSMFE, San Francisco, 2: 849－854.

Charlie W A, Mutabihirwa F J, Rwebyogo A M, et al. 1992. Time-dependent cone penetration resistance due to blasting[J]. 1992. Journal of Geotechnical Engineering, ASCE, 118(8): 1200－1215.

Hayes J A. 1990. The marchetti dilatometer and compressibility[D]. Paper presented to the Southern Ontario Section of the Canad. Getechn. Society. Seminar on "In Situ Testing and Monitoring".

Houlsby G T, Hitchman R. 1988. Calibration chamber tests of a cone penetrometer in sand[J]. Geotechnique, 38(1): 39-44.

Houlsby G T, Schnaid F. 1994. Interpretation of shear moduli from cone penetration tests in sand[J]. Geotechnique, 44(1): 147-164.

Houlsby G T, Withers N J. 1988. Analysisi of the cone pressuremeter test in clay[J]. Geotechnique, 38(4): 575-587.

Iwasaki K, Tsuchiya H, Sakai Y, et al. 1991. Applicability of the Marchetti dilatometer test to soft ground in Japan[C]. Proceedings of GEOCAOST'91, Yokohama.

Jendeby L. 1992. Deep compaction by virbrowing[C]. Proceedings of Nordic Geotechnical Meeting, NGM-92,(1): 19-24.

Konrad J M, Law K. 1987. Preconsolidation pressure from piezocone tests in marine clays[J]. Geotechnique, 37(2): 177-190.

Konrad J M, Law K. 1987. Undrained shear strength from piezocone tests[J]. Canadian Geotechnical Journal, 24(3): 392-405.

Lacasse S, Lunne T. 1986. Dilatometer tests in sand[C]. Proc. In Situ'86 ASCE Spec. Conf. on "Use of In Situ Tests in Geotechnical Engineering". Virginia Tech, Blacksburg, VA June 23-25, ASCE Geotech Special Publ. No. 6: 686-699.

Levadoux J N, Baligh M M. 1986. Consolidation after undrained piezocone penetration. Ⅰ: Prediction. Journal of Geotechnical Engineering[C]. ASCE, 112(7): 707-726.

Marchetti S, Crapps D K. 1981. Flat dilatometer manual[R]. Internal Report of G. P. E. Inc. Gainesville, FL.

Marchetti S. 1991. Detection of liquefiable sand layers by means of quasi static penetration tests[C]. Proc. 2nd European Symp. on Penetration Testing, 2: 689-695.

Marchetti S. 1980. In situ tests by flat dilatometer[J]. Journal of the Geotechnical Engineering Division, ASCE, 106(3): 299-321.

Marchetti S. 1985. On the field determination of k_0 in sand[C]. Proc. Ⅺ ICSMFE, S. Francisco, 5: 2667-2672.

Mayne P W, Mitchell J K. 1988. Profiling OCR in stiff clays by CPT and SPT[J]. Geotechnical Testing Journal, ASTM, 11(2): 139-147.

Mayne P W, Mitchell J K. 1988. Profiling of overconsolidation ratio in clays by field vane[J]. Canadian Geotechnical Journal, 25(1): 150-158.

Meyerhof G G. 1956. Penetration tests and bearing capacity of cohesionless soils[J]. Journal of the Soil Mechanics and foundation Division, ASCE, 82(1): 1-19.

Reyna F, Chameau J L. 1991. Dilatometer based liquefaction potential of sites in the Imperial Valley[C]. Proceedings of 2nd International Conference on Recent Advances in Geotechnical Earthquake Engineering and soil Dynamics, St. Louis, Missouri, No. 3, 385-392.

Robertson P K, Campanella R G. 1986. Estimating liquefaction potential of sands using the flat dilatometer [J]. Geotechnical Testing Journal, ASTM, 11(3): 38-40.

Robertson P K, Campanella R G. 1983. Interpretation of cone penetration tests[J]. Canadian Geotechnical Journal, 20(4): 718-733.

Robertson P K, Campanella R G. 1983. Interpretation of cone penetrometer test: Part Ⅱ: Clay[J]. Canadian Geotechnical Journal, 20(4): 734 - 745.

Robertson P K, Campanella R G. 1983. Interpretation of cone penetrometer test: Part Ⅰ: Sand[J]. Canadian Geotechnical Journal, 20(4): 718 - 733.

Robertson P K, Davies M P, Campanella R G. 1987. Design of laterally loaded driven piles using the flat plate dilatometer[J]. Geotechnical Testing Journal, 12(1): 30 - 38.

Sanglerat G. 1972. The penetration and soil exploration[M]. Elsevier, Amsterdam, 464.

Schmertmann J H. 1986. Some 1985 - 86 development in dilatometer testing and analysis[C]. Proc. PennDOT and ASCE Conf. on Geotechnical Engineering Practice, Harrisburg, PA.

Schmertmann J H. 1970. Suffested method for screw-plate load test[C]. Special Procedures for Testing Soil and Rock for Engineering Purposes, 5th Ed. , ASTM. Special Technical Publication, 479: 81 - 85.

Schmertmann J H. 1955. The undisturbed consolidation behavior of clay[J]. Transactions, ASCE, 1955, 120: 1201 - 1233.

Sully J P, Campanella R G. 1991. Effect of lateral stress on CPT penetration pore pressure. Journal of Geotechnical Engineering[C]. Asce, 117(7): 1082 - 1088.

Sully J P, Campanella R G, Robertson P K. 1988. Overconsolidation ratio of clays from penetration pore water pressures[J]. Journal of Geotechnical Engineering. ASCE, 114(2): 209 - 215.

Teh C I, Houlsby G T. 1991. An analytical study of the cone penetration test in clay[J]. Geotechnique, 41 (1): 17 - 34.

Tom L, Peter K, Robertson. 1997. Cone penetration testing in geotechnical practice[M]. London: Spon Press.

Totani G, Calabrese M, Marchetti S, et al. 1997. Use of in situ flat dilatometer for ground characterization in the stability analysis of slopes[C]. Proc. ⅩⅣ ICSMFE, Hamburg Session.

Wroth C P. 1988. The interpretation of in situ soil test[R]. 24th Rankine Lecture, Geotechnique, 34(4): 449 - 489.